高等学校应用型本科“十三五”规划教材

# OpenStack 技术原理与实战

主　编　韩　璞

副主编　陈　可

主　审　刘黎明

西安电子科技大学出版社

## 内 容 简 介

本书结合 OpenStack 整体架构，对 OpenStack 云平台核心组件的工作原理进行介绍与分析，并通过 OpenStack 的实践部署，将 OpenStack 的理论与实践相结合，使读者能够在了解 OpenStack 部署和安装的同时，熟悉 OpenStack 内部核心组件的协作关系。

全书在组织形式上，采用理论与实践相结合的描述方式，图文并茂地将 OpenStack 具体的理论知识形象地呈现给读者，并通过具体的配置案例，引导读者将每一个组件部署在 OpenStack 的云平台上。

本书适合应用型本科院校软件工程专业及计算机类其他专业云计算类课程使用，也可供对云平台部署有兴趣的其他读者使用。

**图书在版编目（CIP）数据**

OpenStack 技术原理与实战/韩璞主编. —西安：西安电子科技大学出版社，2016.4

高等学校应用型本科“十三五”规划教材

ISBN 978-7-5606-4045-7

Ⅰ. ① O… Ⅱ. ① 韩… Ⅲ. ① 计算机网络—高等学校—教材 Ⅳ. ① TP393

**中国版本图书馆 CIP 数据核字(2016)第 043393 号**

策　　划　李惠萍　戚文艳

责任编辑　李惠萍　张　欣

出版发行　西安电子科技大学出版社(西安市太白南路 2 号)

电　　话　(029)88242885　88201467　　邮　　编　710071

网　　址　www.xduph.com　　电子邮箱　xdupfxb001@163.com

经　　销　新华书店

印刷单位　陕西天意印务有限责任公司

版　　次　2016 年 4 月第 1 版　2016 年 4 月第 1 次印刷

开　　本　787 毫米×1092 毫米　1/16　印　张　11.5

字　　数　265 千字

印　　数　1～3000 册

定　　价　22.00 元

ISBN 978-7-5606-4045-7/TP

**XDUP 4337001-1**

## 西安电子科技大学出版社

## 高等学校应用型本科“十三五”规划教材

## 编审专家委员会名单

# 前　　言

随着云计算技术的日趋流行，云计算已经成为一个与我们息息相关的应用产品。这种日渐流行的 IT 技术，正推动着这个行业的革命性变化和第三次 IT 浪潮。当下一些完备的云计算商业产业链也逐渐形成，例如亚马逊的 EC2、VMware 公司的一系列产品等。这些使得云计算不仅成为一项优秀的 IT 技术，也逐渐成为一种新的商业计算模型和 IT 服务运营模式，特别是在移动互联网日渐成熟的今天，云计算使人们“像使用自家的水、电一样”方便快捷地使用运营商提供的任何形式的计算、网络等资源，而不需要在这些硬件等基础设备上增加投入。

在诸多云计算相关的产品中，云平台是一种相对典型且成熟的云产品。它采用云计算三种模式中的基础设施即服务(IaaS)模式，能够灵活地配置用户需要的计算资源等基础设施，用户能够按需使用云平台上的一切虚拟资源。OpenStack 是由 NASA(美国国家航空航天局)和 Rackspace合作研发并发起的一个开源的云计算管理平台项目，它是 IaaS 云计算解决方案。它通过使用 KVM 等虚拟化技术，将服务器的硬件进行虚拟，根据用户的需求可以随意配置，从而能够对外提供强大的计算能力。用户通过网络可以使用 OpenStack 平台中的虚拟计算机，平台管理员可以通过后台或管理页面进行整个云平台资源的管理和配置。

然而，由于 OpenStack 的部署是一个较为繁琐的过程，其本身所包含的组件是以插件的形式进行组合之后部署在 OpenStack 的计算节点和控制节点上的，对于初学者而言完成这一阶段的学习较为困难。本书针对 OpenStack 架构进行深入的分析，对 OpenStack 组件的构成及协作流程进行介绍，从 G 版 OpenStack 的各个组件的工作原理出发，介绍不同组件的作用及工作过程。书中以 G 版 OpenStack 的部署过程为分析案例，以“先理论，再实践”的思路，从第二章 OpenStack 整体系统架构开始，每一章中均包含 OpenStack 每一组件的部署和安装过程的相关内容，同时还配有比较详细的原理介绍。

本书主要适用于 OpenStack 初学者理解与认识云平台技术，从理论和技术上，培养学员部署 OpenStack 的实践能力，在实践中提高学员对理论的理解与认识，培养初学者的工程部署经验和习惯，从而使其能够进行云计算其他领域的技术使用与开发。

本书内容主要涵盖 OpenStack 核心组件的工作原理与部署安装，为了遵循“教、学、做”一体化教学模式，在每章内容的编排上，遵循“学以致用，理论结合实践”的原则，以培养学生实践能力为目标，在保证对OpenStack基本理论的认知的基础上，注重OpenStack工程实践中的配置、安装。

本书共九章，第一章是云计算与 OpenStack 简介，第二章是 OpenStack 整体系统架构，第三章是 Nova 组件，第四章是 keystone 认证组件，第五章是 Glance 镜像组件，第六章是 Storage 分布式存储组件，第七章是 Quantum 网络组件，第八章是 Horizon 前端界面组件，第九章是 OpenStack 部署与调试。在前两章的学习过程中，通过云计算与云平台的基本概念和 OpenStack 的基本构成，详细介绍了 OpenStack 云平台的整体结构，使读者对 OpenStack 具有一个初步的整体认识；在后续的五章中，针对 OpenStack 的计算组件 Nova、认证组件

keystone、镜像组件 Glance、存储组件 Swift 和 Cinder、网络组件 Quantum 以及前端界面组件 Horizon 进行介绍，特别是在对每个组件的介绍过程中，首先从原理上对 OpenStack 的各个核心组件进行分析，然后通过具体的配置和部署，介绍相关理论基础，最后通过完整的部署和调试指导将本书的内容进行系统的总结和归纳。

本书由刘黎明教授主审，并负责本书的统筹规划，韩璞任主编，负责全书统稿，陈可为副主编。其中，第二章、第四章、第五章、第七章、第八章和第九章由韩璞编写；第一章、第三章和第六章由陈可编写。

本书在编写过程中得到了各编委的大力支持，同时，同行专家及相关行业人士也提出了很多宝贵意见，在此表示感谢。

最后，由于 OpenStack 为版本升级和发展较快的开源云平台，尽管编委会成员在编写过程中付出了很多，但限于编者的水平和时间仓促，欠妥之处在所难免，读者如有宝贵意见和建议，可随时联系我们(我们的邮箱为 hanp2008@126.com)，我们会积极吸取您的建议，同时我们也会时刻关注 OpenStack 新版本中的新技术和发展方向，这些将会在本书的后续版本中及时体现和修改。

作 者

2016 年 1 月

# 目　录

# 第一章　云计算与 OpenStack 简介

## 1.1　云计算的概念

2006 年 8 月 9 日，Google 首席执行官埃里克·施密特(Eric Schmidt)在搜索引擎大会(SES San Jose 2006)上首次提出“云计算”(Cloud Computing)的概念。Google 的“云计算”概念源于 Google 工程师克里斯托弗·比希利亚所做的“Google 101”项目。2007 年 10 月，Google 与 IBM 开始在美国大学校园(包括卡内基梅隆大学、麻省理工学院、斯坦福大学、加州大学伯克利分校及马里兰大学等)推广云计算计划，期望通过这项计划有效地降低分布式计算技术在学术研究方面的成本，该计划为这些大学提供相关的软硬件设备及技术支持(包括数百台个人电脑及相应的服务器，这些计算平台将提供 1600 个处理器，支持包括 Linux、Xen、Hadoop 等开源系统)。

云计算自诞生之日起，并没有准确而统一的定义。本书通过狭义和广义两方面对云计算的概念进行了一些阐述。狭义的云计算是指 IT 基础设施的交付和使用模式，具体是指用户通过网络以按需、易扩展的方式获得所需的资源。提供资源的网络被称为“云”，“云”中的资源在使用者看来是可以无限扩展的，并且可以随时获取，按需使用，随时扩展，按使用量付费。由于“云”中的资源具有这些特性，使得我们可以像使用水电一样使用 IT 基础设施。广义的云计算是指 IT 服务的交付和使用模式，具体是指用户通过网络以按需、易扩展的方式获得所需的服务。这种服务可以是和软件、互联网相关的服务，也可以是任意其他的服务，它具有超大规模、虚拟化、可靠安全等特性。

在云计算定义中的“云”是指一些可以自我维护和管理的虚拟计算资源，通常为一些大型服务器集群，包括计算服务器、存储服务器、宽带资源等。云计算将所有的计算资源集中起来，并由软件实现自动管理，无需人为参与。这使得应用提供者无需为繁琐的细节而烦恼，能够更加专注于自己的业务，有利于创新和降低成本。这就好比是从古老的单台发电机模式转向了电厂集中供电的模式，它意味着计算能力也可以作为一种商品进行流通，就像煤气、水电一样，取用方便，费用低廉。与电厂集中供电相比，云计算的最大不同在于它的服务是通过互联网进行传输的。

通过云计算的定义可以看出，云计算的提出旨在使个人计算机的性能最小化，功能最大化。用户只需用互联网连接设备访问云计算所提供的服务即可随时随地使用云平台所提供的各种资源。云计算技术是 IT 产业界的一场技术革命，已经成为了 IT 行业未来发展的方向。各国政府纷纷将云计算服务视为国家软件产业发展的新机遇。例如，近年来美国政府在 IT 政策和战略中也加入了云计算因素。美国国防信息系统部门(DISA)正在其数据中心内部搭建云环境，早在 2009 年 9 月 15 日，美国总统奥巴马宣布将执行一项影响深远的长期性云计算政策，希望借助应用虚拟化技术来压缩美国政府支出；中国政府在“十二五”信息规划的技术背景中对云计算技术也做了阐述，明确提出云计算技术是我国下一个五年信息化产业发展的重点领域之一。在 2009 年年末，中国工业和信息化部出台的扶持软件产业发展指导意见中就明确了软件行业的 10 个发展重点，分别是基础软件、信息安全软件、工业软件、嵌入式软件、行业应用解决方案、系统集成和支持服务、软件服务外包、各类创新型服务、数字内容加工处理与服务以及 IC 设计服务。随着信息化程度的提高，IT 能耗急剧增加，而云技术的应用方法在环保与节能方面可以发挥巨大的潜能。美国环境保护局在 2010 年 8 月发布的一份研究报告中称，2009 年全美国的数据中心和服务器消耗了大约 $6.1 \times 10^{10}$ kW · h 的电能，企业 IT 数据中心的能耗已经占据美国总耗电量的 1.5%，相当于 580 万户普通美国家庭的日常用电，换算过来就是每年 45 亿美元。而这份报告分析认为，这些数字到 2016 年将几乎翻倍。同样，早在 2010 年，中国 PC 的社会保有量已经超过 1 亿台，服务器超过 200 万台，还有数目众多的路由器、交换机等其他 IT 设备，这些总量惊人的 IT 设备大约会消耗 $3 \times 10^{10}$～$5 \times 10^{10}$ 的电能，等同于向大气中排放上千万吨的温室气体。云计算作为一种低功耗的按需分配技术，受到了各个追求低碳环保国家的极大重视。

## 1.2　云计算工作模式

在云计算模式中，用户通过终端设备接入网络，向“云”提出请求；“云”接受请求后组织资源，通过网络为“端”提供服务。通过这种模式，用户终端的功能可以大大简化，诸多复杂的计算与处理过程都将转移到终端背后的“云”上去完成。在整个过程中，用户所需的应用程序不再运行在用户的个人电脑、手机等终端设备上，而是运行在互联网的大规模服务器集群中；用户所处理的数据也无需存储在本地，而是保存在互联网上的数据中心里。云计算服务供应商负责这些数据中心和集群服务器正常运转的管理和维护，并保证为用户提供足够强的计算能力和足够大的存储空间。用户只要能够连接至互联网，在任何时间和任何地点，都可以访问云，实现随需随用。

从技术层面上讲，云计算是随着处理器技术、虚拟化技术、分布式存储技术、宽带互联网技术和自动化管理技术的发展而产生的。其基本功能的实现取决于两个关键因素：一个是数据的存储能力，另一个是分布式的计算能力。因此，云计算中的“云”可以再细分为“存储云”和“计算云”，也即“云计算 = 存储云 + 计算云”。存储云的产生依托于大规模的分布式存储系统，分布式存储系统的作用是将数据分散存储在多台独立的设备上，利用多台存储服务器分担存储负荷。计算云则依托于虚拟化技术和并行计算技术。虚拟化最主要的意义是用更少的资源做更多的事。在计算云中引入虚拟化技术，就是力求在较少的服务器上运行更多的并行计算，对云计算中所应用到的资源进行快速而优化的配置等。而并行计算的作用是首先将大型的计算任务拆分，然后再派发到云中的节点上进行分布式并行计算，最终将结果收集后统一整理，如排序、合并等。

## 1.3　云计算的特点

随着互联网的发展，云计算在日常生活中的应用已非常普遍。云计算是一种计算模型和互联网运营模式，它将诸如运算能力、存储、网络和软件等资源抽象成为服务，以便让用户通过互联网远程享用，同时付费用户也如同使用传统公共服务设施一样，进行有偿使用。因而，“因需而定”、“提供方便”、“动态改变”和“无限虚拟化的扩展能力”是云计算的几个重要特征。

依据云计算的几个重要特征，云计算系统需提供的五大核心特点如下所述。

(1) 按需自助服务(On Demand Self-Service)。供应商的资源保持高可用和高就绪的状态，用户可以按需方便、自助地获得资源。

(2) 泛在的网络访问(Broad Network Access)。用户可以通过网络，使用不同的终端设备(例如手机、笔记本电脑等)以统一的标准模式获取服务提供商的服务。

(3) 动态的资源池(Resource Pooling)。供应商的计算资源可以被整合为一个动态资源池，以多租户模式服务所有客户，不同的物理和虚拟资源可根据客户需求动态分配。服务提供商需实现资源的位置无关性，客户一般在不需要知道所使用的资源的确切地理位置的情况下，使用资源池中的资源。

(4) 快速弹性的资源提供方式(Rapid Elasticity)。服务提供商可以迅速、弹性地提供服务，能快速扩展，也可以快速释放，还可以实现快速缩小。对客户来说，可以租用的资源看起来似乎是无限的，可在任何时间购买任何数量的资源。

(5) 可计量的服务(Measured Service)。服务的收费可以是基于计量的一次一付，或基于广告的收费模式。云计算系统以针对不同服务需求(例如，CPU 时间、存储空间、带宽、用户账号的使用率高低)来计量资源的使用情况和定价，以提高资源的管控能力和促进资源的优化利用。整个系统资源可以通过监控和报表的方式使其对服务提供者和使用者透明化。

## 1.4　云计算的服务模式

云计算的三个服务模式(Delivery Models)是：SaaS(Software as a Service)、PaaS(Platform as a Service)和 IaaS(Infrastructure as a Service)。

(1) SaaS(软件即服务)：提供给客户的服务是运营商运行在云计算基础设施上的应用程序，客户可以在各种设备上通过瘦客户端界面访问，如浏览器。客户不需要管理或控制任何云计算基础设施，包括网络、服务器、操作系统、存储器等。

(2) PaaS(平台即服务)：提供给客户的服务是把客户用开发语言(例如 Java、python、.Net 等)和工具开发的应用程序部署到供应商的云计算基础设施上。客户不需要管理或控制底层的云基础设施，包括网络、服务器、操作系统、存储器等，但客户能控制部署的应用程序，也可以控制运行应用程序的托管环境配置。

(3) IaaS(基础设施及服务)：提供给客户的服务是客户对所有云计算设施的利用权限，

包括处理、存储、网络和其他基本的计算资源，客户能够部署和运行任意软件，包括操作系统和应用程序。客户不需要管理或控制任何云计算基础设施，但能控制操作系统的选择、储存空间、部署的应用，也可以获得有限制的网络组件(例如防火墙、负载均衡器等)的控制权。

总之，云计算的本质源于“服务”。在云计算的语境中，一个服务意味着一种可按需取用的状态。所以 SaaS 就意味着软件可以按需取用，它的关注点在于其内部的可用功能而不是应用之外的东西。PaaS 提供的是一种按需取用的正常运行环境，因此问题就成了把什么样的按需应用功能组合部署到这一环境中。由于正常运行环境是可以按需取用的，所以一个部署到该环境中的应用也可以在按需取用的状态下运行。也就是说，这些部署到 PaaS 环境中的应用是可以按需交付的，结果就和 SaaS 一样。IaaS 指的是可以按需取用、按需预配置的基础设施。对 IT 专业人士来说，在运营层面预配置基础设施等同于部署服务器。而在云计算环境中，所有服务器都已虚拟化，而且是以虚拟机的形式部署的，所以 IaaS 最终就成了按需部署虚拟机的能力。

随着云计算创新的步伐不断加快，新一代的技术和成果也在快速增长。但是云计算市场的分散性导致客户难以选择云计算厂商和合作伙伴，一旦做错决定将不得不转移到新的云上进行重新构建。对于一些大的公司来说，这确实是一个挑战。鉴于上述原因，云需要一个开源的操作系统，开源云可以避免被锁的问题，而 OpenStack 就是这样一个开源的云操作系统。

OpenStack 是 IaaS 平台，它可以让任何人自行建立和提供云端运算服务。OpenStack 如同 Linux 一样，旨在构建一个内核，所有的软件厂商都围绕着它进行工作。从组件构成来看，OpenStack 有许多子项目，用于对云计算平台中的各种资源(如计算能力、存储、网络)提供敏捷管理。虽然 OpenStack 刚刚起步，但它也提供了对虚拟化技术的支持。

目前，主流的 Linux 操作系统，包括 Fedora、SUSE 等都支持 OpenStack。OpenStack 在大规模部署公有云时，在可扩展性上有优势，而且也可用于私有云。随着 Ubuntu12.04 LTS 正式全面使用 OpenStack，OpenStack 将成为基础云平台的第一选择。

## 1.5 OpenStack 概述

OpenStack 是一款提供公有云和私有云服务的开源平台，它最初是由 Rackspace 和美国国家航空航天局(NASA)共同开发，帮助服务商和企业内部实现类似于 Amazon EC2 的云基础架构服务。前者提供了“云文件”平台代码，该平台增强了 OpenStack 对象存储部分的功能；而后者带来了“Nebula”平台，形成了 OpenStack 其余的部分。另外，Rackspace 还开发了 OpenStack Object Storage，并于 2010 年 7 月将其贡献给 OpenStack，作为其开源子项目，工程代号为 Swift。OpenStack Object Storage(Swift)是开源的，可用来创建可扩展的、冗余的对象存储引擎。Swift 使用标准化的服务器存储 PB 级可用数据，但它并不是文件系统(file system)，Swift 看起来更像是一个长期的存储系统(long term storage system)，其目的是获得、调用、更新一些静态的永久性数据，因此 Swift 看起来具有更强的扩展性、冗余性和持久性。美国航空航天局(NASA)的 Ames 研究中心开发了被称作 Nova 的 OpenStack

的雏形，其被开发的目的是为美国的航空航天机构提供可塑性较高的云客户端，之后 Rackspace 涉足了该技术商业化的进程，并最终使其成为一款独立的基础软件。因此，OpenStack 最初是由存储(Swift)和计算(Nova)构成的，如图 1-1 所示。

图 1-1　OpenStack 的组成

Open 为开放之意，Stack 则是堆砌，OpenStack 合起来如其名，就是许多 Open 的 Softwares 堆积的集合，因而该集合系统的功能更为强大。OpenStack 是开源免费的，它由名为 OpenStack Community 的社区开发和维护，这一社区拥有超过 130 家企业及 1350 位开发者，这些机构与个人都将 OpenStack 作为基础设施。OpenStack 社区的首要任务是简化云的部署过程并为其带来良好的可扩展性，采用它来管理云平台中的资源，从而大大降低实施成本。

OpenStack 是一整套开源软件项目的综合体，它允许企业或服务提供者建立、运行自己的云计算和存储设施。Rackspace 与 NASA 是 OpenStack 最初也是重要的两个贡献者，而今，OpenStack 基金会已经有 150 多个会员，包括很多知名公司，如 Canonical、DELL、Citrix 等。

OpenStack 主要用 Python 编程语言编写，整合了 Tornado 网页服务器、Nebula 运算平台，使用 Twisted 软件框架。OpenStack 遵循 Open Virtualization Format、AMQP、SQLAlchemy 等标准。虚拟机器软件资源包括 KVM、Xen、VirtualBox、QEMU、LXC 等。最新版本的 OpenStack 代码和文档可以从 OpenStack 官网获取，网址为 http://www.openstack.org/。

## 1.6　OpenStack 的功能与作用

在云计算市场，大多数人都会认同亚马逊云计算服务(AWS)是基础设施即服务(IaaS)的市场领导者，但微软、谷歌和 Joyent 等公司正在试图超越 AWS。这些企业的产品都是闭源的，而 OpenStack 相当于亚马逊 AWS 的开源实现，它承诺最终给用户和服务供应商提供一个大家都可以使用的开源云计算平台，其功能已经包含了 AWS 的核心组件。OpenStack 这样既支持用户的内部私有云，又支持服务供应商的公有云，已初步形成一个生态系统，客户可以自由地在其公有云和私有有之间以及多个供应商之间移动其应用程序和工作负载。

OpenStack 是由不同的功能组件所构成的开源云软件，目前共有 7 个功能不同的组件，分别是运算组件 Nova、对象存储组件 Swift、区块储存组件 Cinder、网络组件 Quantum、身份认证组件 keystone、镜像组件 Glance、前端界面组件 Horizon。就云服务的架构来看，其中又以运算组件、网络组件以及对象存储组件最为重要。

云端服务企业并非必须使用每个组件，根据需要挑选现阶段没有的管理组件即可，例如全球第八大在线零售商 MercadoLibre 使用了运算组件 Nova、对象储存组件 Swift、镜像文件管理组件 Glance 来打造自己的 PaaS 私有云。

OpenStack 每个版本都有不同的名称。在 2010 年 10 月，OpenStack 第一版诞生，名为 Austin，而在这个版本中，仅有运算组件 Nova 与对象储存组件 Swift。随着 OpenStack 的发展以及各领域厂商的加入，不同的组件推陈出新，陆续被加入到新的版本内。目前最新版名为 Grizzly，包含了上述七个组件，还有两个组件正处于开发阶段，分别是 Orchestration 层整合组件 Heat 和数据监控组件 Ceilometer。OpenStack 七大组件的功能介绍如表 1-1 所述。

表 1-1　OpenStack 七大组件功能介绍

| 组件名称 | 套 件 功 能 | Amazon AWS 相似的服务 |
|---|---|---|
| 运算组件 Nova | 部署与管理虚拟机 | EC2 |
| 对象存储组件 Swift | 可扩展的分布式存储平台，以防止单点故障的情况产生，可存放非结构化的数据 | S3 |
| 区块存储组件 Cinder | 整合了运算套件，可让 IT 人员查看存储设备的容量使用状态，具有快照功能 | EBS |
| 网络组件 Quantum | 可扩展、随插即用，通过 API 来管理网络架构系统，以确保 IT 人员在部署云端服务时，网络服务不会出现瓶颈，避免影响整个云平台整体性能的发挥 | VPC |
| 身份认证组件 keystone | 具有中央目录，能查看哪位使用者可存取哪些服务，并且提供了多种验证方式 | None |
| 镜像组件 Glance | 提供硬盘或服务器的镜像文件寻找、注册以及服务交付等功能 | VM Import/Export |
| 前端界面组件 Horizon | 图形化的网页接口，让 IT 人员可以观测云端服务目前的规模与状态，并能够统一存取、部署与管理所有云端服务所使用到的资源 | Console |

OpenStack 采用 IaaS 服务模式，让任何人都可以自行建立和提供云端运算服务。此外，OpenStack 也用作建立防火墙内的“私有云”(Private Cloud)，提供给机构或企业内各部门共享资源。

另外，OpenStack 允许在一个单一的平面网络上进行部署，但是这样并不安全。一般建议使用至少两个网络来进行 OpenStack 的网络部署：一个用来管理流量，一个用来进行虚拟机之间的对话。这意味着所有的云计算节点中需要两个网卡(一个运行实例)和网络管理者，它们运行在不同的 IP 范围中。从虚拟化角度来讲，OpenStack 几乎支持所有的虚拟化管理程序，不论是开源的(Xen 与 KVM)还是厂商的(Hyper-V 与 VMware)。但在以前，OpenStack 是基于 KVM 开发的，KVM 常常成为默认的虚拟机管理程序，两者都使用相同的开源理念与开发方法。

如今，多数企业用户在 IT 环境中使用了多种虚拟化软件，有一半的用户选择将开源产品作为性价比更高的虚拟化替代方案。IDC(国际数据公司)报道中指出，OpenStack 是 KVM 增长的一个巨大机会，同时它具有巨大的行业发展动力，并拥有一个充满活力的云计算平台社区。有 95% 的 OpenStack 平台由 KVM 驱动，因此，随着 OpenStack 的增长，KVM 也会相应增长。

## 1.7 OpenStack 部署方式介绍

各发行版和 OpenStack 版本的实际部署安装差别很大。一般来说，OpenStack 依赖于一种 64 位 x86 架构，所以具有极低的系统要求。整套 OpenStack 项目可以部署在一个配有 8GB RAM 的单个系统上，但对于一般的 OpenStack 集群，官方建议其至少包含网络节点、控制节点和计算节点，每个节点的配置应该有 12GB RAM、两个 2TB 硬盘和一个网络适配器。其中计算节点(运行虚拟实例)的负载将会有更大的差异，但对于简单的系统而言，一个四核 CPU、32GB 的 RAM 和 2GB 的网络适配器已基本可以满足部署的需求。

此外，部署 OpenStack 云环境大致可分为三类方式：基于虚拟机管理平台的安装方式、基于脚本的安装方式和手动逐步安装方式。表 1-2 所示介绍了安装部署的几种工具。

表 1-2　OpenStack 安装部署工具介绍

| 工具名称 | 工 具 说 明 | 备　注 |
|---|---|---|
| Fuel | Mirantis 出品的部署安装工具，2013 年 10 月份推出 3.2 版本，令人震撼，基本把 OpenStack 所有的部署 Web 化，特别是在网络和存储等方面，用户可以拥有更多的选择 | http://www.mirantis.com/ |
| Devstack | Openstack 最早的安装脚本，可以直接通过 git 源码，进行安装，其目的是让开发者可以快速搭建一个云计算环境。目前这套脚本可以在 Ubuntu 和 Fedora 下正常运行 | http://docs.openstack.org/developer/devstack/ |
| Stackops | 通常在 Linux 下手工安装 OpenStack 比较麻烦，而 Stackops 是一个基于 Ubuntu Linux 操作系统的快速安装 OpenStack 的解决方案。它集成了 OpenStack 的组件，使得 OpenStack 易于安装和设置。安装过程就相当于一个浓缩了的 Ubuntu，只需要选择键盘布局、分区设置 IP 地址等信息 | http://docs.stackops.org/display/STACKOPSPRODUCTS/StackOps + Software + Products |
| Crowbar | Crowbar 是一个 iso 文件，安装完之后可以在 Web 界面进行 OpenStack 的部署，底层使用了 Chef，集成了 Nagios 监控 | https://github.com/dellcloudedge/crowbar |
| Maas + Juju | Canonical 推出的部署工具，可以用在 OpenStack 的部署上，类似 Puppet、Chef 的部署工具。Maas 是用于安装 Ubuntu 的，Juju 是用于部署应用的 | http://www.ubuntu.org.cn/cloud/tools/maas |
| Rackspace Private Cloud | Rackspace 推出的 OpenStack 部署工具，是一个 iso 文件，里面带一个 Chef 虚拟机。用 iso 安装操作系统的时候就要选择机器的角色。该工具提供了一个诊断工具，让用户可以通过这个诊断工具向 Rackspace 提交问题 | http://www.rackspace.com/knowledge_center/product-page/rackspace-private-cloud |
| Puppetlab | 开源的数据中心自动化及配置管理框架，可为系统管理员提供一个易用的平台，进行透明、灵活的系统管理。有了这个平台，系统管理员进行虚拟化和云设施的安装、配置、管理将会变得更加容易 | https://github.com/puppetlabs/puppetlabs-openstack |
| dodai-deploy | OpenStack 部署工具，也是基于 Cobbler 和 Puppet 的，另外还做了一个 Web 管理 | https://github.com/nii-cloud/dodai-deploy |

# 1.8　OpenStack 的应用现状与发展趋势

OpenStack 是美国国家航空航天局和 Rackspace 所共同推出的一个开源项目，旨在帮助企业实现公共与私有云的建设与管理。从 2010 年推出到现在短短四年，凭借架构的先进性、运作的有效性与授权模式的灵活性，OpenStack 迅速获得了业界的广泛支持，并成为当今最有影响力的云计算开源项目。

作为最受追捧的开源云平台，OpenStack 发展可谓神速。据 OpenStack 基金会执行总监 Jonathan Bryce 介绍，OpenStack 基金会目前拥有 269 家企业会员和 12306 名个人会员，OpenStack 代码量滚雪球似地从 2011 年的 1 万行增长到目前的 174 万行，并在超过 200 个城市进行了实际部署。

## 1.8.1　OpenStack 的版本演变

OpenStack 一般每年更新两个或两个以上的版本。因此，许多有关该技术的公开信息都是过时的，因此，了解文件中所指的 OpenStack 是哪个版本的非常重要。

OpenStack 的每个主版本系列以字母表顺序(A~Z)命名，以年份及当年内的排序做版本号，从第一版的 Austin(2010.1)到目前最新的稳定版 Havana(2013.2)，OpenStack 共经历了 8 个主版本，第 9 版的 Icehouse 仍在开发中。OpenStack 使用了 YYYY.N 表示法，基于发布的年份以及当时发布的主版本来指定其发布的版本号。例如，2011(Bexar)的第一次发布的版本号为 2011.1，而下一次发布(Cactus)则被标志为 2011.2，次要版本进一步扩展了点表示法(例如，2011.3.1)。

开发人员经常根据代号来指定发行版本，发行版是按字母顺序排列的(参见表 1-2)。Austin 是第一个主发行版，其次是 Bexar、Cactus 和 Diablo。这些代号是通过 OpenStack 设计峰会上的民众投票选出的，一般使用峰会地点附近的地理实体名称。关于 OpenStack 各个版本的简单描述，如表 1-3 所示。

表 1-3　OpenStack 的版本演变

| 主版本 | 状态 | 版本号 | 时间 | 基 本 情 况 |
|---|---|---|---|---|
| Icehouse | Under development | Due | Tbd | 对象存储(Swift)项目有一些大的更新，包括可发现性的引入和一个全新的复制过程；新的块存储功能使 OpenStack 在异构环境中拥有更好的性能；联合身份验证将允许用户通过相同认证信息同时访问 OpenStack 私有云与公有云 |
| Havana | Current stable release, Security-supported | 2013.2 | 10-17-2013 | 正式发布 Ceilometer 项目，进行(内部)数据统计，可用于监控报警；正式发布 Heat 项目，让应用开发者通过模板定义基础架构并自动部署；网络服务 Quantum 变更为 Neutron |

续表

| 主版本 | 状态 | 版本号 | 时间 | 基 本 情 况 |
|---|---|---|---|---|
| Grizzly | Security-supported | 2013.1 | 4-4-2013 | Nova 支持将分布于不同地理位置的机器组织成的集群划分为一个 Cell；支持通过 Libguestfs 直接向 Guest 文件系统中添加文件；通过 Glance 提供的 Image 位置 URL 直接获取 Image 内容以加速启动；支持无 Image 条件下启动带块设备的实例 |
| | | 2013.1.1 | 5-9-2013 | |
| | | 2013.1.2 | 6-6-2013 | |
| | | 2013.1.3 | 8-8-2013 | |
| | | 2013.1.4 | 10-17-2013 | |
| Folsom | EOL | 2012.2 | 9-27-2012 | 正式发布 Quantum 项目，提供网络管理服务；正式发布 Cinder 项目，提供块存储服务；Nova 中 Libvirt 驱动增加支持以 LVM 为后端的虚机实例；Xen API 增加支持动态迁移、块迁移等功能 |
| | | 2012.2.1 | 11-29-2012 | |
| | | 2012.2.2 | 12-13-2012 | |
| | | 2012.2.3 | 1-31-2013 | |
| | | 2012.2.4 | 4-11-2013 | |
| Essex | EOL | 2012.1 | 4-5-2012 | 正式发布 Horizon 项目，支持开发第三方插件扩展 Web 控制台；正式发布 Keystone 项目，提供认证服务；Swift 支持对象过期；在 Swift CLI 接口上支持 Auth 2.0 API |
| | | 2012.1.1 | 6-22-2012 | |
| | | 2012.1.2 | 8-10-2012 | |
| | | 2012.1.3 | 10-12-2012 | |
| Diablo | EOL | 2011.3 | 9-22-2011 | Nova 整合 Keystone 认证；支持 KVM 的暂停与恢复；KVM 的块迁移；全局防火墙规则；Glance 整合 Keystone 认证；增加事件通知机制 |
| | | 2011.3.1 | 1-19-2012 | |
| Cactus | Deprecated | 2011.2 | 4-15-2011 | Nova 增加新的虚拟化技术支持，如 LXC 容器、VMWare/vSphere、ESX/ESXi 4.1；支持动态迁移运行中的虚拟机；增加支持 Lefthand/HP SAN 作为卷存储的后端；Glance 提供新的 CLI 工具以支持直接访问；支持多种不同的 Image 格式 |
| Bexar | Deprecated | 2011.1 | 3-3-2011 | 正式发布 Glance 项目，负责 Image 的注册和分发；Swift 增加了对大文件(大于 5GB)的支持；增加了支持 S3 接口的中间件；增加了一个认证服务中间件 Swauth；Nova 增加对 Raw 磁盘镜像的支持，增加对微软 Hyper-V 的支持；开始了 Dashboard 控制台的开发 |
| Austin | Deprecated | 2010.1 | 10-21-2010 | 作为第一正式版本的 OpenStack，主要包含两个子项目，Swift 是对象存储模块，Nova 是计算模块；带有一个简单的控制台，允许用户通过 Web 管理计算和存储；带有一个部分实现的 Image 文件管理模块，未正式发布 |

从表 1-3 可以看出，OpenStack 的版本更新很快，基本上不到半年就会更新，这是其自身的优势，也表明了 OpenStack 强大的生命力，但是如果新版本的发布过于频繁，就难免会在一些地方与老版本出现兼容性的问题。如果仅仅对代码做了一些改进，却不被社区接受，那么使用自己更新代码的版本将变得难以维护。因而，OpenStack 的每一个版本都纳入了新的功能，添加了文档，并以增量的方式提高部署的简易性，同时 OpenStack 技术路线图也增加了组成该计划的项目的数量。鉴于版本的发展速度和 OpenStack 的稳定性，本书主要以 G 版本的 OpenStack 进行讲解与说明。

### 1.8.2 OpenStack 的发展趋势

OpenStack 基金会公布了最近所做的一次调研。调研的内容涵盖了 OpenStack 的市场接受度、应用行业、部署形式和技术应用等方面，归纳起来主要表现在以下几点。

(1) 企业部署 OpenStack 的最主要五个驱动因素是节约成本、运营效率、开放平台、灵活的技术选择与创新、竞争能力。

(2) 部署 OpenStack 的十大行业分别为 IT、学术/研究/教育、电信、影音/娱乐、政府/国防、制造/工业、零售、医疗保健、金融、日常消费。

(3) OpenStack 十大应用场景分别是管理与监测系统、连续集成/自动测试、数据挖掘/大数据/Hadoop、Web 服务器、QA 测试环境、数据库、科学研究、存储与备份、虚拟桌面、高性能计算。

(4) 部署类别方面，私有云占绝对多数(60%)，其次是托管私有云(17%)、公有云(15%)，混合云(6%)与社区云(2%)处于起步阶段。

(5) 在 OpenStack 的部署中，主要采用的虚拟化 Hypervisor 以 KVM 为主(62%)，其次是 Xen(12%)，VMware 的 ESX 排名第三(8%)，QEMU 爆冷排名第四(5%)，思杰的 XenServer 与 Linux 的虚拟化容器 LXC 并列第五，微软 Hyper-V 第六，其他的可以忽略不计，而主机操作系统则以 UBUNTU 为主(55%)，其次是 CENTOS(24%)与 RHEL(10%)。

## 1.9 其他开源云平台简述

云计算是个在 IT 界十分火热的词汇，开源云平台更被认为是 IT 的趋势。OpenStack 直接带动了开源云平台的市场，并在一定程度上对 AWS 和 VMware 垄断的 IaaS 和虚拟化层造成了冲击。云计算领域的拓展，也使得开源平台的生存空间变得更大。常见的 IT 巨头的云计算平台有亚马逊 EC 2、IBM 的蓝云、微软的 Azure、Sun Cloud 等，本节主要对开源中国社区收录的 3 款知名的开源云计算平台进行简单的介绍。

### 1.9.1 Eucalyptus

Eucalyptus 项目全称是 Elastic Utility Computing Architecture for Linking Your Programs To Useful Systems，它是由 Santa Barbara 大学建立的开源项目，是主要实现云计算环境弹性需求的软件，通过其在集群或者服务器组上的部署，可以使用常见的 Linux 工具和基本的基于 Web 的服务。Eucalyptus 使用 FreeBSD License，意味着它可以直接使用于商业软件应用中，当前支持的商业服务只有亚马逊的 EC2，今后会增加多种客户端接口。该系统使用 SOAP 安全的内部通信，且把可伸缩性作为主要的设计目标，具有简单易用、维护及扩展方便的特点。这个软件层的工具可以通过配置服务器集群实现私有云，并且其接口也与公有云相兼容，可以满足私有云与公有云混合，构建扩展的云计算环境。

Eucalyptus 的主要构件包括节点控制器、集群控制器和云控制器。

### 1. 节点控制器

节点控制器负责管理一个物理节点。节点控制器是运行在虚拟机寄宿的物理资源上的一个组件，它负责启动、检查、关闭和清除虚拟机实例等工作。一个典型的 Eucalyptus 安装有多个节点控制器，但一台机器上只需运行一个节点控制器，因为一个节点控制器可以管理该节点上运行的多个虚拟机实例。节点控制器接口由 WSDL 文档来描述，该文档定义了节点控制器所支持的实例数据结构和实例控制操作。这些操作包括 runInstance、describeInstance、terminateInatance、describeResource 和 startNetwork。对于实例的运行、描述和终止操作执行系统的最小配置，并调用当前的管理程序来控制和监测运行的实例。

### 2. 集群控制器

典型的集群控制器运行在集群的头节点或服务器上，它们都可以访问私有或公共网络。一个集群控制器可以管理多个节点控制器。集群控制器负责从其所属的节点控制器收集节点的状态信息，根据这些节点的资源状态信息调度进入的虚拟机实例执行请求到各个节点控制器上，并负责管理公共和私有实例网络的配置。和节点控制器一样，集群控制器接口也是通过 WSDL 文档来描述的，这些操作包括 runInstances、describeInstances、terminateInatances 和 describeResources。描述和终止实例的操作会直接传给相关节点控制器。当接收到一个 runInstances 请求后，集群控制器执行一个简单的调度任务，通过调用 describeResource 来查询每一个节点控制器，并选择第一个具有足够空闲资源的节点控制器来执行实例运行请求。集群控制器还实现了 describeResources 操作，该操作将一个实例需要占据的资源作为输入，并返回可以同时在其所属的节点控制器上执行的实例的个数。

### 3. 云控制器

每一个 Eucalyptus 安装都包括单一的云控制器。云控制器相当于系统的中枢神经，是用户的可见入口点和做出全局决定的组件。云控制器负责处理进入的由用户发起的请求或系统管理员发出的管理请求，做出高层的虚拟机实例调度决定，并处理服务等级协议和维护系统与用户相关的元数据。云控制器由一组服务组成，这些服务用于处理用户请求、验证和维护系统、用户元数据(虚拟机映像和 SSH 密钥对等)，并可管理和监视虚拟机实例的运行。这些服务由企业服务总线来配置和管理，通过企业服务总线可以进行服务发布等操作。Eucalyptus 的设计强调透明度和简单性，以便促进 Eucalyptus 的实验和扩展。

云控制器的组件包括虚拟机调度器、SLA 引擎、用户接口和管理接口等。它们是模块化的彼此独立的组件，对外提供定义良好的接口，企业服务总线 ESB 负责控制和管理它们之间的交互和有机配合。通过使用 Web 服务和 Amazon 的 EC2 查询接口与 EC2 的客户端工具互操作，云控制器可以像 Amazon 的 EC2 一样进行工作。之所以选择 EC2 是因为它相对成熟，有大量的用户群体且很好地实现了 IaaS。

Eucalyptus 设计之初就考虑到尽量保证安全和易于安装。其软件框架由一系列高度模块化的协作 Web Services(Web Services 是使用标准通信协议的交互操作)构成。通过这一框架，Eucalyptus 实现了虚拟机和存储资源的配置，这些资源由一个隔离的 2 层网络互联。从客户端应用程序和用户的角度来看，尽管其他接口可以自定义，但只有 Eucalyptus API 是与亚马逊的 AWS(包括 SOAP 和 REST 接口支持)兼容的。

不管是源代码还是包安装，Eucalyptus 很容易安装在现今大多数 Linux 发行版上。它提供了如下一些高级特性：

(1) 与 EC2 和 S3 的接口具有兼容性(SOAP 接口和 REST 接口)。使用这些接口的几乎所有现有工具都将可以与基于 Eucalyptus 的云协作。

(2) 支持运行在 Xen hypervisor 或 KVM 之上的 VM 的运行。未来版本还有望支持其他类型的 VM，比如 VMware。

(3) 用来进行系统管理和用户结算的云管理工具。

(4) 能够将多个分别具有各自私有的内部网络地址的集群配置到一个云内。

### 1.9.2 AbiCloud

Abiquo 公司推出的一款开源的云计算平台——“AbiCloud”，使公司或企业能够以快速、简单和可扩展的方式创建和管理大型、复杂的 IT 基础设施(包括虚拟服务器、网络、应用、存储设备等)。AbiCloud 较之同类其他产品的一个主要的区别在于其强大的 Web 界面管理。可以通过拖拽一个虚拟机来部署一个新的服务，并且允许通过 VirtualBox 部署实例，它还支持 VMware、KVM 和 Xen。

与同类产品比较，Abicloud 的特征与性能如下：

(1) AbiCloud 可以创建管理资源并且可以按需扩展，具有强大的 Web 界面管理，支持 VMware、KVM 和 Xen。

(2) AbiNtense 类似于 Grid 的架构，可用来减少大量高性能计算的执行时间。

(3) AbiData 由 Hadoop、hBase、Pig 开发而来，可以用来搭建分析大量数据的应用，是低成本的云存储解决方案。

Abiquo 公司帮助用户建立、管理以及扩展复杂的计算架构。具体开源云计算产品有三类，三种产品分别是 AbiCloud、AbiNtense 和 AbiData。这三种产品都可以用来架构和开发公有、私有混合云，以及云应用等的基础设施。

(1) AbiCloud 是开源云管理软件，可以创建管理资源并且可以按需扩展。

(2) AbiNtense 是一个类似于 Grid 的架构，用来减少大量高性能计算的执行时间。

(3) AbiData 由 Hadoop、Hbase、Pig 开发而来，是一个信息管理系统，可以用来搭建分析大量数据的应用，是低成本的云存储解决方案。

### 1.9.3 OpenNebula

OpenNebula 是一款为云计算而打造的开源工具箱。它允许客户与 Xen、KVM 或 VMware ESX 一起建立和管理私有云，同时还提供 Deltacloud 适配器与 Amazon EC2 相配合来管理混合云。除了像 Amazon 一样的商业云服务提供商，在不同 OpenNebula 实例上运行私有云的 Amazon 合作伙伴也同样可以作为远程云服务供应商。OpenNebula 是开放源代码的虚拟基础设备引擎，用来在一群实体资源上动态部署虚拟机。OpenNebula 是 Reservoir Project 的技术，是欧洲研究学会发起的虚拟基础设备和云计算计划。

OpenNebula 在服务器和实体机设备间产生新的虚拟层，这个层可支持从集的服务器执行和加强虚拟机的效益。目前 OpenNebula 可支持 XEN、KVM 和实时存取 EC2，也支持镜像文件印象档的传输、复制和虚拟网络管理网络。OpenNebula 支持多种身份验证方案，包括基本的用户名和密码验证(使用 SQLlite 或 MySQL 数据库管理用户信息)，和通过 SSH 密钥验证。

OpenNebula 的模块化设计使得它的未来一片光明，它和其他开源产品一起让创建私有云平台变得更廉价。OpenNebula 包含许多有用的工具，但它的强项还是在核心工具上，因此适合开发人员和管理人员使用。OpenNebula 可以构建私有云、混合云、公开云。OpenNebula 的总体架构如图 1-2 所示。

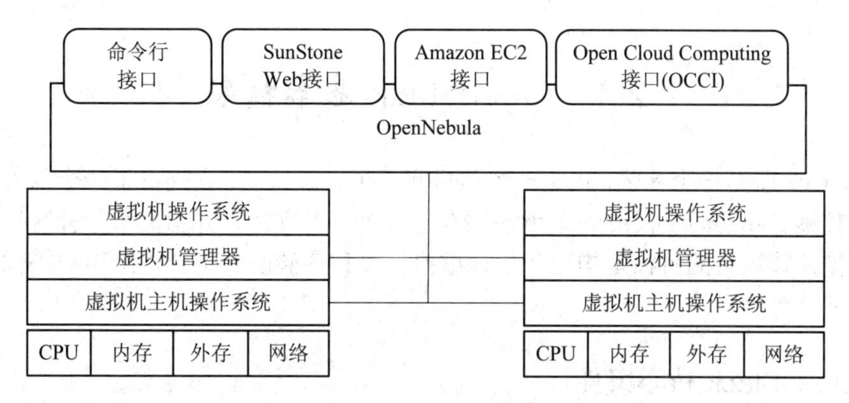


图 1-2　OpenNebula 总体架构

# 第二章 OpenStack 整体系统架构

前一章中对 OpenStack 做了一个初步介绍，如果要对 OpenStack 进行全面的了解和认识，需要熟悉整个 OpenStack 的整体架构，本章中将分别从 OpenStack 的整体架构到每个核心组件进行介绍。

## 2.1 OpenStack 基本框架

OpenStack 既是一个社区，也是一个项目和一个开源软件，它提供了一个部署云的操作平台或工具集。起初的 OpenStack 就是源自于一个开源项目，并由一个“社区”中的程序员进行维护，该项目的目标是构建和运行虚拟计算和存储的云平台，给用户提供灵活的、可扩展的云计算服务。

### 2.1.1 OpenStack 核心组件

OpenStack 大体上包含四个核心组件：OpenStack Compute(Nova)、OpenStack Object Storage(Swift)、OpenStack Image Service(Glance)和 keystone，如图 2-1 所示是在 OpenStack 整个框架下，这四个核心组件间的关系。

OpenStack Compute 是整个 OpenStack 架构中的核心控制部件，云计算体系的部署、运行、维护等功能全部依赖于 OpenStack Compute 的控制。该部分底层的开源项目名称是 Nova。Nova 在云计算的 IaaS 层面上提供相关的软件服务，Nova 还能够通过虚拟化技术，提供虚拟的硬件交互驱动，使得其能够对虚拟主机等物理硬件进行管理与控制。

OpenStack Object Storage 针对的是云计算技术中的云存储需求，它是一个可扩展的对象存储系统。最初的目的是用于托管 Rackspace 的 Cloud Files service，该子项目一直沿用 Rackspace[1]的项目代号 Swift，而今的 Swift 能够使用普通硬件来构建冗余的、可扩展的分布式对象存储集群，存储容量可达 PB 级。

OpenStack Image Service 主要针对于云计算中虚拟计算机的管理等需求，该项目主要是一个虚拟机镜像的存储、查询和检索系统。它为存储在不同存储设备上的镜像提供完整的适配框架，提供镜像存储与访问的统一的方法和管理。

keystone 作为 OpenStack 的核心组件，它的功能主要是为其他三者提供认证服务。OpenStack 中的任何组件都要通过 keystone 的认证进行通信，OpenStack 高级版本中的其他组件也都需要 keystone 的认证服务。

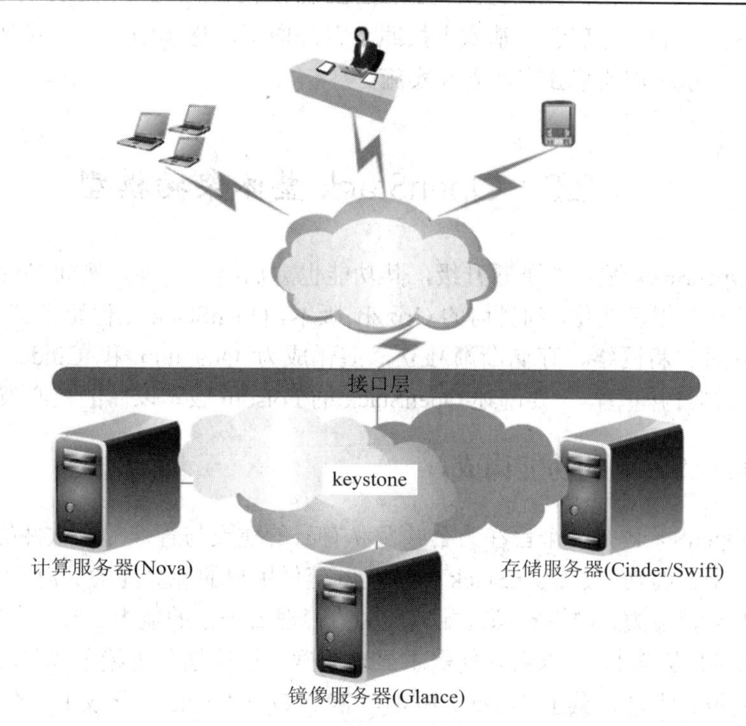


图 2-1　OpenStack 核心组件关系图

## 2.1.2　OpenStack 架构的设计原则

OpenStack 的设计目标是实现对 100 万台主机和 6000 万台虚拟主机的管理能力。整个 OpenStack 项目被设计成大规模灵活扩展的云计算操作系统。其在 2010 年到 2012 年的两年的时间里从 Austin 版本发展到 Folsom 版本，目前较为成熟的版本是 2013 年发布的 Grizzly 版本。Grizzly 与 Folsom 相比在进程管理和网络等方面做出了更为良好的改进，本书主要的操作与实践主要是以 Grizzly 版本为参考和学习对象。

作为开源的项目，OpenStack 吸引了大量优秀的开源程序员参与其完善与维护。目前，OpenStack 已基本上成为一个开源、可扩展、灵活的云操作系统。它集网络、计算、网络服务等为一体，将整个项目中的各个子系统通过统一的接口进行整合和集成，给用户提供基础设施服务。

从架构设计上来看，OpenStack 基本上参考了亚马逊的 AWS 等云计算的产品架构，甚至功能上都保留着云计算应用中主要的功能，例如：计算、存储、网络、镜像、身份认证等。它设计的主要思路在于“模块的划分和模块间的职能协作”。其设计原则基本上可以归纳为这几个方面：

(1) 按照不同的功能和通用性划分不同的子项目，拆分成子系统；

(2) 按照逻辑划分，规范子系统间的通信；

(3) 通过分层明细整个系统架构；

(4) 不同功能子系统间提供统一的 API 接口。

从 OpenStack 架构的设计原则可以看出：OpenStack 是一个云计算的完整解决方案，采用“职责拆分”的设计理念，基本上按照“自顶向下，逐步细化”的设计模式，每个按照功能划分的子系统均能够独立部署和实施。

## 2.2 OpenStack 整体架构模型

随着 OpenStack 版本的不断升级，其功能也愈加趋于完善，例如 Folsom 版本与 Essex 版本相比就存在很多变化，到目前的 Grizzly 版本，OpenStack 在保留了其 Nova 中 Compute 等功能的同时，将网络、存储渐渐独立，演化成为 Quantum 和 Cinder 构件。本节讨论 OpenStack 的架构模型，主要阐述 OpenStack 的 Folsom 版本以后的核心架构。

### 2.2.1 OpenStack 的功能构成

既然 OpenStack 是一个旨在为公共及私有云的建设与管理提供软件的开源项目，按照常规云计算平台的功能，OpenStack 应该具备交付用户的计算能力、海量数据的存储能力、软件平台的支持能力、网络资源的配置能力、管理云平台的能力、云平台的安全维护能力。

OpenStack 从 Folsom 以后功能需求日渐明确，模块划分也趋于成熟和稳定。按照“功能拆分”的设计理念，截至 Grizzly 版本，整个 OpenStack 划分成了七个核心职能模块(子系统)：

(1) Compute (Nova)：OpenStack Compute (Nova)是 OpenStack 的基础架构服务的核心组件，在 Austin 版本中该模块就已经存在，它将服务器中硬件资源(CPU、内存、网络、存储设备)进行虚拟化，然后进行组合、配置，向用户交付和提供计算服务。

(2) Networking (Neutron/Quantum)：Networking 主要负责管理 OpenStack 平台下由各个虚拟机(VM)构成的局域网，新的版本中增添了划分和管理虚拟局域网(VLAN)、支持动态虚拟主机配置协议(DHCP)和 IPv6 的一些功能。

(3) Identity Management (Keystone)：OpenStack Identity Management (Keystone) 可以管理用户目录，它是 OpenStack 的安全管理机制，也是在 Essex 版本发布以后增加的。Keystone 能够有效保障 OpenStack 中 VM 用户的隐私安全，Keystone 还可以实现 OpenStack 中的各个组件间的多种形式身份验证。

(4) Object Storage (Swift)：OpenStack Object Storage (Swift) 以 Rackspace Cloud Files 产品为基础，它是一种分布式存储系统，主要针对静态的数据存储，在后续章节中会对其进行详细介绍。

(5) Block Storage (Cinder)：OpenStack Block Storage (Cinder) 管理计算实例所使用的块级存储，优化了 OpenStack 中对象存储的方式，Cinder 也是 OpenStack 后期 Folsom 版本中增添的一个项目，Cinder 提供了用于创建块设备、附加块设备到服务器和从服务器分离块设备的接口。

(6) Image Service (Glance)：OpenStack Image Service (Glance) 为 VM 镜像提供支持。OpenStack 中的镜像实质上就是 VM 的模板，Glance 主要负责磁盘上的镜像查询、管理和存储。

(7) User Interface Dashboard (Horizon)：Horizon 是 OpenStack 中提供给用户的一种图

形界面，用户可以通过 Horizon 调用每个组件的统一接口，实现对整个 OpenStack 平台中其他对象的窥探和管理，例如：镜像查询、虚拟机的创建等。

图 2-2 反映了上述各个功能模块的依赖关系。用户通过 Horizon 可以访问每个功能模块信息，Nova 是整个 OpenStack 的核心功能，负载整个系统平台的工作。但由于 OpenStack 的设计理念是“尽可能地独立每个模块，把庞大的系统拆分成不同的功能模块”，这也就意味着，当用户需要任何一个功能时，只需要部署相应的子项目。

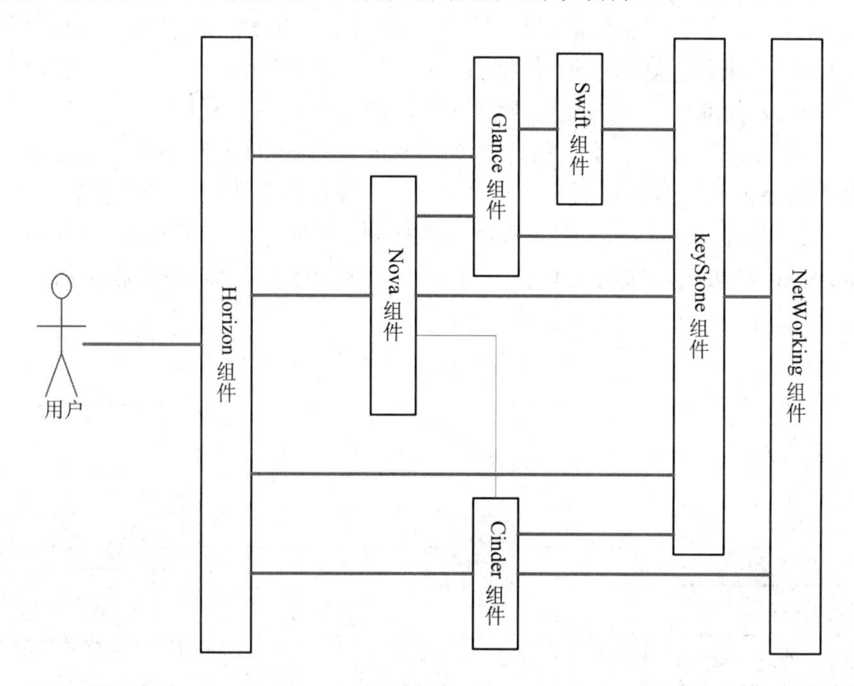


图 2-2　OpenStack 功能模块依赖关系

## 2.2.2　OpenStack 逻辑结构与模型

上一节中已经介绍 OpenStack 的七大核心功能，它们作为一个紧密的合作整体协同工作，实现对整个 OpenStack 平台的资源的管理、控制等操作。其逻辑架构在设计上参考了经典云计算平台架构，本节从 OpenStack 的整体布局和功能模块部署两个方面介绍其逻辑架构。

(1) 从整体布局上 OpenStack 基本上划分为：硬件资源层、虚拟化适配层、资源管理调度层和应用程序展示层，如图 2-3 所示。

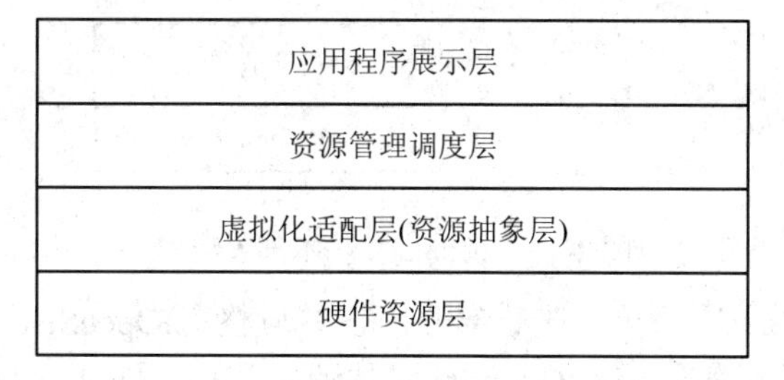


图 2-3　OpenStack 逻辑架构

硬件资源是整个 OpenStack 平台的基础，主要包括 CPU、网络、内存、存储设备等硬件。它是虚拟化适配层适配的基础，经过上层的资源抽象后提供虚拟设备。

适配层是 OpenStack 云平台的一个软硬件过渡层，虚拟化适配层将底层物理硬件通过 KVM、QEMU 等虚拟化技术进行抽象，上层通过 libvirt 提供的统一接口调用它们对应的驱动程序，从而为上层提供虚拟化了的硬件资源。

资源管理调度层是 OpenStack 等云平台架构中的核心层，资源管理和调度是该层的主要职责，OpenStack 的各种服务程序运行在这一层面上，例如：镜像管理、计算调度、虚拟机的指派和分配等服务程序，它们彼此之间通过统一的 API 接口实现相互通信与调度。

应用程序展示层是一种可视化的服务应用，通过展示层的程序将底层硬件信息、资源调配实时动态地反映在该层面上。另外，OpenStack 的其他应用程序在该层上运行。

(2) 在 OpenStack 平台的部署和搭建的过程中，往往会把不同的功能模块配置和安装在不同服务器上。因此，OpenStack 的服务器节点被划分成控制节点 Controller Node 和计算节点 Compute Node 两大类，它们之间的关系及节点功能模块部署如图 2-4 所示。

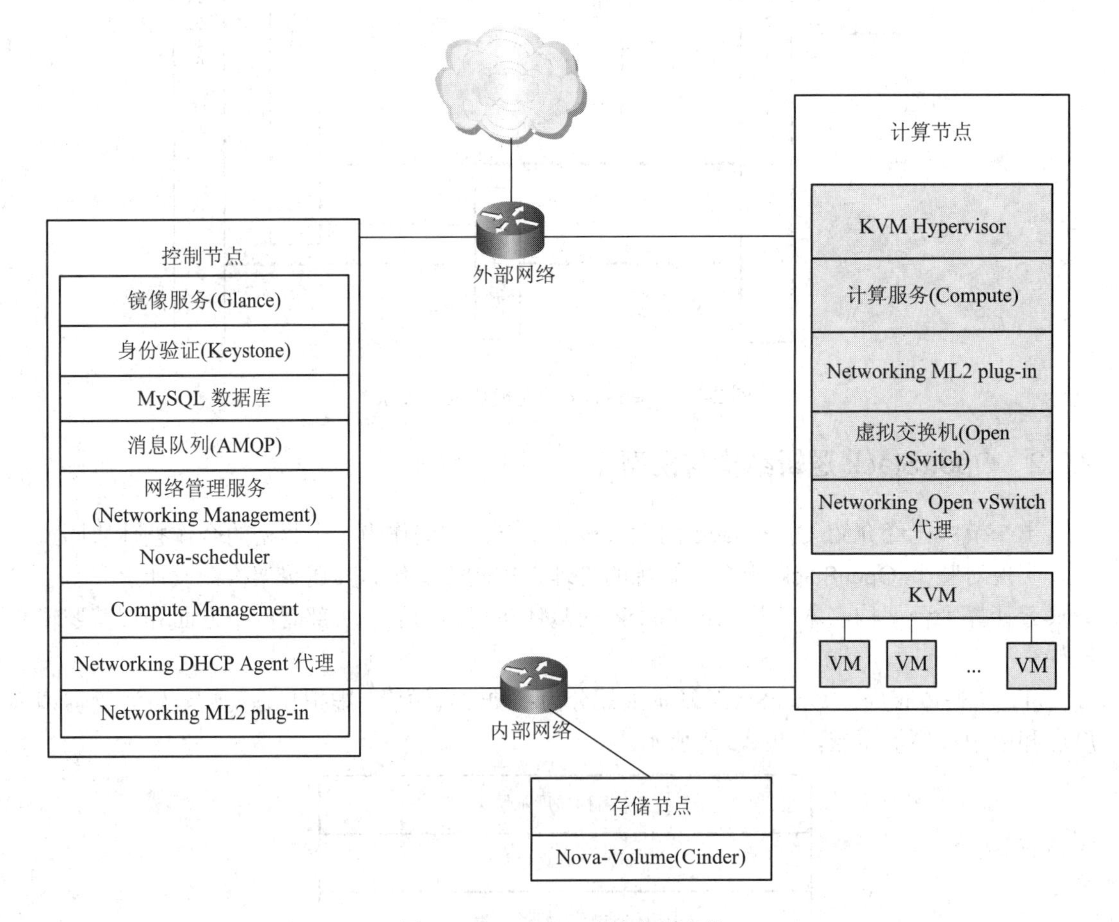


图 2-4　OpenStack 基本部署架构

控制节点是 OpenStack 平台的核心部分，它参与整个 OpenStack 的运行、管理、调度等工作。部署在它上的服务还包含 OpenStack 的消息队列、网络、数据库等服务程序。

计算节点主要运行与虚拟机运行相关的服务程序，例如网络等，计算节点通过 KVM Hypervisor 与虚拟适配层中的 KVM 进行通信与调度，维护和管理计算节点上的虚拟计算机的运行，从而向用户提供计算服务。

图 2-4 中所示的存储节点(Storage Node)是额外配置的一种节点，在现在版本的 OpenStack 平台中，增加了对象存储模块，主要用于满足云计算中的数据存储的需要，该节点主要是以大量的存储设备构成，由 Nova-Volume(Cinder)服务程序支配和管理，为整个平台提供海量数据的存储。

需要说明的是图 2-4 中说明的是 OpenStack 平台部署常见形式，但由于不同的云平台需求，以上部署形式可能存在差异，例如单节点部署就可能把所有的服务程序全部集成在控制节点上，但这种配置形式就不能够满足大数据的存储要求。

## 2.3　OpenStack 物理架构

OpenStack 物理部署实质上是将各个功能模块所在的服务器通过物理网络进行连接，从而使各个服务程序协同工作在 OpenStack 平台之上。OpenStack 的物理架构的优秀之处在于其网络拓扑，大体上可以划分成：管理网、存储网和公网。OpenStack 的网络拓扑涵盖了 OpenStack 七大核心部件，不同的组件按照职责的不同被部署在不同的网络服务器之上。

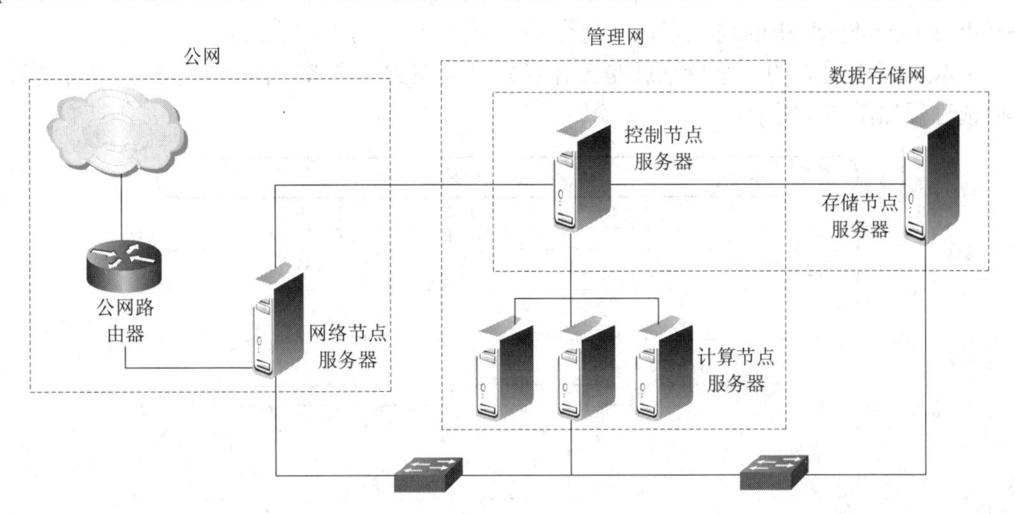


图 2-5　OpenStack 物理架构图

如图 2-5 所示，OpenStack 的各个服务器通过网络连接设备构成不同功能的网络。按照上述标准划分：

(1) 控制节点服务器和计算节点服务器构成管理网络，它是整个 OpenStack 职能的核心，主要包含镜像管理、虚拟机控制服务、计算资源调度、负载均衡等功能，它是 OpenStack 计算服务的重要提供部分；

(2) 网络服务器连通整个 OpenStack 的公网通信，虽然属于可选部分，但一般的 OpenStack 平台都会包含这一部分，整个平台中的虚拟机的网络请求和内网通信全由该部分处理；

(3) 控制节点服务器和存储节点服务器构成存储网络。该部分和管理网络有一定的重合，它和计算节点共同完成 OpenStack 的数据存储服务。

## 2.4　OpenStack 的运行机制与流程

OpenStack 是一整套开源软件项目的综合体，它允许企业或服务提供者建立、运行自己的云计算和存储设施。虽然是由不同功能的组件构成，并且按照其设计原则，各个功能组件之间尽量独立，但 OpenStack 通过采用 AMQP 消息响应机制和模块间标准的 API 接口，使得不同组件之间可以无差别地调度，从而保证了 OpenStack 平台的良好运行。

本小节将从 OpenStack 各个组件间的相互协作关系，对 OpenStack 平台的工作机制和一般流程进行讲解与阐述。

### 2.4.1　AMQP 消息处理与响应机制

高级消息队列协议(AMQP)是异步消息传递使用的应用层协议规范，它是一种能够统一提供服务的应用层标准协议。OpenStack 平台中所有的组件通信都按照这种队列协议进行，也就是说，AMQP 队列是整个 OpenStack 各个部件协作的调度中心和通信枢纽，在了解 AMQP 在 OpenStack 中的地位之前，先介绍一下 AMQP 的工作模式。

AMQP 最为显著的一个特点就是工作模式是典型的生产者—消费者模式，其原理和消息筛选过程如图 2-6 所示。

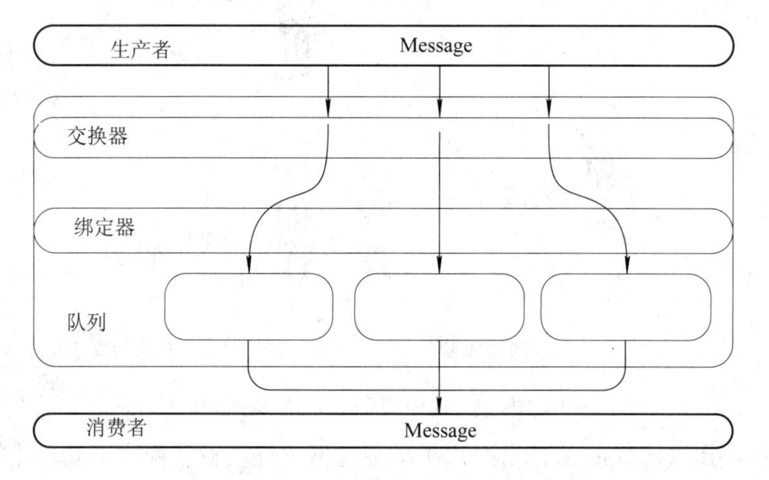


图 2-6　OpenStack 中 AMQP 的工作模型

在图 2-6 中，AMQP 有三部分组成：交换器、绑定器和队列。一般来讲，交换器将消息生产者产生的消息进行收集，通过绑定器进行分类，然后投递到不同的队列当中，最后由消费者将这消息进行处理(消费)掉。在 OpenStack 中各个功能组件协同工作的过程中，均通过某个组件发送消息，而另一个组件通过调度对消息进行响应，但从 AMQP 具体工作的层次来看，AMQP 是提供给各个组件的 API 进行调度和使用。它和 OpenStack 平台下的各个组件关系如图 2-7 所示。

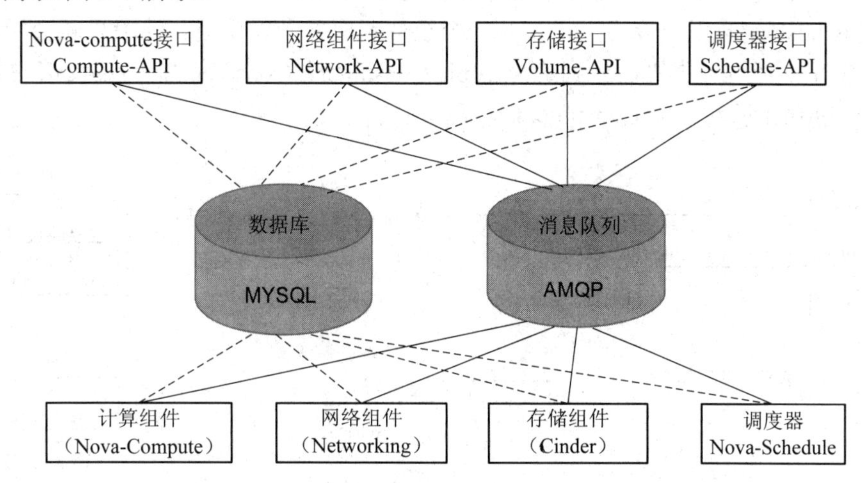


图 2-7　AMQP 与 OpenStack 中各个组件的关系

从图 2-7 中可以看出，OpenStack 的各个职能模块间的调度是依赖于每个模块的 API 接口，任何的组件调用都是通过 AMQP 进行消息传递，进而传递到相关的模块，所以说，AMQP 在 OpenStack 的工作中是一个通信链接枢纽，它承担着任何模块的调度消息投递和分发。

图 2-8 所示是 OpenStack 在官网中对 AMQP 的工作模型的描述。其实在 OpenStack 中 AMQP 消息默认采用 RabbitMQ 消息中间件实现，RabbitMQ 就是 AMQP 消息中间件的适配程序，它的功能就是负责 OpenStack 中消息的投递与响应。组件之间对 RabbitMQ 使用基本都采用 RPC(Remote Procedure Calls)的方式，并且在 OpenStack 中已经按照这种方式封装了两个消息发布接口：rpc.call(请求/响应)和 rpc.cast(广播)。这两种接口代表着 OpenStack 中消息产生与响应的两种不同方式。

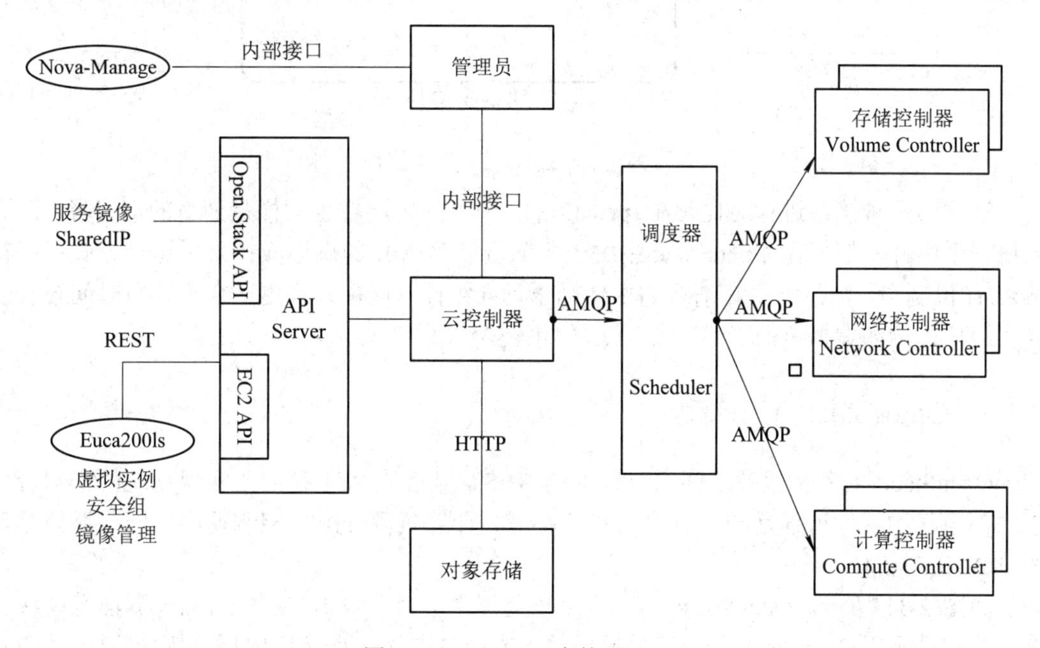


图 2-8　OpenStack 中的 AMQP

如果一个组件发出了一个消息需要其他组件做出反馈，则采用接口 rpc.call。如图 2-9 所示，topic.host 消息发出以后，需要某一个组件响应并予以反馈。该消息就会经过 Topic Publisher 发出，经过分类等操作到达至 Topic Consumer，Consumer 把需要反馈的数据返回至 Topic Publisher 所对应的 Consumer。

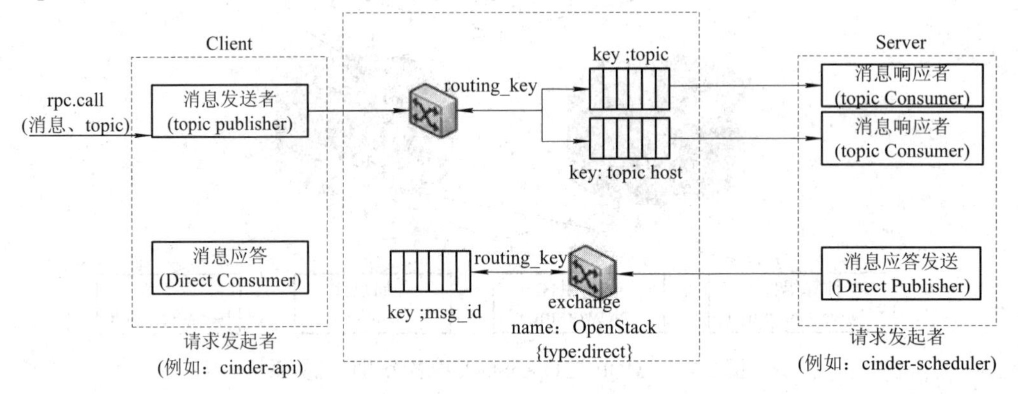


图 2-9 rpc.call 接口工作流程

如果一个组件发出了一个消息不需要其他组件做出反馈，则采用接口广播方式进行消息传递。如图 2-10 所示，和 rpc.call 不一样的是，消息发出以后，直接有对应的组件进行处理，而消息的发出者并不需要该消息的响应情况。

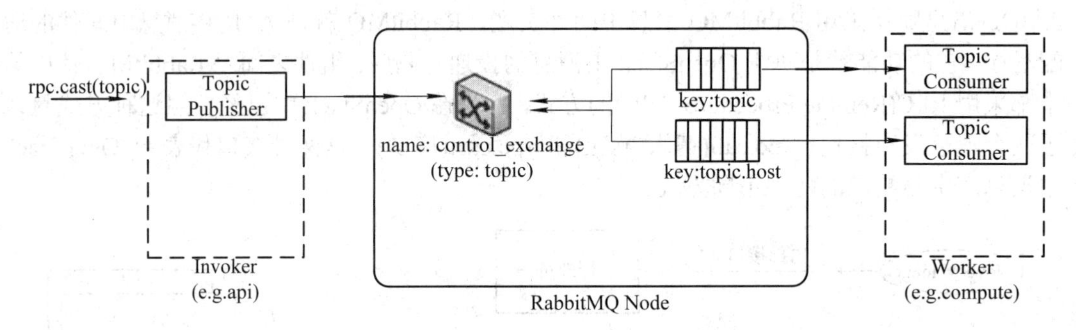


图 2-10 rpc.cast 接口工作流程

通过对两种接口进行对比，在 rpc.call 中，消息的生产者也同样是消息的消费者，两者同属一个组件。例如在 OpenStack 中关于服务查询等 API 的调用应该采用这种方式；而在 rpc.cast 机制中，消息产生和消费的主体则不是同组件，这种方式更适合于调用时间较长的异步通信，例如虚拟机的创建、启动、关闭等操作。

## 2.4.2 OpenStack 工作流程

OpenStack 的各个服务之间通过统一的 REST 风格的 API 调用，实现系统的松耦合。它内部组件的工作过程是一个有序的整体。诸如计算资源分配、控制调度、网络通信等都通过 AMQP 实现。

如图 2-11 所示，OpenStack 的上层用户是程序员、一般用户和 Horizon 界面等模块。这三者都是采用 OpenStack 各个组件提供的 API 接口进行交互，而它们之间则是通过 AMQP

进行互相调用，它们共同利用底层的虚拟资源为上层用户和程序提供云计算服务。

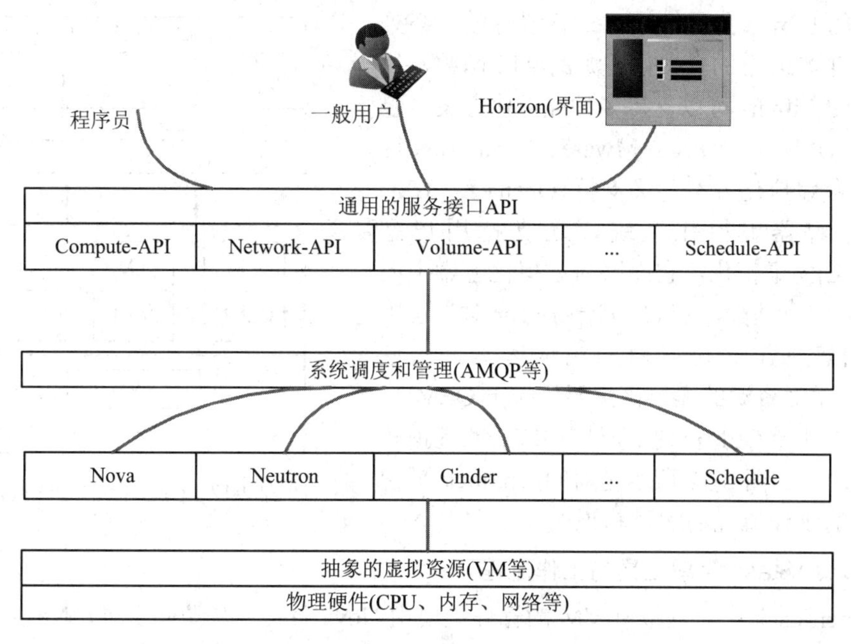


图 2-11　OpenStack 一般工作流程

### 2.4.3　OpenStack 平台管理流程

OpenStack 既然是一个开源的云平台项目，它的主要任务是给用户提供 IaaS 服务。如图 2-11 所示，在整个 OpenStack 的平台之上，存在并运行着大量的虚拟机(VM)，本节从虚拟化技术 QEMU 和 Libvirt 对 OpenStack 云平台的管理过程进行说明。

#### 1．QEMU

QEMU 是一个纯软件的计算机硬件仿真器。通过单独运行 QEMU 来模拟物理计算机，具有非常灵活和可移植的特点，利用它能够达到使用软件取代硬件的效果。

一般情况下，OpenStack 可以部署在 Ubuntu 的 Linux 操作系统上，为了进一步提高 QEMU 的运行效率，往往会增加一个 KVM 硬件加速模块。KVM 内嵌在 Linux 操作系统内核之中，能够直接参与计算机硬件的调度，这一点是 QEMU 所不具备的。一般的 QEMU 程序的执行必然要经过程序从用户态向内核态的转变，这必然会在一定程度上降低效率。所以 QEMU 虽然能够通过转换对硬件进行访问，但在 OpenStack 中往往采用 KVM 进行辅助，使得 OpenStack 的性能表现得更为良好。

但需要说明的是 KVM 需要良好的硬件支持，有些硬件本身如果不支持虚拟化的时候，KVM 则不能使用。

#### 2．Libvirt

Libvirt 是一个开源的、支持 Linux 下虚拟化工具的函数库。实质上它就是为构建虚拟化管理工具的 API 函数。Libvirt 是为了能够更方便地管理平台虚拟化技术而设计的开放源代码的应用程序接口，它不仅提供了对虚拟化客户机的管理，也提供了对虚拟化网络和存储的管理。

最初的 Libvirt 是只针对 Xen 而设计的一系列管理和调度 Xen 下的虚拟化资源的 API 函数，目前高版本的 Libvirt 可以支持多种虚拟化方案，包括 KVM、QEMU、Xen、VMware、VirtualBox 等在内的平台虚拟化方案，又支持 OpenVZ、LXC 等 Linux 容器虚拟化系统，还支持用户态 Linux(UML)的虚拟化，它能够对虚拟化方案中的 Hypervisor 进行适配，让底层 Hypervisor 对上层用户空间的管理工具可以做到完全透明。而在 OpenStack 中对资源的虚拟化主要依赖于 QEMU，Libvirt 能够基于 QEMU 向上层提供统一的虚拟资源管理接口，如图 2-12 所示是对 OpenStack 平台管理工具的工作流程的解释和说明。

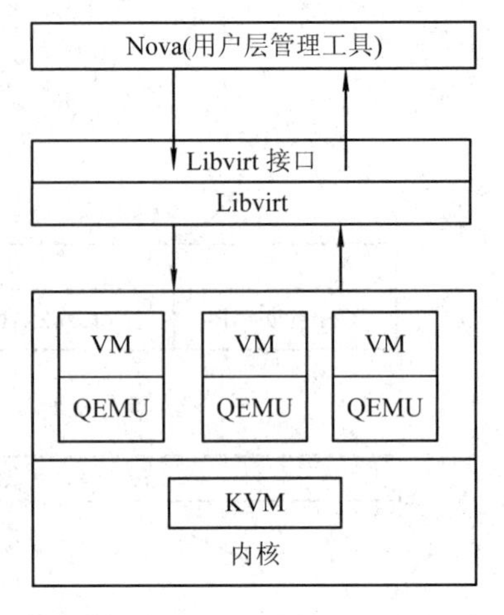


图 2-12　OpenStack 管理流程

3. OpenStack 管理工具的工作流程

在 OpenStack 中对虚拟机 VM 的管理主要由 Nova 负责，从源码上讲，Nova 中包含有对 Libvirt 的相关调度。如图 2-12 所示，OpenStack 中 Nova 服务通过使用 Libvirt 提供的 API，实现 QEMU 中 VM 的管理，而 QEMU 则是通过内核中的 KVM 实现对硬件的直接使用。

## 2.5　完善中的 OpenStack

尽管 OpenStack 从诞生到现在已经变得日渐成熟，基本上已经能够满足云计算用户的大部分的需求。但随着云计算技术的发展，OpenStack 必然也需要不断地完善。在 OpenStack 中国社区中关于《OpenStack 2014 用户调查解析——中国部署规模仅次于美国》的报道中可以看出：目前，OpenStack 已经逐渐成为市场上主流的一个云计算平台解决方案。

结合业界的一般观点和调查中关于 OpenStack 用户的意见， OpenStack 需要完善的部分大体上可以归纳为以下几个方面：

(1) 增强动态迁移：虽然 OpenStack 的 Nova 组件支持动态迁移，但实质上 OpenStack 尚未实现真正意义上的动态迁移。在 OpenStack 中因为没有共享存储只能做块迁移，共享迁移只能在有共享存储的情况下才被使用。

(2) 数据安全：安全问题一直是整个云计算行业的问题，尽管 OpenStack 中存在对用户身份信息的验证等安全措施，甚至划分出可以单独或合并表征安全信任等级的域，但随着用户需求的变化和发展，安全问题仍然不可小觑。

(3) 计费和数据监控：随着 OpenStack 在公有云平台中的进一步部署，计费和监控成为公有云运营中的一个重要环节。云平台的管理者和云计算服务的提供者必然会进一步开发 OpenStack 的商业价值。尽管 OpenStack 中已经有 Ceilometer 计量组件，通过它提供的 API 接口可以实现收集云计算里面的基本数据和其他信息，但这项工程目前尚处于完善和测试阶段，还需要大量的技术人员予以维护和支持。

## 2.6　OpenStack 部署准备

本小节内容主要为后续章节中关于 OpenStack 的部署和安装做准备，说明在 OpenStack 的安装之前的一些准备工作。

本书是在 VMWare 中的 Ubuntu12.04 Server 上对 OpenStack 的 Grizzly 版单节点的安装和部署，其准备工作主要是安装完成 Ubuntu12.04 Server 操作系统。下面简单介绍一下关于 Ubuntu12.04 Server 安装的注意事项。

### 1. 安装操作系统

Ubuntu12.04 Server 操作系统安装本身不复杂，如果读者有困难可以通过网络下载相关的安装部署文档，按部就班地操作一下，便可成功。由于本书篇幅限制，本章不再赘述。但由于纯净的 Ubuntu12.04 Server 是一个没有图形化界面的操作系统，如图 2-13 所示，安装完毕以后若感觉不习惯，可以自行安装一个图形化界面。

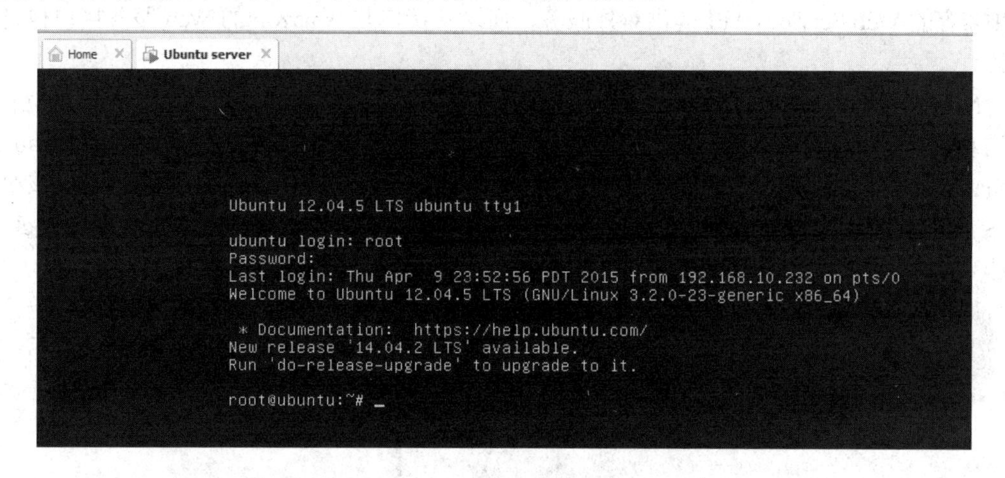


图 2-13　Ubuntu12.04 Server 操作系统

### 2. 安装软件 vim

由于在 OpenStack 的安装和部署中，会涉及大量的配置文件的编辑，读者可以根据自己的习惯和爱好，安装一个文本编辑工具，笔者采用的是 vim。在 Ubuntu12.04 Server 中可以使用如下命令进行安装：

```
root@ubuntu :~#apt-get install vim
```

### 3. 附带其他调试工具

由于本书内容基于 VMware 的 Ubuntu12.04 Server 虚拟机，为了调试和操作方便，笔者还安装了一个 ssh，在 VMware 之外，只需要安装一个 client 端就可以操作虚拟机。读者可以按照如下命令就可以完成安装：

```
root@ubuntu :~#apt-get install ssh
```

# 第三章　Nova　组　件

Nova(OpenStack Compute)，是 OpenStack 三大核心组件之一，它负责整个 OpenStack 的计算服务，其功能类似于 Amazon 的 AWS 云平台中的 EC2 部分，但是 OpenStack 本身并不包含虚拟化的软件，同时 OpenStack 还具备对云平台中虚拟机的管理功能。Nova 是 OpenStack 云计算架构的弹性控制器，OpenStack 中所有的虚拟计算机(实例)中产生的各种动作都将由 Nova 进行处理和支撑，这就意味着 Nova 以管理员的身份负责管理整个云的计算资源、网络、授权及调度。虽然，Nova 本身并不提供任何虚拟能力，但它使用 Libvirt 的 API 来支持虚拟机管理程序的交互工作。Nova 通过一个与 Amazon Web Services(AWS)EC2 API 兼容的 Web Services API 提供对外服务，而这些接口与 Amazon 的 Web 服务接口也是兼容的。

Nova 在设计之初是以一套虚拟化管理程序出现的，同时具备管理网络和存储的功能。不过从 Essex 版本后，Nova 开始做减法，把网络相关的内容(包括安全组)，交给 Quantum 负责；而与存储相关的交给 Cinder 负责；另外，早期还有一个 Nova Common，由于该组件是各个组件都使用服务组件，现在也专门成立了一个项目 oslo，它已经成为 OpenStock 的核心项目。

Nova 主要工作是为用户(User)或组织(Group)按需提供虚拟机，并为其提供网络配置功能。其在 OpenStack 架构中的关系如图 3-1 所示。

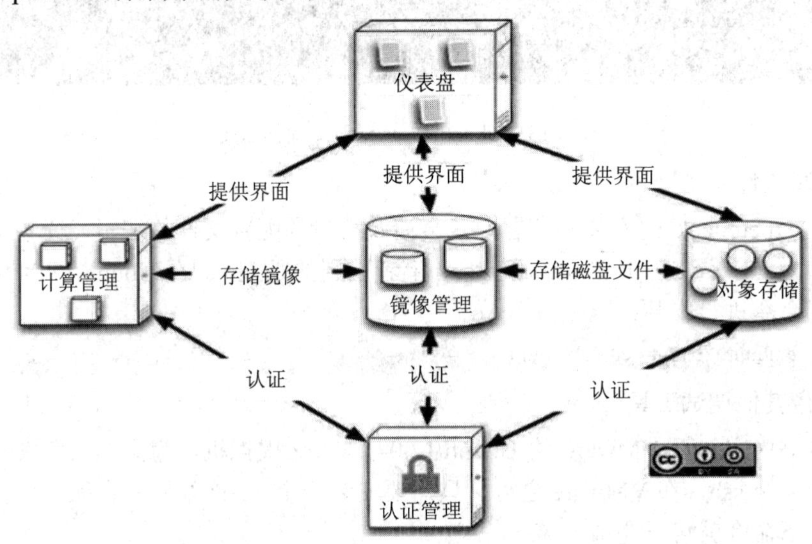


图 3-1　OpenStack 架构关系图

图 3-1 中的 Compute 指的是 OpenStack 的计算节点上的计算组件 Nova，和其他组件相

同，Nova与Dashboard、Identity(keystone)和Image(Glance)等组件具有相互关联的关系，其中，Nova的操作需要keystone的身份验证和权限鉴别；Nova需要从Glance服务中获取创建虚拟机等原始镜像，甚至虚拟机本身的存储也需要Glance的支持和协作；Nova中虚拟机的实时情况需要通过Dashboard进行界面显示。

## 3.1　Nova的基本概念

Nova和其他OpenStack中的项目有类似3处，但它是OpenStack整个项目中最复杂、最核心的部分，它涵盖了虚拟化、网络、存储、调度和云计算控制等专业领域，其架构如图3-2所示。其中，云控制器是Nova的核心部分，它通过AMQP(即Advanced Message Queuing Protocol，一个提供统一消息服务的应用层标准高级消息队列协议，是应用层协议的一个开放标准，为面向消息的中间件设计)与卷控制器、网络控制器、调度器、计算控制器进行交互。同时，云控制器可以通过HTTP协议与对象存储器进行交互。

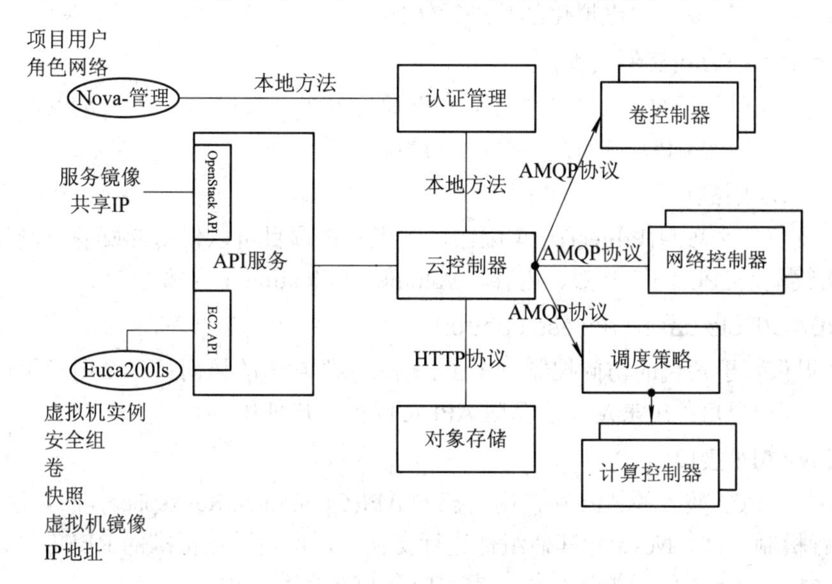


图3-2　Nova架构图

在了解了Nova的基本架构之后，本书将对Nova的基本工作原理和组件构成进行介绍。但由于Nova中涉及的概念较多，因此本小节主要对Nova中的基本概念进行说明，以便于读者进行后续阅读。

### 1. User(用户)与Project(项目)

● Users：是指使用和依赖Nova服务的人员，每个用户可以通过自己的账号密码或者是EC2兼容的ACCESS_KEY和SECRET_KEY来访问Nova，同样也可以有自己的Keypaires(密钥对，可以根据给定的公钥和私钥构造密钥对)。

Nova支持多种验证方式，包括Ldap、数据库、keystone等，因为本文的试验建立在一个完整的OpenStack POC的基础上，所以本文使用的是keystone的验证。

● Projects：可以用来分隔资源，Nova 已经在 ESSEX 中支持 keystone 里的 Tenant，所以如果我们使用 keystone 的话，这里的 Project 可以理解为 Tenant。

### 2．Virtualization(虚拟化)工具

Nova 中提供对虚拟化的兼容支持，但是虚拟化本身是一个复杂的概念，例如租用的 Virtual Private Server(VPS)、桌面用的虚拟机和应用程序虚拟化。Nova 本身不提供一个虚拟化的平台，而是借助目前已有的 Xen、KVM、Qemu、LXC 和 Vmware，Hyper-V 等虚拟化平台的支持，但是邮件列表里的讨论由于无人维护，所以官方考虑取消对它的支持。

### 3．Instance(实例)

一个 Instance 就是运行在 OpenStack 中的一个虚拟机，Nova 通过虚拟化技术将虚拟后的物理服务器的硬件资源保留在资源池中，并根据用户具体需求，从资源池中按照预先的配置和 Glance 中操作系统模板镜像，使用软件 Nova-Compute 创建一台虚拟的计算机，这台计算机在使用上与真实计算机并没有太大的区别，用户在使用过程中的一切操作系统指令，都可以通过 Nova 中的虚拟化工具进行转换。

### 4．Instance Type(实例类型)

这个概念描述了一个虚拟机的配置，实例通过 Image 来启动， 在启动的时候用户可以配置将要运行实例的 CPU、内存、存储空间等。

### 5．Quotas(限额)

Nova 支持每个项目(Project)一个限额，它表示该项目可以使用的资源。例如可以使用 Instance 的数量、CPU 的核心数、内存、Volume 和 Floating ip 的数量等。

### 6．RBAC(Role based access control)

Nova 提供基于角色的访问控制(RBAC)来控制对 API 的访问。一个用户可以拥有一个或多个角色，一个角色用来定义了哪些 API 可以被用户使用。

### 7．Nova API 接口

Nova 支持 EC2 兼容的 API 和使用自己的 API(OpenStack/Rackspace)，像其他 OpenStack 组件的运行机制一样，Nova 和其他组件进行交互时，也是通过标准的 REST 接口，从而使其他组件访问 Nova 中的虚拟计算机、虚拟内存和网络等资源。

### 8．Nova-manage

Nova-manage 是一个命令行程序，用于执行一些内部的管理指令。例如管理项目、管理用户、管理网络等等，详细的使用方法可以参考官方 nova-manage 手册(http://docs.openstack.org/developer/nova/runnova/nova.manage.html)。

### 9．Flag 文件

Nova 使用 python-gflags 来处理命令系统，它可以通过命令行参数或者一个 flag 文件来作为参数的输入。例如“nova-manage-flagname=flagvalue”。最新的 Nova 使用 nova.conf 作为 flag 文件，也就是本文后面会用到的 Nova 配置文件。根据不同的版本，配置文件的风格也不一样，有的配置是以“－”开头，而后面都是以“flag=value”这种格式为准。

### 10．插件式的服务(Plugins Service)

Nova 的一些服务和功能可以通过插件的形式提供，例如身份验证、数据库、virt、网络、Volume 等。例如，virt(或 Connections)可以通过配置文件来设置，Volumes 可以通过插件替代默认(Nexenta、NetApp 这些存储系统作为 Volumes 设备)，Compute 可以通过插件来连接不同的计算节点。

### 11．IPC/RPC

Nova 使用 AMQP 消息标准来处理各服务之间的通讯，它默认支持 RabbitMQ 作为消息队列系统。RabbitMQ 是一个基于 Erlang(一种通用的面向并发的编程语言)程序的消息队列服务器，使用非常简单。一个消息队列可以提供本地服务之间的消息交换，也可以提供多台服务器之间的消息交换。可以将 RabbitMQ 单独部署在一台服务器上，为其他如 Glance、Nova 等服务提供消息服务。

### 12．调度器(Scheduler)

Nova 的调度器现在作为一个单独的服务，可以通过 Nova-scheduler 来启动，它用于实现对 Nova 中的一些任务进行调度执行。Nova-Scheduler 主要完成虚拟机实例的调度分配任务，例如：创建虚拟机时，虚拟机该调度到哪台物理机上，迁移时若没有指定主机，也需要经过 Scheduler。资源调度是云平台中的一个很关键的问题，如何做到资源的有效分配，如何满足不同情况的分配方式，这些都需要 Nova-Scheduler 来掌控，并且能够很方便的扩展更多的调度方法。Nova 中的一些任务可以通过 filter(过滤器)来进行筛选，目前 Nova 中自带了以下 filter：affinity_filter、all_hosts_filter、availability_zone_filter、compute_filter、core_filter、isolated_hosts_filter、json_filter、ram_filter、affinity_filter 等。

### 13．安全组(Security Groups)

一个安全组(Security Groups)是一系列网络访问规则的集合，类似防火墙规则，例如，指定某个网段可以访问一个 Nova 项目中所有虚拟机的 22 端口，而其他网段或者访问其他端口将被拒绝掉。用户可以随时修改这些组策略，当一个新的策略被定义后，该项目的虚拟机启动后会自动应用于这个访问规则集合。

### 14．网络节点

Nova 提供了一些可执行的文件用于手动运行各项服务，这些文件可运行在同一台机器上，或者单独运行在不同的机器上。按照在功能上的不同，大体上可以将 OpenStack 集群中的服务器节点分成：计算节点、网络节点和控制节点，但由于 OpenStack 版本的不断升级，在多数情况下，OpenStack 没有独立的网络节点，网络节点常常与控制节点合并。而本章中的与 Nova 相关的计算服务主要分布于计算节点之上，它负责整个云平台的计算资源的管理与调度。

网络服务在 OpenStack 的各个节点上都有分布，它主要负责整个集群的网络连通与数据转发，Nova-Network 是 Nova 组件中负责网络通信的服务，通过 nova-network 可以管理 OpenStack 的固定 IP(fixed IP)、浮动 IP(floating IP)、dhcp 服务、网桥和虚拟子网等网络服务，如图 3-3 所示。

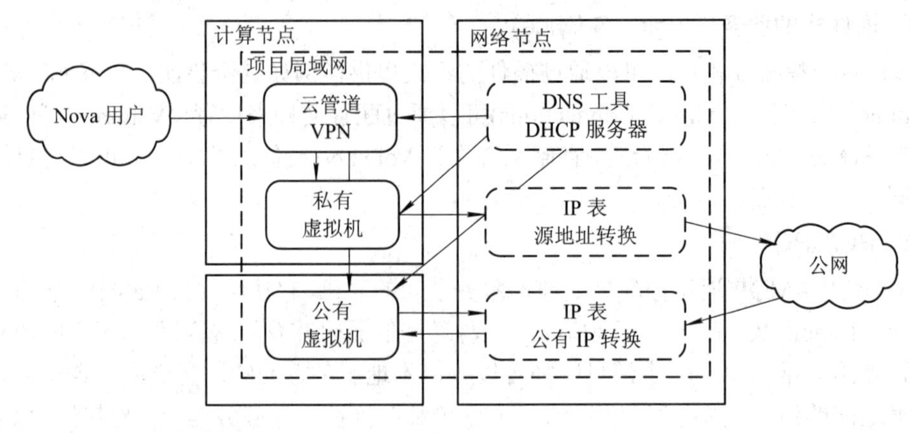


图 3-3　Nova 网络图

Nova 是 OpenStack 框架中最复杂的一个项目，它涉及的内容比较广泛。因此，本书占用较大篇幅详细介绍 Nova 中的各组件。

## 3.2　Nova 工作原理及组件构成

Nova 是部署在 OpenStack 计算节点上的核心服务组件，它主要负责提供 OpenStack 云平台的组织与管理工具，其功能包括运行虚拟机实例，管理网络以及通过用户和项目来控制对云的访问。本小节主要从 Nova 的组件构成和工作原理进行说明，以帮助读者更加深入地理解 Nova。

### 3.2.1　Nova 核心组件的构成

和 Amazon EC2 相似，OpenStack 的 Nova 组件中能够提供的软件可以控制整个云计算平台资源，而 Nova 的功能则由不同的服务程序完成。OpenStack 的 Nova 组件服务程序通常包含：API 服务器(Nova-API)、消息队列(Message Queue)、网络控制器(Nova-Network)、计算服务器(Nova-Compute)、卷控制器(Nova-Volume)和调度器(Nova-Scheduler)等。

#### 1．API 服务器(Nova-API)

API Server 对外提供了一个云基础设施和外部世界交互的接口。它可以起到 Cloud Controller 的作用，主要为所有的 API 查询提供了一个统一的接口(比如 OpenStack API、EC2 API)，可以引发多数业务流程的活动(如运行一个实例)，并可以实施一些政策(主要是配额检查)。API 服务是外部世界管理设施的唯一的组件，可以通过 Web 服务调用 EC2 API 来完成。API 服务反过来可以通过消息队列(Message Queue)轮流和云基础设施的相关组件通信。作为替代的 EC2 API 的另外一种选择，OpenStack 也提供了一个原装的 API，叫做“OpenStack API”。

#### 2．消息队列(Message Queue)

Nova 中的消息队列又称为 Rabbit MQ Server，在 OpenStack 节点之间通过使用高级消息队列协议 AMQP(Advanced Message Queue Protocol)完成通信。OpenStack 云控制器和其

他 Nova 组件(例如调度器、网络控制器)通信，是通过 AMQP 的卷控制器(高级信息队列协议)实现的。Nova 使用异步调用请求响应，一旦收到响应即获得回拨触发。使用异步通信之后，用户的操作将不会长期处于等待状态，这一点对于用户来说十分重要，因为对用户 API 的许多动作调用有期待(如启动一个实例或上传镜像的时间消耗，用户总希望它能在很短的时间内完成)。

### 3. 计算服务器(Nova-Compute)

Nova-Compute 是一个非常重要的守护进程，负责创建和终止虚拟机实例，即管理着虚拟机实例的生命周期。该模块内部非常复杂，但其基本原理是简单的，就是接受来自队列的动作，然后执行一系列的系统操作(如启动一个 KVM 实例)，并且更新数据库的状态。在整个实例的生命周期中，Nova-Compute 负责对实例的管理，例如，Nova-Compute 通过消息队列接收实例生命周期管理的请求，并承担和进行相应的操作工作。另外，在高版本的 OpenStack 中 Nova-Compute 还能够有效实现计算节点的负载均衡，从而实现实例的分散部署。

### 4. 网络控制器(Nova-Network)

网络控制器(Nova-Network)是与 Nova-Compute 相似的一个守护进程，该守护进程同样也要接受来自队列的任务，然后执行相应的任务对网络进行操作(如安装网桥接口和改变 iptable 规则、处理主机的网络配置、分配 IP 地址、为对象配置 VLANs、实现安全组和配置计算节点的网络等)。但网络控制器在 F 版本以后，从 Nova 中逐渐分离，已经成为 OpenStack 独立的组件存在。例如 G 版的 OpenStack 中 Quantum 组件就是负责处理网络的组件。

### 5. 卷控制器(Nova-Volume)

“卷”是磁盘存储中的单位，而卷控制器用于管理基于 LVM(Logical Volume Manager)的实例卷，卷控制器负责执行存储器中卷的相关操作，例如新建卷、删除卷、挂载卷到实例、从实例卸载卷，为实例附加卷，为实例分离卷。卷提供了一个通过实例使用永久存储的方式，作为主磁盘，非永久性地连接到一个实例，那么当卸载卷或者实例中断时它所做的任何更改都将丢失卷。当从实例卸载卷或者当一个挂载卷的实例结束，它保存了之前挂载的实例存储在其上的数据。而 Nova-Volume 可以将这个已经卸载的卷再次挂载到其他的实例中，从而该实例就可以访问到这个卷中以前存储的数据。一般来讲，每一个实例的重要数据几乎总是要写在卷上，这样可以确保能在以后访问。但随着 OpenStack 版本的不断升级，该部分的功能也像 Nova-Network 一样，逐渐被独立的组件所代替。

### 6. 调度器(Nova-Scheduler)

调度器能够在 OpenStack 集群中选择最合适的计算节点，并调用相应的 Nova-Compute 控制器来放置一个实例，实现负载均衡。调度器通过接收一个消息队列的虚拟实例请求，使用调度算法自动决定该请求应该在哪台主机上运行，同时，在这个算法中也可以由调用者人为地指定在哪台主机上运行。调度器 Scheduler 把 Nova-API 调用映射为 OpenStack 组件，调度器作为 Nova-Schedule 守护进程运行，通过恰当的调度算法从可用资源池中收集计算机服务、网络服务、卷服务的相关信息。调度器 Scheduler 会根据计算节点的负载情况、内存使用情况、可用域的物理距离、CPU 构架等因素作出调度决策，从而实现了一种可插入式的灵活调度方式。下面是一些基本的调度算法。

- 随机算法：计算主机在所有可用域内随机选择；
- 可用域算法：跟随机算法相仿，但是计算主机在指定的可用域内随机选择；
- 简单算法：这种方法选择负载最小的主机运行实例。负载信息可通过负载均衡器获得。

## 3.2.2 Nova 组件的协作关系

在 3.2.1 中已经对 Nova 中主要的子服务进行了说明，在本小节中主要对这些组件的工作关系进行说明。

图 3-4 描述的是 Nova 内部结构，从图中可以看出 Nova 的各个子服务均为高内聚低耦合的关联模式。模块与模块间通过消息队列转发消息，彼此之间通过消息响应实现不同子服务的调度。Nova-API 负责接收和响应终端用户有关虚拟机和云硬盘的请求，提供了 OpenStackAPI、亚马逊 EC2API 以及管理员控制 API。Nova-API 是整个 Nova 的入口，它接收用户请求，将指令发送至消息队列，由相应的服务执行相关的指令消息。Nova-Compute 是主要的执行守护进程，职责是基于各种虚拟化技术实现创建和终止虚拟机。

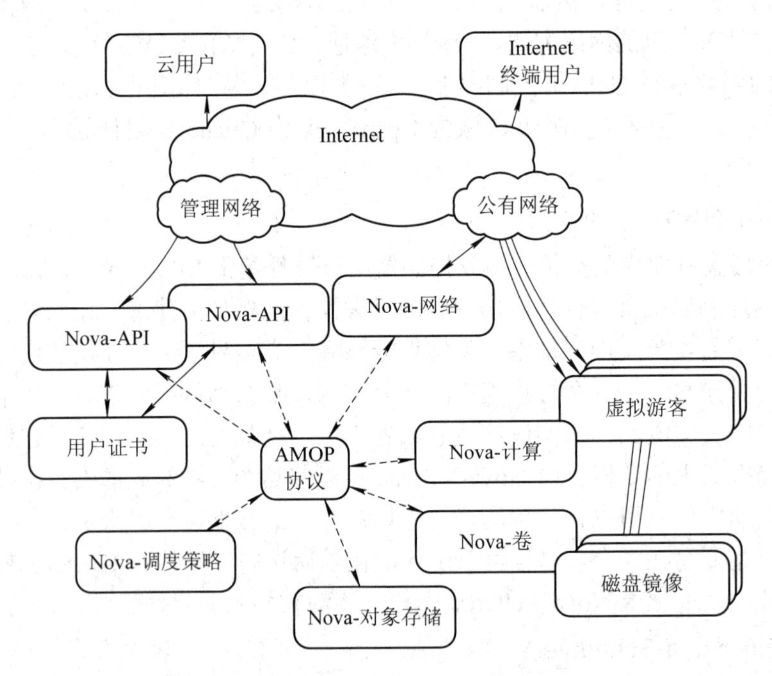


图 3-4 Nova 内部结构图

Nova-Compute 有两个工作，接收消息队列中的执行指令，并执行相关指令(如部署虚拟机、维护数据库相关模型的状态数据)。Nova-Compute 整合了计算资源的 CPU、存储、网络等来实现部署管理虚拟机，并实现计算能力的交付功能(包括如下内容：运行虚拟机，终止虚拟机，重启虚拟机，挂载虚拟机，挂载云硬盘，卸载云硬盘，控制台输出)。Nova-Volume/Cinder 的职责是创建、挂载和卸载持久化的磁盘虚拟机，运行机制类似

Nova-Compute。同样是接收消息队列中的执行指令，并执行相关指令。Nova-Volume 的职责包括如下：创建云硬盘，删除云硬盘，弹性计算硬盘。Nova-Network 的职责是实现网络资源池的管理，包括 IP 池、网桥接口、VLAN、防火墙的管理，接收消息队列指令消息并执行。Nova-Schedule 的职责是调度虚拟机挂载到哪个物理宿主机上部署，接收消息队列指令消息并执行。Queue 也就是消息队列，它就像是网络上的一个 Hub，Nova 各个组件之间的通信几乎都是靠它进行的，当前的 Queue 是用 RabbitMQ 实现的，它和 Database 一起为各个守护进程之间传递消息。

在了解了 Nova 的内部基本结构之后，我们将介绍 Nova 在整个 OpenStack 中的层次划分。图 3-5 所示，整个 OpenStack 的被划分成资源层、逻辑层、表示层和管理层。Nova 的各个组件部分广泛分布于每一层中，其中，Nova-Compute、Nova-Volume、Nova-Network 属于 OpenStack 框架中的资源层；Nova-Schedule 属于逻辑层；Glance-API、Nova-API 属于表示层；Nova-Instancemonitor 属于管理层。从图 3-5 中还可以看出，根据设计该框架的预想目前还有集成层的计费系统和身份系统、逻辑层的日志还未完成，其他部分均有了相应的实现。

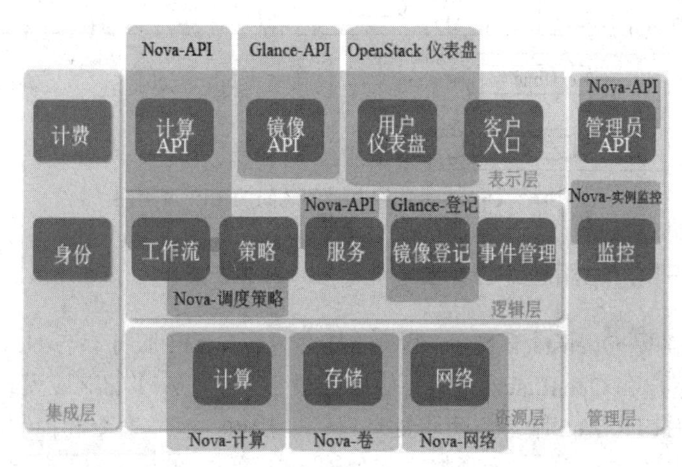


图 3-5　Nova 对应 OpenStack 组件图

## 3.3　Nova-API 模块

上一节我们介绍了 Nova 的工作原理及组件构成，本节将详细探讨 Nova API 模块。

OpenStack 的各个服务之间通过统一的 REST 风格的 API 调用，实现系统的松耦合。如图 3-6 所示是 OpenStack 各个服务之间的 API 调用，其中实线代表 Client 的 API 调用，虚线代表各个组件之间通过 rpc 调用进行通信。松耦合架构的好处是，各个组件的开发人员可以只关注各自的领域，对各自领域的修改不会影响到其他开发人员。不过从另一方面来讲，这种松耦合的架构也给整个系统的维护带来了一定的困难，运维人员要掌握更多的系统相关的知识去调试出了问题的组件。所以无论对于开发还是维护人员，搞清楚各个组件之间的相互调用关系是怎样的都是非常必要的。OpenStack 各个服务之间 API 调用图如图 3-6 所示。图中每个服务是一个单独的进程实例，它们之间通过 rpc 调用(或者广播调用)

另一个服务；终端用户可以从 Nova-Client 发起一个 API 请求到 Nova-API，Nova-API 服务会转发该请求到相应的组件上；同时，Nova-API 支持对 Cinder、Nova-Network 的请求转发，也就是可以在 Nova-Client 直接向 Cinder、Nova-Network 发送请求。

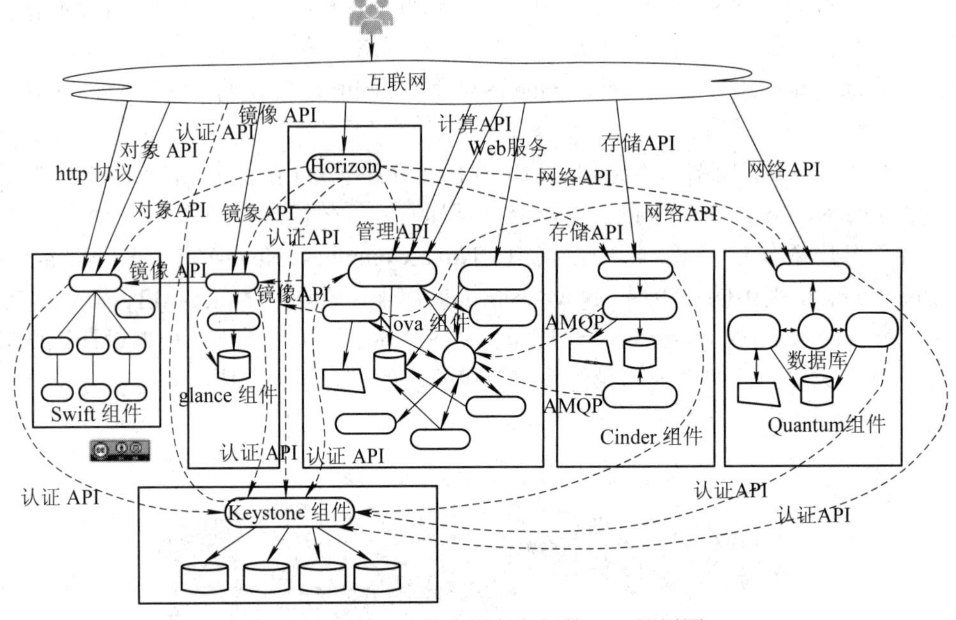


图 3-6　OpenStack 各个服务之间的 API 调用图

### 3.3.1　Nova API 的作用

Nova API 服务是 Openstack Nova 模块的核心内容。API 服务参与 Nova 整个计算模块的控制流程，为用户和 OpenStack 其他组件提供服务。整个 API 的响应模式采用 C/S 模式，它的形式是一个 HTTP Web 服务，负责处理认证、授权、基本命令和控制功能。缺省情况下，Nova-API 监控 8774 端口。为了接受和处理 API 请求，Nova-API 初始化大部分流程服务(比如驱动 Server 和创建 Flavors)，同时初始化策略(认证、授权和配额检查)。对于组件间的请求，它通过查询数据库，然后再响应请求，最后将处理后的结果予以反馈。对于大部分组件间复杂的请求，Nova-API 通过向数据库写信息和把消息发送到队列的方式，向其他服务进程发送消息。

Nova API 接口操作 DB 实现资源数据模型的维护。通过消息中间件，通知相应的守护进程如 Nova-Compute 等实现服务接口。API 与守护进程共享 DB 数据库，但守护进程侧重维护状态信息，网络资源状态等。守护进程之间不能直接调用，需要通过 API 调用，如 Nova-Compute 为虚拟机分配网络，需要调用 Network-API，而不是直接调用 Nova-Network，这样有易于解耦合。

下面以创建虚拟机为例，分析 Nova API 在 OpenStack 不同关键子模块之间调用时的作用。

(1) 通过调用 Nova-API 创建虚拟机接口，Nova-API 对参数进行解析以及初步合法性校验，调用 Compute-API 创建虚拟机 VM 接口，Compute-API 根据虚拟机参数(CPU、内存、磁盘、网络、安全组等)信息，访问数据库创建数据模型虚拟机实例记录(创建 1 个虚拟机实例)。

(2) 接下来需要调用具体的物理机实现虚拟机部署，在这里就会涉及调度模块 Nova-Scheduler，Compute-API 通过 RPC 的方式将创建虚拟机的基础信息封装成消息发送至消息中间件指定消息队列“scheduler”。

(3) Nova-Scheduler 订阅了消息队列“scheduler”的内容，接收到创建虚拟机的消息后，进行过滤，根据请求的虚拟资源，即 flavor 的信息。Scheduler 会找到一个可用的主机，如果没有找到就将虚拟机的状态设置成 ERROR，并选择一台物理主机部署；如果有主机，如物理主机 A，Nova-Scheduler 将虚拟机基本信息和所属物理主机信息发送至消息中间件指定消息队列“compute.物理机 A”。

(4) 物理机 A 上 Nova-Compute 守护进程订阅消息队列“compute.物理机 A”，接到消息后，根据虚拟机基本信息开始创建虚拟机。

(5) Nova-Compute 调用 Network-API 分配网络 ip。

(6) Nova-Network 接收到消息后，从 fixedIP 表(数据库)里拿出一个可用 IP，Nova-Network 根据私网资源池，结合 DHCP，实现 IP 分配和 IP 地址绑定。

(7) Nova-Compute 通过调用 Volume-API 实现存储划分，最后调用底层虚拟化 Hypervisor 技术，部署虚拟机。

### 3.3.2 Nova API 中的 WSGI 接口

WSGI(Web Services Gateway Interface)是一个 Web 应用服务规范，这种规范规定了 Server 和 Application 的接口。如果一个应用 A 基于 WSGI 规范定义的接口编写，它将可以在任何遵守 WSGI 规范的 Server 上运行。

WSGI 应用可以放入到中间件堆栈中，这些中间件必须实现 WSGI 的 Server 和 Application 两方接口。对于顶层应用来说，它就是一个 Server；然而，对于它的下层的应用来说，它是 Application。所以说，WSGI 接口的使用也是基于 C/S 模式进行调用。

WSGI 服务器(WSGI Server)只接收 Client(任何需要该接口的服务或应用)发过来的请求，将请求传递给应用，然后将应用处理后的结果返回 Client。OpenStack 的 WSGI 接口通过 Webob、Pastedeploy、Routes 实现了 Controller 类和 Router 类。其中，Routes 是 Rails Routes 的一个 Python 语言实现，用于 URL 到应用 Action 的映射，可以直接生成 URL，Routes 让编写 Restful 的 URL 更加容易，花费的工作更少；Webob 是一个 Python 库，提供抓取 wsgirequest 环境的方法，同时协助创建 WSGI 的响应 response，Webob 映射 http 的大部分参数(包括 http 头解析、内容协商、正确处理条件和范围的请求 Request)；Pasodeploy 是一个查找和配置 WSGI 应用和服务的系统。对于 WSGI 应用的消费者，WSGI 提供一个单例函数，实现简单的功能(Loadappp)，该函数实现从一个配置文件或 Python Egg 中加载 WSGI 应用。对于应用提供者，需要一个简单的入口点，这样不需要暴露应用的具体实现细节。

### 3.3.3 Nova API 结构

下面通过 Nova.wsgi.server 进一步讨论 WSGI 接口。

Nova.wsgi.server 是 Nova API WSGI 接口的具体实现，它在每个 Nova API 进程中，以

嵌入 Web 服务器的方式提供服务，同时封装和管理 WSGI 服务器，运行在自我管理的 green 线程池(大小可以配置)中，通过定制化的 socket 实现端口的监控，其原理如图 3-7 所示。

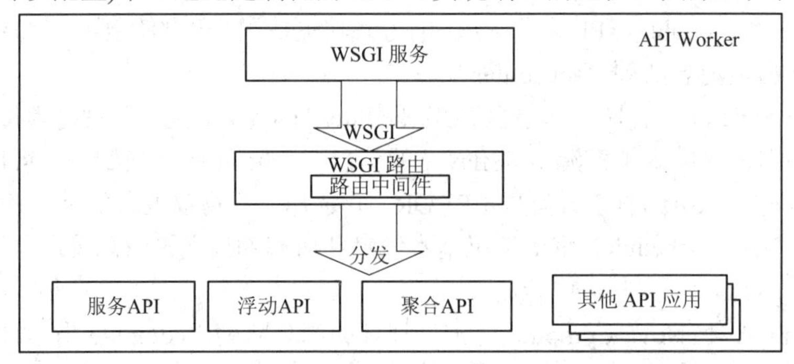


图 3-7　Nova API Worker 图

WSGI 服务器通过路由中间件分发管理命令，不同的 API 服务接收到命令后做出不同的响应。

从 Nova 提供的源码结构中可以看出，Nova.api.openstack.compute.APIRouter 的父类 Nova.wsgi.Router 使用 routes.middleware.RoutesMiddleware 映射请求到 WSGI 应用。Nova.api.openstack.wsgi.Resource(Nova.Application 的一个实现)是定义 Webob 抓取 WSGI 应用入口点和处理进来请求的地方。所有核心和扩展的 API 实质上是 nova.api.openstack.wsgi.Resource 的控制器 controllers，nova.api.openstack.wsgi.Resource 也负责 controller 方法的分发。

### 3.3.4　Nova API 服务流程

在上述章节中介绍了关于 Nova-API 的知识，本节对 Nova-API 的服务发布流程进行分析。

Nova-API 可以提供多种 API 服务，例如：EC2、osapi_compute、osapi_volume、metadata 四中服务。管理员可以通过配置 enabled_apis 选项设置启动哪些服务，默认情况下，这四种服务都是启动的。

从 Nova-API 的可执行脚本中，可以看出每个 Nova-API 服务都是通过 nova.service.WSGIService 进行管理的，以下是其核心代码：

```
class WSGIService(object):
    def __init__(self, name, loader=None):
        self.name = name
        self.manager = self._get_manager()
        self.loader = loader or wsgi.Loader()
        self.app = self.loader.load_app(name)
        self.host = getattr(FLAGS, '%s_listen' % name, "0.0.0.0")
        self.port = getattr(FLAGS, '%s_listen_port' % name, 0)
        self.workers = getattr(FLAGS, '%s_workers' % name, None)
        self.server = wsgi.Server(name, self.app, host=self.host, port=self.port)
```

```
    def start(self):
        if self.manager:
            self.manager.init_host()
        self.server.start()
```

从上可知，WSGI Service 使用 self.app = self.loader.load_app(name)来加载 WSGI APP，APP 加载完成后，使用 nova.wsgi.Server 来发布服务。Server 首先用指定 ip 和 port 实例化一个监听 socket，并使用 wsgi.server 以协程的方式来发布 socket，同时将监听到的 HTTP 请求交给 APP 处理。下面主要来分析处理 HTTP 请求的 WSGI APP 是如何构建的，对于每一个请求，它是如何根据 URL 和请求方法将请求分发到具体的函数处理的。

上述语句 self.loader.load_app(name)中的 loader 是 nova.wsgi.Loader 的实例。Loader.load_app(name)执行下面指令，使用 deploy 能够加载 wsgi app：

```
deploy.loadapp("config:%s" % self.config_path, name=name)
```

其中，参数 self.config_path 为 api-paste.ini 文件路径，一般为/etc/nova/api-paste.ini；参数 name 应该为 ec2、osapi_compute、osapi_volume、metadata 之一，根据指定的 name 不同来加载不同的 wsgi app。下面以 name=“osapi_compute”时，加载提供 openstack compute API 服务的 wsgi app 作为具体分析。osapi_compute 的配置如下：

```
[composite:osapi_compute]
use = call:nova.api.openstack.urlmap:urlmap_factory
/: oscomputeversions
/v2: openstack_compute_api_v2
```

osapi_compute 是调用 urlmap_factory 函数返回的一个 nova.api.openstack.urlmap.URLMap 的实例，nova.api.openstack.urlmap.URLMap 继承 paste.urlmap.URLMap，它提供了 WSGI 调用接口，所以该实例为 wsgi app。但是函数 nova.api.openstack.urlmap:urlmap_factory 与 paste.urlmap.urlmap_factory 定义完全一样，不过由于它们所在的 module 模块不同，使得它们所用的 URLMap 分别位于与其处于同一 module 的 URLMap。paste.urlmap.URLMap 实现的功能很简单：根据配置将 URL 映射到特定 WSGI APP，并根据 URL 的长短作一个优先级排序，URL 较长的将优先进行匹配。所以 /v2 将先于 /v1 进行匹配。URLMap 在调用下层的 WSGI APP 前，会更新 SCRIPT_NAME 和 PATH_INFO。nova.api.openstack.urlmap.URLMap 继承了 paste.urlmap.URLMap，并写了一堆代码，其实只是为了实现对请求类型的判断，并设置 environ['nova.best_content_type']：如果 URL 的后缀名为 json(如/xxxx.json)，那么 environ['nova.best_content_type']=“application/json”。如果 URL 没有后缀名，那么将通过 HTTP headers 的 content_type 字段中的 mimetype 进行判断。否则默认 environ['nova.best_content_type']= “application/json”。

经上面配置加载的 osapi_compute 为一个 URLMap 实例，wsgi server 接受的 HTTP 请求将直接交给该实例处理。它将 URL 为 '/v2/.*' 的请求交给 openstack_compute_api_v2 处理，将 URL 为 '/' 的请求交给 oscomputerversions 处理(它直接返回系统版本号)。其他的 URL 请求则返回 NotFound。下面继续分析 openstack_compute_api_v2，其配置如下：

```
[composite:openstack_compute_api_v2]
use = call:nova.api.auth:pipeline_factory
```

```
noauth = faultwrap sizelimit noauth ratelimit osapi_compute_app_v2
keystone = faultwrap sizelimit authtoken keystonecontext ratelimit osapi_compute_app_v2
keystone_nolimit = faultwrap sizelimit authtoken keystonecontext osapi_compute_app_v2
```

openstack_compute_api_v2 是调用 nova.api.auth.pipeline_factory()返回的 WSGI APP。pipeline_factory()根据配置项 auth_strategy 来加载不同的 filter 和最终的 osapi_compute_app_v2。filter 的大概配置如下：

```
[filter:faultwrap]
paste.filter_factory = nova.api.openstack:FaultWrapper.factory
```

filter 在 nova 中对应的是 nova.wsgi.Middleware，它的定义如下：

```
class Middleware(Application):
    @classmethod
    def factory(cls, global_config, **local_config):
        def _factory(app):
            return cls(app, **local_config)
        return _factory
    def __init__(self, application):
        self.application = application
    def process_request(self, req):
        return None
    def process_response(self, response):
        return response
    @webob.dec.wsgify(RequestClass=Request)
    def __call__(self, req):
        response = self.process_request(req)
        if response:
            return response
        response = req.get_response(self.application)
        return self.process_response(response)
```

Middleware 初始化接收一个 WSGI APP，在调用 WSGI APP 之前，执行 process_request()对请求进行预处理，判断请求是否交给传入的 WSGI APP，还是直接返回，或者修改 req 后再对传入的 WSGI APP 处理。最后，WSGI APP 返回的 response 再交给 process_response()处理。例如，对于进行验证的逻辑，可以放在 process_request 中，如果验证通过则继续交给 APP 处理，否则返回“Authentication required”。(这种提示在 OpenStack 的部署过程，一旦有身份验证异常，就会提示该信息)当 auth_strategy=“keystone”时，openstack_compute_api_v2=FaultWrapper(RequestBodySizeLimiter(auth_token(NovaKeystoneContext(RateLimitingMiddleware(osapi_compute_app_v2)))))。所以 HTTP 请求需要经过五个 Middleware 的处理，才能到达 osapi_compute_app_v2。这五个 Middleware 分别完成下述功能：

(1) 异常捕获，防止服务内部处理异常导致 WSGI Server 停机；

(2) 限制 HTTP 请求 body 大小，对于太大的 body，将直接返回 BadRequest；

(3) 请求 Keystone 对 header 中 token id 进行验证；

(4) 利用 headers 初始化一个 nova.context.RequestContext 实例，并赋给 req.environ['nova.context']；

(5) 限制用户的访问速度。

当 HTTP 请经过上面五个 Middlerware 处理后，最终交给 osapi_compute_app_v2，它的配置如下：

```
[app:osapi_compute_app_v2]
paste.app_factory = nova.api.openstack.compute:APIRouter.factory
```

osapi_compute_app_v2 是调用 nova.api.openstack.compute.APIRouter.factory()返回的一个 APIRouter 实例。nova.api.openstack.compute.APIRouter 继承 nova.api.openstack.APIRouter，nova.api.openstack.APIRouter 又继承 nova.wsgi.APIRouter。APIRouter 通过它的成员变量 mapper 来建立和维护 url 与 controller 之间的映射，该 mapper 是 nova.api.openstack.ProjectMapper 的实例，它继承 nova.api.openstack.APIMapper(routes.Mapper)。APIMapper 将每个 URL 的 format 限制为 json 或 xml，对于其他扩展名的 URL，将返回 NotFound。ProjectMapper 在每个请求 URL 前面加上一个 project_id，这样每个请求的 url 都需要带上用户所属的 project id，所以一般请求的 URL 为 /v2/project_id/resources。nova.api.openstack.compute.APIRouter.setup_routes 代码如下：

```
class APIRouter(nova.api.openstack.APIRouter):
    ExtensionManager = extensions.ExtensionManager
    def _setup_routes(self, mapper, ext_mgr):
        self.resources['servers'] = servers.create_resource(ext_mgr)
        mapper.resource("server", "servers",
            controller=self.resources['servers'])
        self.resources['ips'] = ips.create_resource()
        mapper.resource("ip", "ips", controller=self.resources['ips'],
            parent_resource=dict(member_name='server',
                collection_name='servers'))
```

APIRouter 通过调用 routes.Mapper.resource()函数建立 RESTFUL API，也可以通过 routes.Mapper.connect()来建立 url 与 controller 的映射。如上所示，servers 相关请求的 controller 设为 servers.create_resource(ext_mgr)，该函数返回的是一个用 nova.api.openstack.compute.servers.Controller()作为初始化参数的 nova.api.openstack.wsgi.Resource 实例，ips 相关请求的 controller 设为由 nova.api.openstack.ips.Controller()初始化的 nova.api.openstack.wsgi.Resource 实例。因为调用 mapper.resource 建立 ips 的 url 映射时，添加了一个 parent_resource 参数，使得请求 ips 相关 api 的 url 形式为 /v2/project_id/servers/server_id/ips。对于 limits、flavors、metadata 等请求，情况类似。当 osapi_compute_app_v2 接收到 HTTP 请求时，将调用 nova.wsgi.Router._call_，它的定义如下：

```
class Router(object):
    def _init_(self, mapper):
        self.map = mapper
```

```
            self._router = routes.middleware.RoutesMiddleware(self._dispatch,   self.map)
        @webob.dec.wsgify(RequestClass=Request)
        def _call_(self, req):
            return self._router
        @staticmethod
        @webob.dec.wsgify(RequestClass=Request)
        def _dispatch(req):
            match = req.environ['wsgiorg.routing_args'][1]
            if not match:
                return webob.exc.HTTPNotFound()
            app = match['controller']
            return app
```

如果函数返回的是 WSGI APP 时，它还会被继续调用，并返回它的处理结果。所以它会继续调用 self._router，_router 是 routes.middleware.RoutesMiddleware 的实例，使用 self._dispatch 和 self.map 来初始化，self.map 是在 Router 的子类 nova.api.openstack. APIMapper.__init__中，被初始化为 ProjectMapper 实例，并调用_setup_routes 建立好 URL 与 cotroller 之间的映射。routes.middleware.RoutesMiddleware._call_调用 mapper.routematch 来获取该 URL 映射的 controller 等参数，以{"controller": Resource(Controller()), "action": funcname, "project_id": uuid, ...} 的格式放在 match 中，并设置如下的 environ 变量，便于后面调用的 self._dispatch 访问。最后调用 self._dispatch。

```
environ['wsgiorg.routing_args'] = ((url), match)
environ['routes.route'] = route
environ['routes.url'] = url
```

_dispatch 具体负责 URL 到 controller 的映射，它通过前面设置 environ['wsgiorg. routing_args']来找到 url 对应的 controller。这里的 controller 就是通过_setup_resource 函数设置的 controller，并初始化的 Resource 实例。Resource 通过 environ['wsgiorg.routing_args']获取上面设置的 match，该 match 有一个 action 属性，它指定了所有调用 crotroller 成员函数的名字，以及其他相关的调用参数。在我们定义 controller 的成员函数时，一般需要通过 nova.api.openstack.wsgi.{serializers, deserializers}来指定解释 body 内容的模板，模板格式可以是 xml 或者 json 格式的。由于重定义 nova.api.openstack.urlmap.URLMap 的目的是为了判断 content_type，而 Resource 在解析 body 时会参考 content_type，然后调用 Request 的解析器进行解析(如 XMLDeserializer、JSONDeserializer)，将解析后的 body 进行更新后放入 action_args 的参数中，并使用 action_args 来调用 controller 成员函数(最终的 HTTP 请求处理函数)，最后将执行结果使用指定的序列化器进行序列化，并返回结果。

### 3.3.5　扩展 API(Extension API)

以上通过 Nova 的核心代码介绍了 Nova API 服务的基本流程，但由于 OpenStack 的开源特性，其本身支持组建 API 的扩展，所以本节将介绍 Nova 扩展的 API。Nova 作为

OpenStack 的核心部分，也支持相应的 API 扩展，在 Nova 中有两种方式扩展 OpenStack API，创建一个新的 WSGI resource 或者扩展已存在 WSGI resource 的 controllers。两种方式都需要编写一个新的模块 module，在模块中声明一个控制器类处理请求；两种方式都需要实现 extensions.ExtensionDescriptor 方法，并注册其新创建的 resource 或者注册控制器 extensions.Multiply 的 resource。扩展的 controller 可以定义在单独的 API 模块中。比如 nova.openstack.contrib.host 中的实现。

扩展 Nova API 的流程可分为服务初始化、加载 Nova API 应用、扩展 API 加载三个步骤，以下对这三个步骤进行相应介绍。

### 1. Nova API 服务初始化

Nova/bin/nova-api 根据预配置的工作线程数量加载 Nova API。它创建一个 WSGI Server(可以根据 enabled_apis 配置启动多个 server)，server 创建 nova.api.openstackAPIRouter 子类实例(实际上是 routes.middleware.RoutesMiddleware)来处理请求分发，配置文件通过 paste 加载；然后，nova API 使用 Nova.service.ProcessLauncher 调用一个子进程，一直等到 Nova-API 退出。

在初始化阶段，APIRouter 的子类通过 routes.Mapper 资源为核心和扩展 API 应用，建立 RESTful 的资源，比如 nova.api.openstack.compute.APIRtouter 提供计算 API。子进程可以是 Nova 配置文件中配置的多个进程，准备好处理 HTTP 请求。

当为一个 API 配置一个或多个 worker(osapi_compute_workes=3)时，子进程监听相同端口的方式是通过继承父进程打开的一个文件描述(服务套接字 socket)。父进程在子进程被创建之前，创建和监听服务套接字(不提供连接)。Nova API 初始化流程如图 3-8 所示。

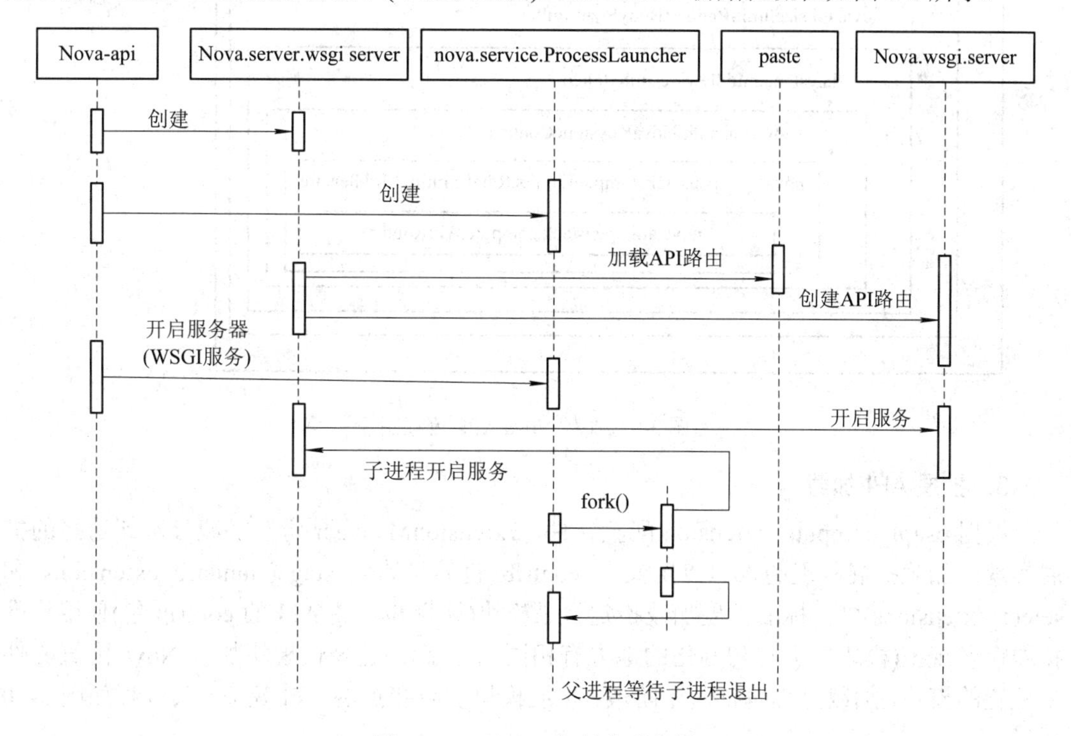


图 3-8　Nova API 初始化流程图

### 2. 加载 Nova API 应用

Nova.wsgi.Server 没有硬编码加载 nova.api.opnestack.APIRouter 实现，取而代之，Router 及多个过滤器 filter 通过 paste 部署到 WSGI 服务器，相关信息放在 paste 配置文件中(比如，用户认证和利用率限制通过过滤器完成)。Paste 配置文件的名字是 api-paste.ini，一般部署在 /etc/nova 目录下。加载 Nova API 的流程如图 3-9 所示。

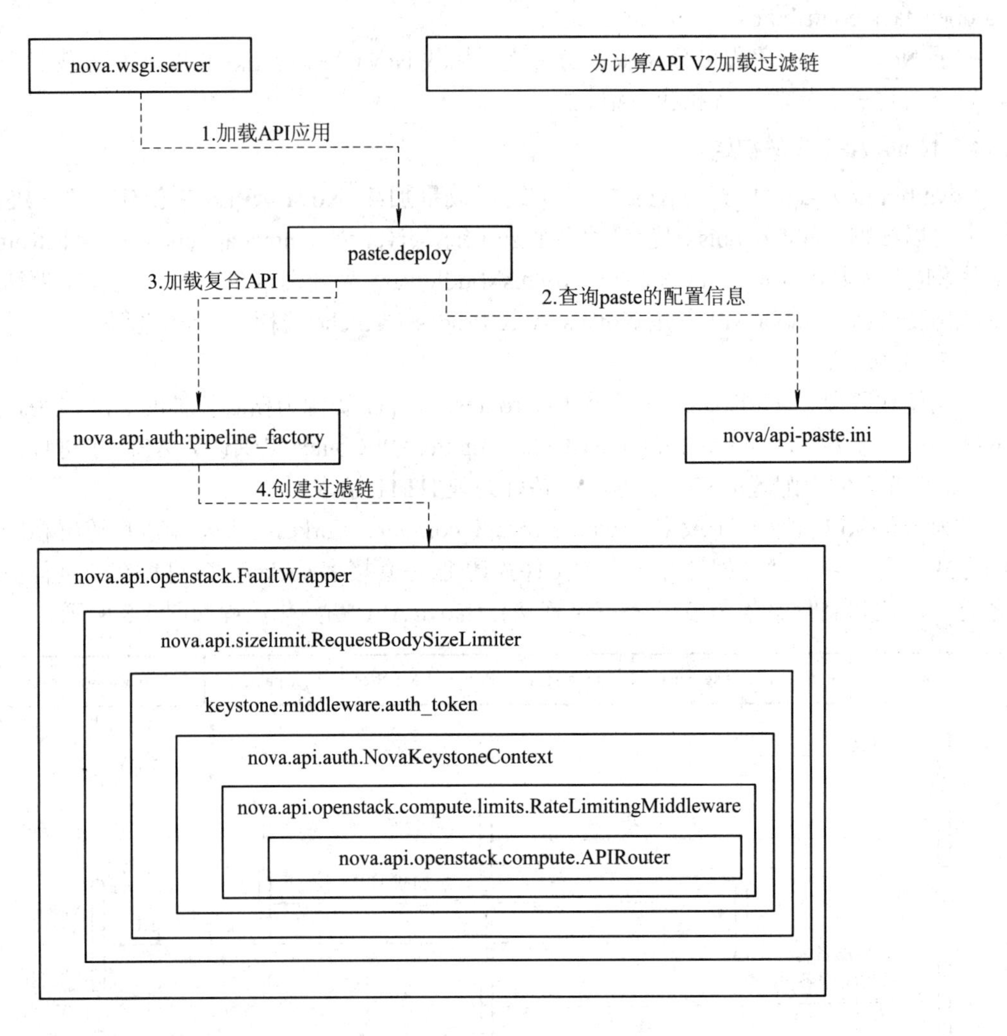


图 3-9　加载 Nova API 流程图

### 3. 扩展 API 加载

根据 osapi_compute_extension 配置文件，ExtensionManager 将会加载标准或选择的扩展实现。加载扩展实现的入口点定义在 contrib 包的初始化 stage(standard_extensions 和 select_extensions)中，标准扩展加载指定目录模块(计算和存储 API 的 contrib 包)使用标准扩展命名规范(模块的类与初始化的地方有相同的名字)；选择性模块加载 Nova 配置文件中配置的模块。加载过程包括两个阶段：扩展模块加载和扩展 API 建立，其过程如图 3-10 所示。

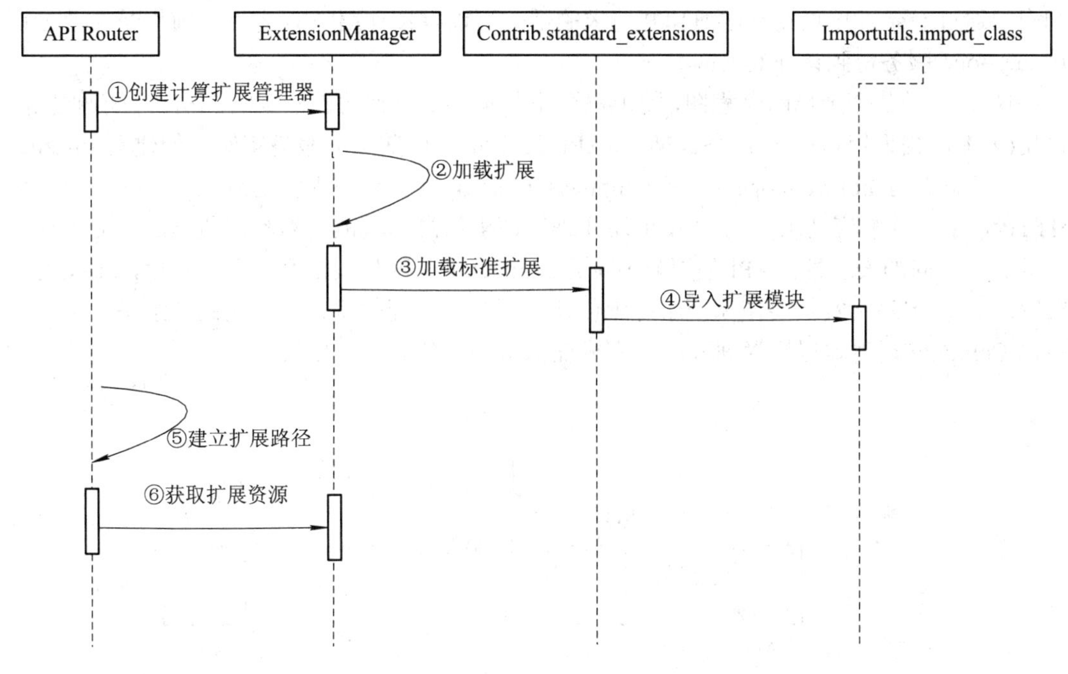


图 3-10　扩展 Nova API 加载图

## 3.4　Nova-Client 功能分析

在介绍完 Nova API 后，本节将对 Nova Client 进行分析。OpenStack 提供了一个 rest 形式的 Web API 接口供外部用户调用，为了方便对它的使用，OpenStack 提供了一个可以被 python 直接调用的封装过的官方 Client API(如 Nova-Client、Glance-Client)，其中 Nova-Client 是一个命令行的客户端应用，它能够接收其他组建 Client 的 API 请求，并分发制定任务至其他组建的 Client。在 OpenStack 的项目中，一些跨项目的服务的调用就是使用 Client API，在安装 OpenStack 时这些 API 是必须要安装的。各个 Client 可能因为开发的人员不同实现起来是有差异的，这里就以比较有代表性的 Nova-Client 为例进行说明。

Nova-Client 的终端用户可以通过命令行从 Nova-Client 发起一个 API 请求到 Nova-API，Nova-API 服务会转发该请求到相应的组件上。同时，Nova-API 支持对 Cinder 等的请求转发，也就是用户可以在 Nova-Client 直接向 Cinder 发送请求。可以在调用 Nova-Client 时增加调试选项打印更多的 debug 消息，通过这些 debug 信息可以了解到如果需要发起一个完整的业务层面上的请求，都需要跟哪些服务打交道。

如执行一个 boot 新实例的操作需要发送如下几个 API 请求：

(1) 向 keystone 发送请求，获取租户的认证 token；

(2) 通过拿到的 token，向 Nova-API 服务发送请求，验证 Image 是否存在；

(3) 通过拿到的 token，向 Nova-API 服务发送请求，验证创建的 favor 是否存在；

(4) 请求创建一个新的 instance，需要的元数据信息通常包含在请求 body 中。

Nova-Client 帮助用户把需要的全部请求放到一起，而最重要的步骤就是(4)。如果用户想自己通过 rest API 直接发送 HTTP 请求的话，可以直接使用(4)，当然，前提是先通过调用 keystone 服务得到认证 token。

图 3-11 是一个全局的流程图，图中每个服务是一个单独的进程实例，它们之间通过 rpc 调用(或者广播调用)另一个服务。Nova-API 服务是一个 WSGI 服务实例，创建新 instance 的入口代码是在 nova/api/openstack/compute/servers.py 下。当请求到达时，由 API 负责接受 HTTP 请求，并响应请求，同时 API 还要进行请求信息的验证；当验证通过后，为了提高对数据库访问的安全性，API 使用 rpc 调用 conductor 实现与数据库交互；然后，由调度器 Scheduler 决定最终实例要在哪个服务上创建。迁移、重建等都需要通过这个服务；最终，再由 Compute 调用虚拟机管理程序，完成虚拟机的创建和运行以及控制。

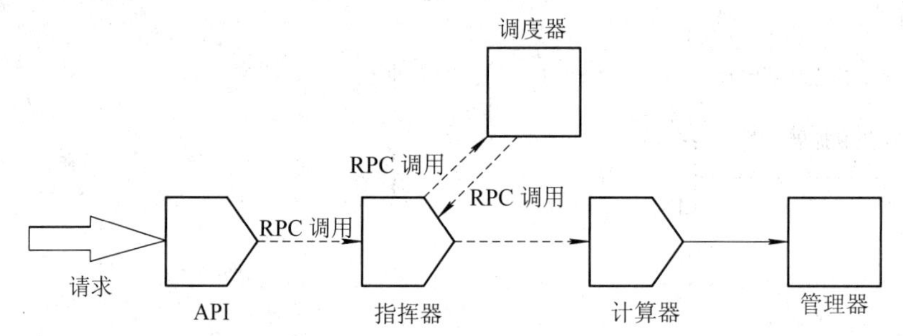


图 3-11　创建新实例时的请求在 OpenStack 中各组件之间的调用

以上基本包含 Nova 项目的全部服务，但一个请求有的时候并不需要经过全部的服务。Compute_API 直接调用 rpc 消息请求，所以直接将消息发送给了 Nova-Compute 服务，因而最终各个组件之间的调用关系如图 3-12 所示。

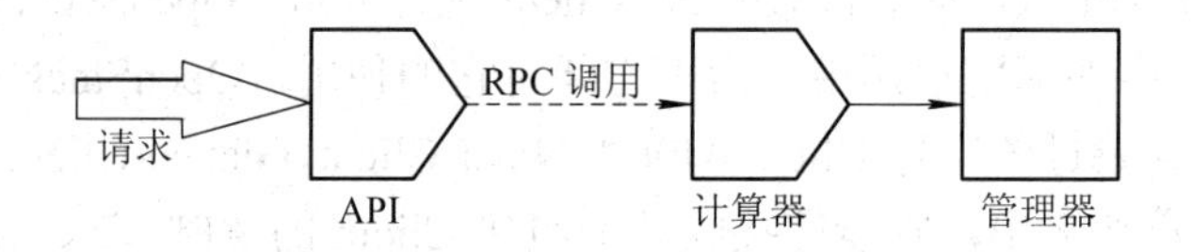


图 3-12　compute_API 直接调用 rpc 消息请求

## 3.5 Nova-Compute 模块

Nova-Compute 是一个非常重要的守护进程，负责创建和终止虚拟机实例，即管理着虚拟机实例的生命周期。该模块内部非常复杂，其基本原理可简单归纳为，接收来自队列的动作然后执行一系列的系统操作(如启动一个 KVM 实例)，并更新数据库的状态。

Nova-Compute 模块是 Nova 的核心，它针对整个计算节点上的一切资源进行管理，OpenStack 通过计算控制器(Compute Controller)能够提供了计算资源，Nova-API 接收计算服务请求，使用 API 的方式将其分发到 Compute 控制器，Compute 控制器控制运行在宿主机上的计算实例。Nova-Compute 主要进行以下操作：运行实例；结束实例；重启实例；接触卷；断开卷。

一般可以采用命令“nova boot --image ttylinux --flavor 1 i-01”创建虚拟机，其整个过程

大体上可以分成以下几个步骤：

(1) nova boot 命令一旦执行后，首先由 Nova-API 受理请求，此时 Nova-API 发出一个 REST 请求，Nova-API 将创建虚拟机的请求放置在消息队列中，同时生成一个 uuid，并将这个 uuid 存储在数据库中。

(2) 调度器 Nova-Scheduler 从消息队列中获取该消息以后，根据命令参数中的 flavor 配置信息，寻找一个可用的计算节点，此时如果没有合适部署的计算节点，则虚拟机的状态显示为 ERROR。

(3) 一旦确定可用的计算节点，Nova-Compute 发出 Nova-Network 消息，申请虚拟机的网络配置，此时的虚拟机状态是 scheduling。

(4) 从 fixed IP 表中给虚拟机指派 IP 地址，同时 DHCP server 对 fixed IP 和 MAC 地址进行关联；另外，此时网络组件还可根据 OpenStack 中浮动 IP 的设置，给虚拟机绑定一个 floating IP，使得该虚拟机能够访问外部网络。

(5) 发送消息通知虚拟机所在的物理计算节点上的 Nova-Compute 服务。

(6) 计算节点接收到该消息后，从 Glance 中获取镜像，并创建虚拟机，完成后虚拟机的状态就修改成了 ACTIVE 状态。

## 3.6 Nova 中的 RabbitMQ 解析

Nova 中各个组件之间的交互是通过消息队列(Queue)来实现的，消息队列的一种实现方法就是使用 RabbitMQ。消息队列与数据库(Database)作为 Nova 总体架构中的两个重要组成部分，二者通过系统内消息传递和信息共享的方式实现任务之间、模块之间、接口之间的异步部署，在系统层面上大大简化了复杂任务的调度流程与模式，这也是整个 OpenStack Nova 系统的核心功能模块。终端用户(DevOps、Developers 和其他 OpenStack 组件)主要通过 Nova API 实现与 OpenStack 系统的互动，同时 Nova 守护进程之间通过消息队列和数据库来交换信息以执行 API 请求，完成终端用户的云服务请求。

Nova 采用基于消息的灵活架构，意味着 Nova 的组件有多种安装方式，可以将每个 Nova-Service 模块单独安装在一台服务器上，同时也可以根据业务需求将多个模块组合安装在多台服务器上，这一点贯穿 OpenStack 部署的整个过程。

RabbitMQ 是流行的开源消息队列系统，用 erlang 语言开发。RabbitMQ 是 AMQP(高级消息队列协议)的标准实现。在正式介绍 RabbitMQ 与 AMQP 之前，需要对以下几个概念进行说明，以便于读者后续的阅读。

(1) Broker：消息队列服务器实体。

(2) Exchange：消息交换机，它指定消息按什么规则，路由到哪个队列。

(3) Queue：消息队列载体，每个消息都会被投入到一个或多个队列。

(4) Binding：绑定，它的作用是把 Exchange 和 Queue 按照路由规则绑定起来。

(5) Routing Key：路由关键字，Exchange 根据这个关键字进行消息投递。

(6) Vhost：虚拟主机，一个 Broker 里可以开设多个 Vhost，用作不同用户的权限分离。

(7) Producer：消息生产者，投递消息的程序。

(8) Consumer：消息消费者，接受消息的程序。

(9) Channel：消息通道，在客户端的每个连接里，可建立多个 Channel，每个 Channel 代表一个会话任务。

在以上几个概念中，需要了解 Producer、Consumer、Exchange 与 Queue 之间的关系。Producer 是消息发送者，Consumer 是消息接收者，中间要通过 Exchange 和 Queue。Producer 将消息发送给 Exchange，Exchange 决定消息的路由，即决定要将消息发送给哪个 Queue，然后 Consumer 从 Queue 中取出消息进行处理。

### 3.6.1 RabbitMQ

OpenStack Nova 系统目前主要采用 RabbitMQ 作为信息交换中枢，它是一种处理消息验证、消息转换和消息路由的架构模式，它协调应用程序之间的信息通信，并使得应用程序或者软件模块之间的相互通信简捷化，有效实现解耦。

RabbitMQ 适合部署在一个拓扑灵活、易扩展的规模化系统环境中，有效保证不同模块、不同节点、不同进程之间消息通信的时效性；而且，RabbitMQ 特有的集群 HA 安全保障能力可以实现信息枢纽中心的系统级备份，同时单节点具备消息恢复能力，当系统进程崩溃或者节点宕机时，RabbitMQ 正在处理的消息队列不会丢失，待节点重启之后可根据消息队列的状态数据以及信息数据及时恢复通信。

RabbitMQ 在功能性、时效性、安全可靠性以及 SLA 方面的出色能力可有效支持 OpenStack 云平台系统的规模化部署、弹性扩展、灵活架构以及信息安全的需求。

### 3.6.2 AMQP

AMQP 是应用层协议的一个开放标准，为面向消息的中间件而设计，其中 RabbitMQ 是 AMQP 协议的一个开源实现，OpenStack Nova 各软件模块通过 AMQP 协议实现信息通信。AMQP 协议的设计理念与数据通信网络中的路由协议非常类似，可归纳为基于状态的面向无连接通信系统模式。不同的是，数据通信网络是基于通信链路的状态决定客户端与服务端之间的链接，而 AMQP 是基于消息队列的状态决定消息生产者与消息消费者之间的链接。对于 AMQP 来讲，消息队列的状态信息决定通信系统的转发路径，链接两端之间的链路并不是专用且永久的，而是根据消息队列的状态与属性实现信息在 RabbitMQ 服务器上的存储与转发，正如数据通信网络的 IP 数据包转发机制，所有的路由器是基于通信链路的状态而形成路由表，IP 数据包根据路由表实现报文的本地存储与逐级转发，二者在实现机制上具有异曲同工之妙。

AMQP 的目标是实现端到端的信息通信，那么必然涉及两个基本的概念：AMQP 实现通信的因素和 AMQP 实现通信的实体以及机制。

AMQP 是面向消息的一种应用程序之间的通信方法，也就是说，“消息”是 AMQP 实现通信的基本因素。AMQP 有两个核心要素——交换器(Exchange)与队列(Queue)，通过消息的绑定与转发机制实现信息通信。其中，交换器是由消费者应用程序创建，并且可与其他应用程序实现共享服务，其功能与数据通信网络中的路由器非常相似，即接收消息之后通过路由表将消息准确且安全地转发至相应的消息队列。一台 RabbitMQ 服务器或者由多台 RabbitMQ 服务器组成的集群可以存在多个交换器，每个交换器通过唯一的 Exchange ID 进行识别。

交换器根据不同的应用程序的需求，在生命周期方面也是灵活可变的，主要分为三种：持久交换器、临时交换器与自动删除交换器。持久交换器是在 RabbitMQ 服务器中长久存在的，并不会因为系统重启或者应用程序终止而消除，其相关数据长期驻留在硬盘之上；临时交换器驻留在内存中，随着系统的关闭而消失；自动删除交换器随着宿主应用程序的中止而自动消亡，可有效释放服务器资源。

队列也是由消费者应用程序创建，主要用于实现存储与转发交换器发送来的消息，队列同时也具备灵活的生命周期属性配置，可实现队列的持久保存、临时驻留与自动删除。

由以上可以看出，消息、队列和交换器是构成 AMQP 的三个关键组件，任何一个组件的实效都会导致信息通信的中断，因此鉴于三个关键组件的重要性，系统在创建三个组件的同时会打上“Durable”标签，表明在系统重启之后立即恢复业务功能。

图 3-13 描述的是 AMQP 三个关键要素的工作过程，交换器接收发送端应用程序的消息，通过设定的路由转发表与绑定规则将消息转发至相匹配的消息队列，消息队列继而将接收到的消息转发至对应的接收端应用程序。数据通信网络通过 IP 地址形成的路由表实现 IP 报文的转发，在 AMQP 环境中的通信机制也非常类似，交换器通过 AMQP 消息头(Header)中的路由选择关键字(Routing Key)而形成的绑定规则(Binding)来实现消息的转发。消息生产者发送的消息中所带有的 Routing Key 是交换器转发的判断因素，也就是 AMQP 中的“IP 地址”，交换器获取消息之后提取 Routing Key 触发路由，通过绑定规则将消息转发至相应队列，消息消费者最后从队列中获取消息。AMQP 定义三种不同类型的交换器是：广播式交换器(Fanout Exchange)、直接式交换器(Direct Exchange)和主题式交换器(Topic Exchange)，三种交换器实现的绑定规则也有所不同。

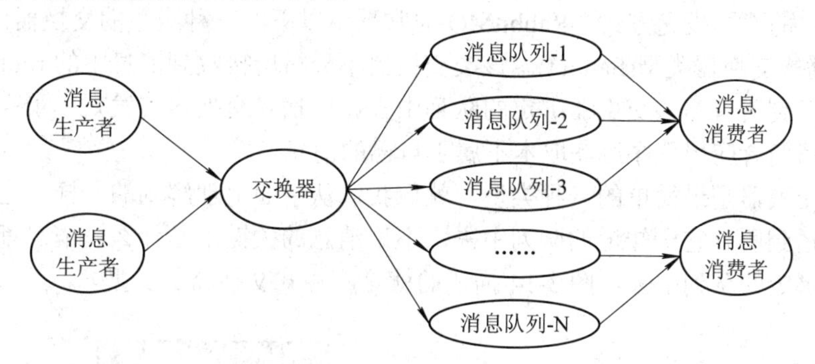


图 3-13 AMQP 工作流程图

### 3.6.3 RabbitMQ 在 Nova 中的实现

RabbitMQ 既然是 OpenStack Nova 系统的信息中枢，目前 Nova 中的各个模块通过 RabbitMQ 服务器以 rpc(远程过程调用)的方式实现通信，这种通信方式使得 Nova 各模块之间形成松耦合关联关系，在扩展性、安全性以及性能方面均体现出优势。由前文可知，AMQP 的交换器有三种类型：Direct、Fanout 和 Topic，而且消息队列是由消息消费者根据自身的功能与业务需求而生成。在说明 RabbitMQ 的具体实现之前需要先说明以下几个概念。

### 1. 消息交换器

消息交换器是用来接受消息并且将消息转发给队列的交换器。在每个虚拟主机的内部，交换器有唯一对应的名字。应用程序在它的权限范围之内可以创建、删除、使用和共享交换器实例。交换器可以是持久的、临时的或者自动删除的。持久的交换器会一直存在于Server 端直到它被显式地删除。临时交换器在服务器关闭时停止工作。自动删除的交换器在没有应用程序使用它的时候被服务器删除。

### 2. 消息队列

"消息队列"是一个具名缓冲区，它代表一组消费者应用程序。这些应用程序在它们的权限范围内可以创建、使用、共享消息队列。类似于交换器，消息队列也可以是持久的、临时的或者自动删除的。临时消息队列在服务器被关闭时停止工作；自动删除队列在没有应用程序使用它的时候被服务器自动删除。消息队列将消息保存在内存、硬盘或两者的组合之中。消息队列保存消息，并将消息发给一个或多个客户端，特别的消息队列会跟踪消息的获取情况，消息要出队就必须被获取，这样可以阻止多个客户端同时消费同一条消息的情况发生，同时也可以将其用来做单个队列与多个消费者之间的负载均衡。

### 3. 绑定

绑定，可以理解为交换器和消息队列之间的一种关系，绑定之后交换器会知道应该把消息发给哪个队列，绑定的关键字称为 binding_key。在程序中按以下方式使用：

```
channel.queue_bind(exchange='direct_logs',queue=queue_name,routing_key=binding_key)
```

Exchange 和 Queue 的绑定可以是多对多的关系，每个发送给 Exchange 的消息都会有一个叫做 routing_key 的关键字，交换器要想把消息发送给某个特定的队列，则该队列与交换器的 binding_key 必须和消息的 routing_key 相匹配才可以。

按照消息的不同投递方式，RabbitMQ 通常采用以下的三种类型的交换器：

(1) 广播式交换器类型(Fanout)。该类交换器不分析所接收到消息中的 routing key，默认将消息转发到所有与该交换器绑定的队列中去。广播式交换器转发效率最高，但是其安全性较低，消费者应用程序可获取本不属于自己的消息。

广播式交换器是最简单的一种类型，就像我们从字面上理解到的一样，它把所有接收到的消息广播到所有它所知道的队列中去，不论消息的关键字是什么，消息都会被路由到和该交换器绑定的队列中去，图 3-14 描述的就是广播式交换器的类型。

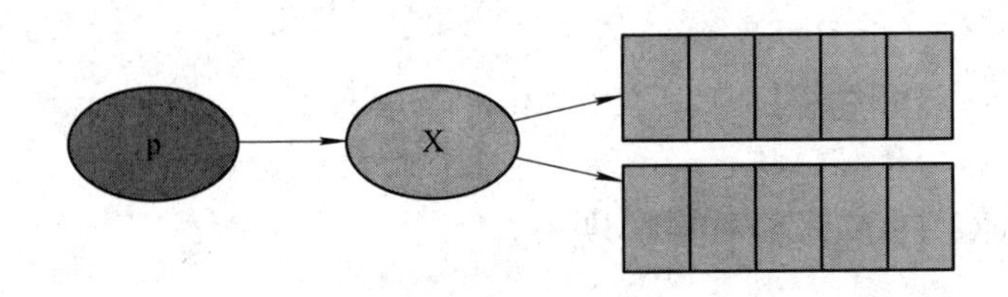


图 3-14 广播式交换器工作方式

(2) 直接式交换器类型(Direct)。该类交换器需要精确匹配 routing key 与 binding key，如消息的 routing key = Cloud，那么此条消息只能被转发至 binding key = Cloud 的消息队列中去。直接式交换器的转发效率较高，安全性较好，但是它缺乏灵活性，系统配置量较大。

相对广播式交换器来说，直接式交换器可以给我们带来更多的灵活性。直接式交换器的路由算法很简单——一个消息的 routing_key 完全匹配一个队列的 binding_key，就将这个消息路由到该队列。绑定的关键字将队列和交换器绑定到一起。当消息的 routing_key 和多个绑定关键字匹配时，消息可能会被发送到多个队列中。图 3-15 描述的就是直接式交换器的类型。

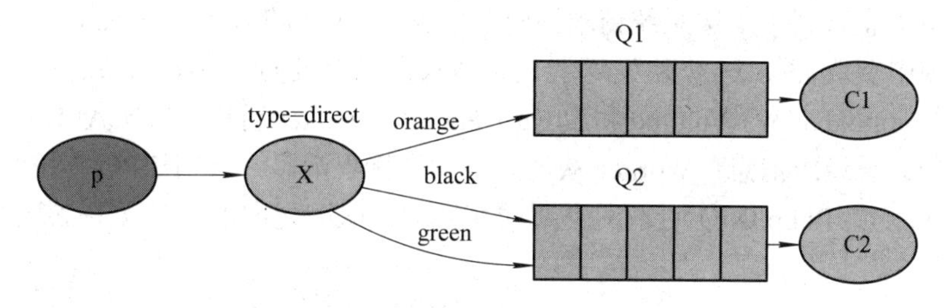


图 3-15 直接式交换器工作方式

图中 Q1、Q2 两个队列绑定到了直接交换器 X 上，Q1 的 binding_key 是“orange”，Q2 有两个绑定，一个 binding_key 是 black，另一个 binding_key 是 green。在这样的关系下，一个带有“orange” routing_key 的消息发送到 X 交换器之后将会被 X 路由到队列 Q1；一个带有“black”或者“green” routing_key 的消息发送到 X 交换器之后将会被路由到 Q2；而所有其他消息将会被丢失掉。

(3) 主题式交换器(Topic Exchange)。该类交换器通过消息的 routing key 与 binding key 的模式匹配，将消息转发至所有符合绑定规则的队列中。binding key 支持通配符，其中“*”匹配一个词组，“#”匹配多个词组(包括零个)。例如，binding key=“*.Cloud.#”可转发 routing key=“OpenStack.Cloud.GD.GZ”、“OpenStack.Cloud.Beijing”以及“OpenStack.Cloud”的消息，但是对于 routing key=“Cloud.GZ”的消息是无法匹配的。主题式交换器工作方式如图 3-16 所示。

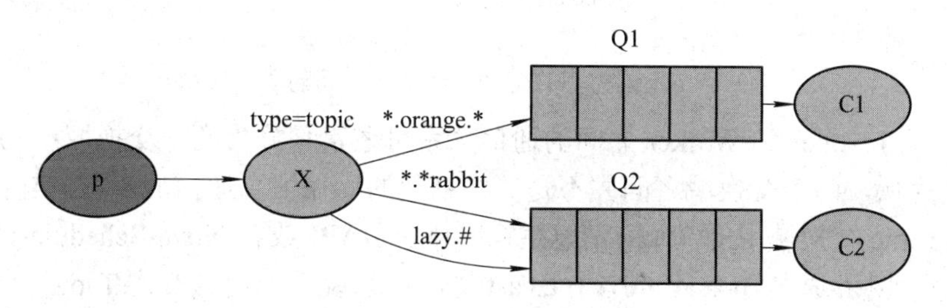


图 3-16 主题式交换器工作方式

这里的 routing_key 可以使用一种类似正则表达式的形式，但是特殊字符只能是“*”和“#”，“*”代表一个单词，“#”代表 0 个或是多个单词。这样发送过来的消息如果符合某个 queue 的 routing_key 定义的规则，那么就会将此消息转发给这个 queue。

在 Nova 中主要实现 Direct 和 Topic 两种交换器的应用。在系统初始化的过程中，各个模块基于 Direct 交换器针对每一条系统消息自动生成多个队列注入 RabbitMQ 服务器中，依据 Direct 交换器的特性要求，binding key =“MSG-ID”的消息队列只会存储与转发 routing key =“MSG-ID”的消息。同时，各个模块作为消息消费者基于 Topic 交换器自动生成两个队列注入 RabbitMQ 服务器中。

Nova 各个模块之间基于 AMQP 消息实现通信，但是真正实现消息调用的应用流程主要是 RPC 机制。Nova 基于 RabbitMQ 实现两种 rpc 调用：rpc.call 和 rpc.cast，其中 rpc.call 基于请求与响应方式，rpc.cast 只是提供单向请求，两种 rpc 调用方式在 Nova 中均有不同的应用场景。

Nova 的各个模块在逻辑功能上可以划分为两种：Invoker 和 Worker，其中 Invoker 模块主要功能是向消息队列中发送系统请求消息，如 Nova-API 和 Nova-Scheduler；Worker 模块则从消息队列中获取 Invoker 模块发送的系统请求消息以及向 Invoker 模块回复系统响应消息，如 Nova-Compute、Nova-Volume 和 Nova-Network。Invoker 通过 RPC.CALL 和 RPC.CAST 两个进程发送系统请求消息；Worker 从消息队列中接收消息，并对 RPC.CALL 做出响应。Invoker、Worker 与 RabbitMQ 中不同类型的交换器和队列之间的通信关系如图 3-17 所示。

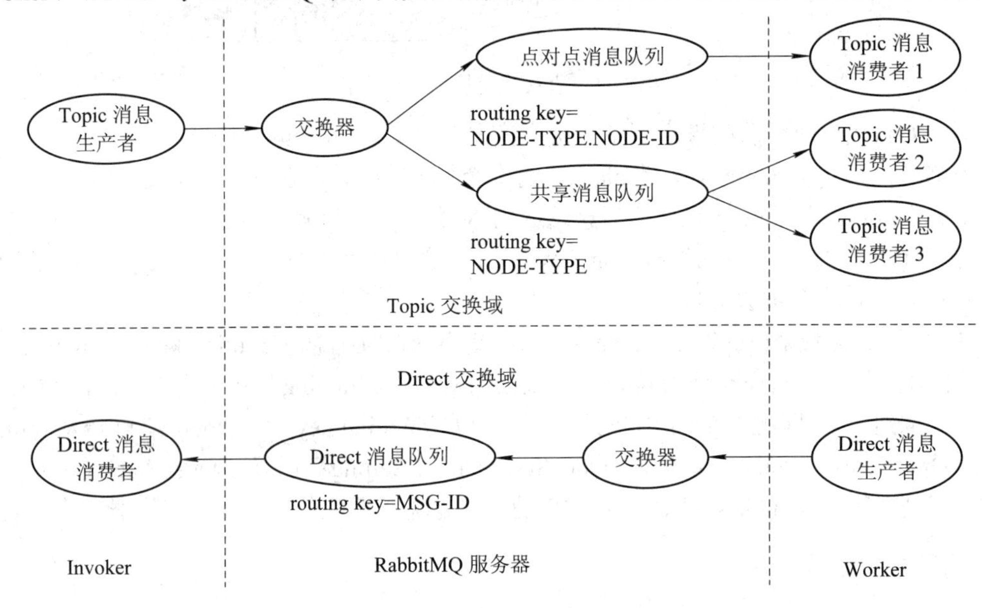


图 3-17　不同类型的交换器和队列之间的通信关系

Nova 根据 Invoker 和 Worker 之间的通信关系可逻辑划分为两个交换域：Topic 交换域与 Direct 交换域，两个交换域之间并不是严格割裂的，在信息通信的流程上它们是深度嵌入的关系。Topic 交换域中的 Topic 消息生产者(Nova-API 或者 Nova-Scheduler)与 Topic 交换器生成逻辑连接，通过 rpc.call 或者 rpc.cast 进程将系统请求消息发往 Topic 交换器。Topic 交换器根据系统请求消息的 routing key 分别送入不同的消息队列进行转发，如果消息的 Routing Key="NODE-TYPE.NODE-ID"，则将被转发至点对点消息队列；如果消息的 Routing Key= "NODE-TYPE"，则将被转发至共享消息队列。Topic 消息消费者探测到新消息已进入响应队列后，立即从队列中接收消息并调用执行系统消息所请求的应用程序。每一个 Worker 都具有两个 Topic 消息消费者程序，对应点对点消息队列和共享消息队列，链接点对点消息队列的 Topic 消息消费者应用程序接收 rpc.call 的远程调用请求，并在执行相关计算任务之后将结果以系统响应消息的方式通过 Direct 交换器反馈给 Direct 消息消费者；同时链接共享消息队列的 Topic 消息消费者应用程序只是接收 rpc.cast 的远程调用请求来执行相关的计算任务，并没有响应消息反馈。因此，Direct 交换域并不是独立运作，而是受限于 Topic 交换域中 rpc.call 的远程调用流程与结果，每一个 rpc.call 激活一次 Direct 消息交换的运作，针对每一条系统响应消息会生成一组相应的消息队列与交换器组合。因此，对于规模化的 OpenStack 云平台系统来讲，Direct 交换域会因大量的消息处理而形成整个系统的性能瓶颈点。

### 3.6.4 rpc.call 和 rpc.cast 调用流程

由前文可以看出，rpc.call 是一种双向通信流程，即 Worker 程序接收消息生产者生成的系统请求消息，消息消费者经过处理之后将系统相应结果反馈给 Invoker 程序。

例如，一个用户通过外部系统将“启动虚拟机”的需求发送给 Nova-API，此时 Nova-API 作为消息生产者，将该消息包装为 AMQP 信息以 rpc.call 方式通过 Topic 交换器转发至点对点消息队列，此时，Nova-Compute 作为消息消费者，接收该信息并通过底层虚拟化软件执行相应虚拟机的启动进程；待用户虚拟机成功启动之后，Nova-Compute 作为消息生产者通过 Direct 交换器和响应的消息队列将“虚拟机启动成功”响应消息反馈给 Nova-API，此时 Nova-API 作为消息消费者接收该消息并通知用户虚拟机启动成功，一次完整的虚拟机启动的 rpc.call 调用流程即告结束。其具体流程如图 3-18 所示。

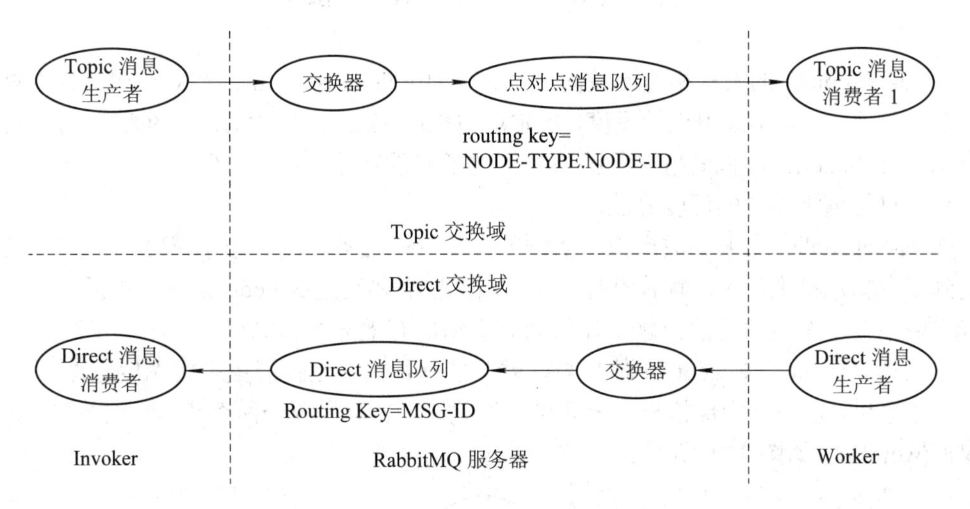


图 3-18 RPC.CALL 调用流程

- Invoker 端生成一个 Topic 消息生产者和一个 Direct 消息消费者。其中，Topic 消息生产者发送系统请求消息到 Topic 交换器；Direct 消息消费者等待响应消息。
- Topic 交换器根据消息的 routing key 转发消息，Topic 消费者从相应的消息队列中接收消息，并传递给负责执行相关任务的 Worker。
- Worker 根据请求消息执行完任务之后，分配一个 Direct 消息生产者，Direct 消息生产者将响应消息发送到 Direct 交换器。
- Direct 交换器根据响应消息的 routing key 将其转发至相应的消息队列，Direct 消费者接收并把它传递给 Invoker。

rpc.cast 的远程调用流程与 rpc.call 类似，只是缺少了系统消息响应流程。一个 Topic 消息生产者发送系统请求消息到 Topic 交换器，Topic 交换器根据消息的 routing key 将消息转发至共享消息队列，与共享消息队列相连的所有 Topic 消费者接收该系统请求消息，并把它传递给响应的 Worker 进行处理。其调用流程如图 3-19 所示。

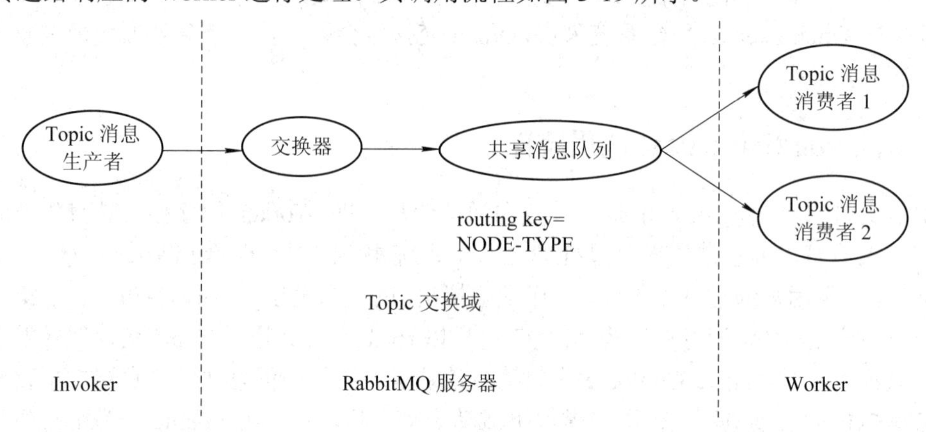


图 3-19　RPC.CAST 的远程调用流程

## 3.7　Nova-Schedule 模块

Nova-Scheduler 的架构相对比较简单、易懂，但 Nova-Scheduler 在 OpenStack 中的作用却是非常重要的，负责虚拟机的调度，决定虚拟机或 Volume 磁盘等运行在哪台物理服务器上。Nova-Scheduler 看似简单，是因为其实现了非常好的架构，方便开发者根据业务或产品特点，自行增添适合的调度算法。

Nova-Scheduler 主要完成虚拟机实例的调度分配任务，创建虚拟机时，确定虚拟机该调度到哪台物理机上，迁移时若没有指定主机，也需要经过 Scheduler 进行指派。资源调度是云平台中的一个很关键的问题，如何做到资源的有效分配，如何满足不同情况的分配方式，这些都需要 Nova-Scheduler 的参与，并且能够很方便地扩展更多的调度方法。

一般来讲，决策一个虚拟机应该调度到某物理节点，需要分两个步骤：过滤(filter)和计算权值(weight)，如图 3-20 所示。

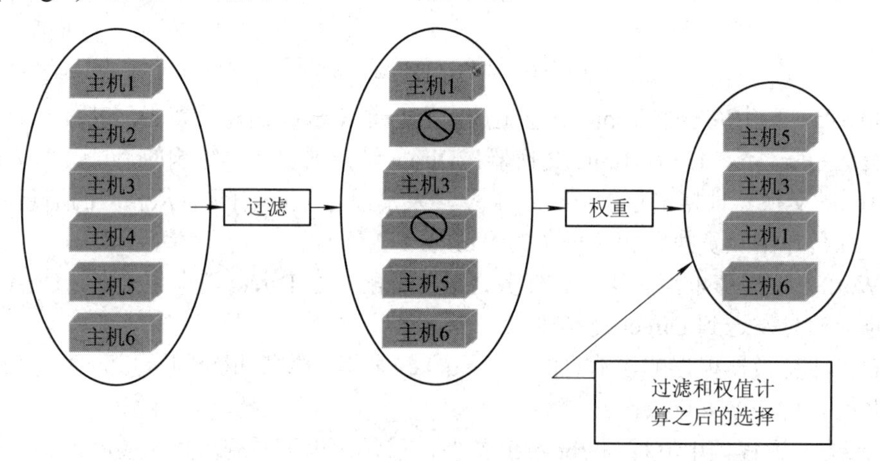


图 3-20　过滤和计算权值

第一步通过过滤(filter)，过滤掉不符合要求或镜像要求(比如物理节点不支持 64bit，物理节点不支持 Vmware EXi 等)的主机，留下符合过滤算法的主机集合。

在图 3-20 中，Host(1-6)经过过滤后，Host2 和 Host4 因不符合过滤算法而被去除掉。

OpenStack 默认支持多种过滤策略，如 CoreFilter(CPU 数过滤策略)、RamFilter(Ram 值选择策略)、AvailabilityZoneFilter(指定集群内主机策略)、JsonFilter(JSON 串指定规则策略)。开发者也可以实现自己的过滤策略。

在 nova.scheduler.filters 包中的过滤器有以下几种：

AllHostsFilter：不做任何过滤，直接返回所有可用的主机列表；

AvailabilityZoneFilter：返回创建虚拟机参数指定的集群内的主机；

ComputeFilter：根据创建虚拟机规格属性选择主机；

CoreFilter：根据 CPU 数过滤主机；

IsolatedHostsFilter：根据“image_isolated”和“host_isolated”标志选择主机；

JsonFilter：根据简单的 JSON 字符串指定的规则选择主机；

RamFilter：根据指定的 RAM 值选择资源足够的主机；

SimpleCIDRAffinityFilter：选择在同一 IP 段内的主机；

DifferentHostFilter：选择与一组虚拟机不同位置的主机；

SameHostFilter：选择与一组虚拟机相同位置的主机。

在选择完过滤器之后，需要在 nova.conf 文件中配置以下两项：

scheduler_available_filters：指定所有可用过滤器，默认是 nova.scheduler.filters.standard_filters(一个函数)，该函数返回 nova.scheduler.filters 包中所有的过滤器类。

scheduler_default_filters：指定默认使用的过滤器列表。如果要实现自己的过滤器，可以继承自 BaseHostFilter 类，重写 host_passes 方法，返回 True 表示主机可用，然后在配置文件中添加自己的过滤器。

第二步进行虚拟机消耗权值的计算。通过指定的权值计算算法，计算在某物理节点上申请这个虚拟机所必需的消耗 Cost，物理节点越不适合这个虚拟机，消耗 Cost 就越大，权值 weight 也就越大，调度算法会选择权值最小的主机。OpenStack 对权值的计算需要一个或多个(weight 值，代价函数)权值组合，然后对每一个经过过滤的主机调用代价函数进行计算，将得到的值与 weight 值乘积，得到最终的权值。OpenStack 将在权值最小的主机上创建一台虚拟机，OpenStack 默认只有一个代价函数：

```
def compute_fill_first_cost_fn(host_state,weighing_properties):
    return host_state.free_ram_mb
```

该函数返回主机剩余的内存，默认的 weight 值为−1.0(在配置文件 nova.conf 文件中是以代价函数名称加_weight 表示)。开发者可以实现自己的代价函数，设置自己的 weight 值来更精确的、利用更加复杂的算法选择主机。对于 OpenStack 提供的默认值来说，主机拥有的剩余内存越多，权值越小，被选择在其上创建虚拟机的可能性就越大。

图 3-21 是权值计算的具体过程。在图 3-21 中，经过权值计算算法的计算，Host(1-6)的权值分别为：12，87，23，10，56，40。其中，权值最小的主机为 Host4，权值最大的主机为 Host2。

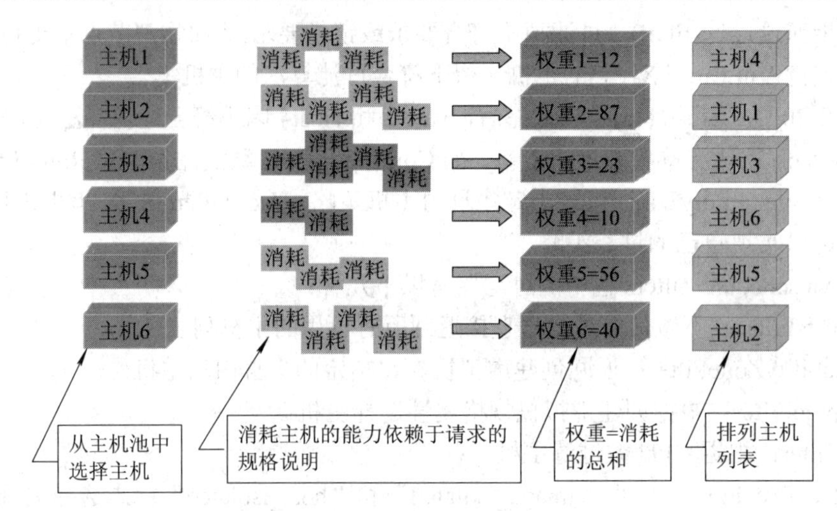


图 3-21　过滤和计算权值的具体过程

# 3.8　Nova-Cell 模块

Nova Cell 是 OpenStack 在 G release 提出的一个新的模块。Nova Cell 着眼于更加弹性化的云环境，允许用户通过分布式形式构建一个更加灵活的 OpenStack Compute 云环境，且不需要引入复杂的技术，不影响已部署的 OpenStack 云环境，更好地支持大规模的部署。Nova Cell 模块以树型结构为基础，主要包括 API-Cell(根 Cell)与 Child-Cell 两种形式。API-Cell 运行 Nova-API 服务，每个 Child-Cell 运行除 Nova-API 外的所有 nova-*服务，且每个 Child-Cell 运行自己的消息队列、数据库及 Nova-Cells 服务。

## 3.8.1　Nova Cell 模块简介

Nova Cell 允许用户在不影响现有 OpenStack 云环境的前提下，增强横向扩展、大规模部署能力。当 Nova Cell 模块启用后，OpenStack 云环境被分成多个子 Cell，并且是以在原 OpenStack 云环境中添加子 Cell 的方式拓展云环境，以减少对原云环境的影响。每个 Cell 都运行着 Nova-Cells 服务，用于与其他 Cell 通信。目前为止，Cells 之间的通信只支持 RPC 服务。Nova Cell 模块中 Cells 的调度与 Compute Host 节点的调度是相互分离的。Nova-Cells 负责为特定操作选取合适的 Cell，并将 Request 发送至此 Cell 的 Nova-Cells 服务进行处理，Target Child Cell 会对请求进行处理，并发送至 Cell 的 Compute Host 调度进行处理。

## 3.8.2　Nova Cell 模块基础架构

Nova Cell 模块被设计成树型结构，基础架构如图 3-22 所示。结构中主要分为 API Cell(Parent Cell)和 Child Cell 两种形式，其中，API Cell 主要包含的服务有：AMQP Broker、Database、Nova-Cells、Nova-API 和 Keystone；Child Cell 包含的服务有：AMQP Broker、Database、Nova-Cells、Nova-Scheduler、Nova-Network、Nova-Compute 和 Keystone。在 API

Cell 节点要部署 Nova-API 对外提供统一服务，Nova-Cell 负责子 Cell 之间通信；子 Cell 节点统一要部署 Nova-Cell，如果子 Cell 直接接入虚拟化层，则还要部署 Nova-Schedular，Nova-Compute。每一个 Cell 包含独立的 Message Broker 以及 Database，其中 API Cell 主要包含 Nova-API 服务，用于接收用户请求，并将用户请求通过 message 的形式发送至指定的 Cell；Child Cell 包含除 Nova-API 之外的所有 nova-*服务，实现具体的 Nova Compute 节点的相关服务；API Cell 与 Child Cell 共享 Glance 服务，且各 Cells 之间的通信均通过 Nova-Cells 服务进行。

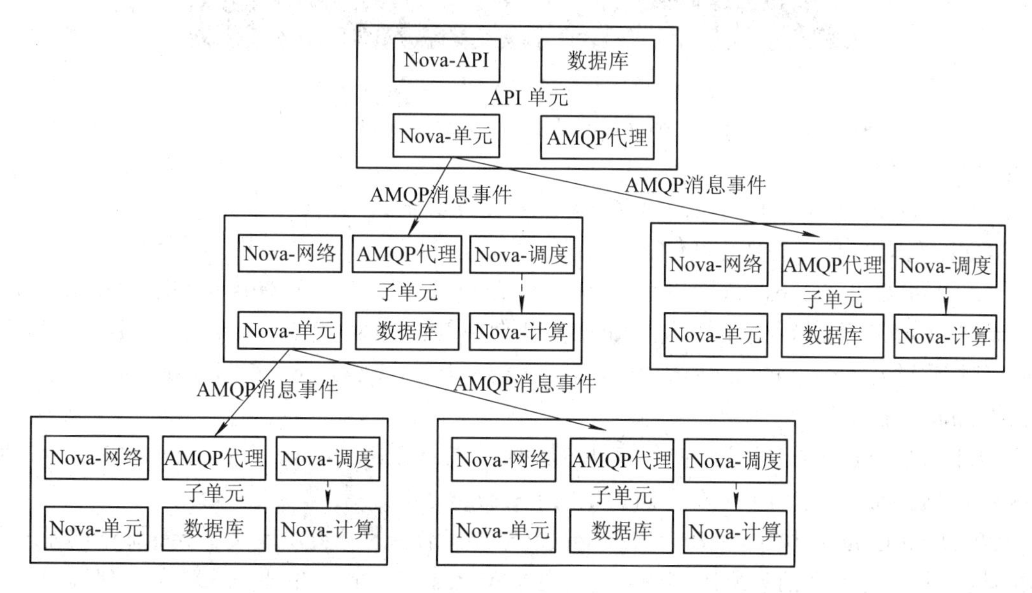


图 3-22 Nova Cell 模块结构

图 3-22 所示为三个 Cell 级联的情况，其中 API Cell 收到请求后，使用 Nova-Cell 提供的调度算法，再通过消息队列将消息转发到 Child Cell 节点，在 Child Cell 节点做与 API Cell 同样的工作，选择一个 Grandchild Cell 并继续转发，在 Grandchild 节点上做真正的主机调度工作，选择主机创建虚拟机。在上面的情况下，Grandchild Cell 需要将自己连接的资源信息定时上报给 Child Cell 以提供调度功能使用，同样 Child Cell 也要将自己知道的资源信息上报给 API Cell 使用，这样，每层调度时只需拿自己掌握的资源信息即可，实现每层解耦。

Cell 调度独立于与 host 调度，在创建新的实例时，首先由 Nova-Cells 选择一个 Cell。当 Cell 确定后，实例创建请求会被送达目标 Cell 的 Nova-Cells 服务，随后该请求会被交给本 Cell 的主机调度机制处理，此时主机调度机制会像未配置 Cell 的环境一样处理该请求。

### 3.8.3 Nova Cell 模块中主要组件介绍

目前，Nova Cell 模块隶属于 Openstack Nova 项目，默认配置下，Nova Cell 不被激活。在 OpenStack Compute 服务安装后，进行相应数据库创建的过程中，会在数据库“nova”中创建对应的表项“cells”，里面包含 Cell 模块需要存储在数据库中的信息，表结构如图 3-23 所示。

```
mysql> show columns from cells;
+---------------+--------------+------+-----+---------+----------------+
| Field         | Type         | Null | Key | Default | Extra          |
+---------------+--------------+------+-----+---------+----------------+
| created_at    | datetime     | YES  |     | NULL    |                |
| updated_at    | datetime     | YES  |     | NULL    |                |
| deleted_at    | datetime     | YES  |     | NULL    |                |
| id            | int(11)      | NO   | PRI | NULL    | auto_increment |
| api_url       | varchar(255) | YES  |     | NULL    |                |
| weight_offset | float        | YES  |     | NULL    |                |
| weight_scale  | float        | YES  |     | NULL    |                |
| name          | varchar(255) | YES  | MUL | NULL    |                |
| is_parent     | tinyint(1)   | YES  |     | NULL    |                |
| deleted       | int(11)      | YES  |     | NULL    |                |
| transport_url | varchar(255) | NO   |     | NULL    |                |
+---------------+--------------+------+-----+---------+----------------+
11 rows in set (0.00 sec)
```

图 3-23　Nova Cell 表结构

其中 transport_url 字段存储 Neighbor Cell 的 RabbitMQ 的相关信息，用于 Cells 之间的通信，“transport_url”字段的格式如下：

scheme://username:password@hostname:port/virtual_host

Cells 之间的通信主要通过传递 message 实现，Parent Cell 会将用户的请求合成一个含有指定 Child Cell 的 message。含有请求的 message 会在 Children Cells 中间进行路由，直至在指定的 Cell 节点进行处理。目前 Nova Cell 使用 RabbitMQ 作为 Message Broker，消息队列可以通过/etc/nova/nova.conf 中的字段 rpc_driver_queue_base 进行配置，默认为“cells.intercell”。

Cell 的 message 主要包含三种类型：TargetedMessage、BroadcastMessage 和 ResponseMessage，分别用于对不同类型的 message 进行创建、转发及处理。

在 Nova-Cells 模块中，_BaseMessage 作为所有消息的基类，定义了 message 的基本数据结构，并包含处理消息所用到的基本方法。MessageRunner 主要完成消息创建以及消息处理的逻辑实现。

当 Nova-Cells 服务启动时，会启动三个 RPC Consumers(消息消费者)，用于处理不同种类的 messages，每一个 message 中会含有一个 unique ID 以及此 message 的全部路由信息，message 会根据路由信息以及其所包含的 Topic 决定是否处理此 message，或是路由出去。Topic 的格式如下：

rpc_driver_queue_base.msg_type

Nova-Cell 模块中各组件的功能由以下三个主要类完成：CellStateManager 类主要用于管理一个具体 Cell 的信息，用于获取或更新 Cell 的相关信息，每一个 Cell 均拥有一个 CellState 实例用于保存 Cell 的信息；CellsManager 类主要定义了 RPC 的各类方法供本地 Cell 进行调用，本地 Cell 可以通过调用 CellsManager 中提供的方法，借助 MessageRunner 将请求送至其他 Cells；BaseCellsDriver 类主要用于各 Cells 间的通信，合成并发送一个 message 到其他 Cell，以及启动 Consumers 线程，完成对不同 messages 的处理；CellsScheduler 类主要用于将不同的用户请求调度至指定的 Cell；当用于需要创建一个 VM，CellsScheduler 会调用_schedule_build_to_cells()，选择一个合适的 cell 来运行创建命令。

### 3.8.4　Nova Cell 环境配置与搭建

在了解 Nova Cell 的基本架构和组件之后，本节将介绍 Nova Cell 的环境配置与搭建。

Nova Cell 模块的所有配置信息都包含在配置文件"nova.conf"中，可以通过更改"[cells]"部分下面的属性信息进行配置，默认情况下，Nova Cell 功能是被禁止的。表 3-1 给出了配置文件 Nova.conf 中 Cell 相关参数的说明，以帮助读者了解后续的搭建工作。

**表 3-1　nova.conf 中 Cell 相关参数说明**

| 参数名称 | 参数含义与作用 | 备　注 |
|---|---|---|
| enable | 是否启用 nova cell 模块 | 默认 False |
| name | Cell 的名称，用于识别每个 Cell，必须保证此命名的唯一性 | |
| driver | 用于 Cells 之间的通信 | 默认 nova.cells.rpc_driver.CellsRPCDriver |
| scheduler | Cells 的调度服务 | 默认 nova.cells.scheduler.CellsScheduler |
| topic | Cells 节点监听的 Topic | 默认是 cells |
| manager | Cells 节点的 Manager | 默认 nova.cells.manager.CellsManager |
| cell_type | 当前 Cell 的类型 | api 或者 compute |
| rpc_driver_queue_base | Cells 默认的队列 | 默认 cells.intercell |
| capabilities | 用于定义 Cell 的 capabilities | Key 或者 Value |
| instance_update_num_instance | 每个同步周期能够同步的 instance 的数目 | |
| instance_updated_at_threshold | 同步 Parent Cell 与 Child Cell 之间 instance 信息的周期时间 | |
| max_hop_count | Message 在 Cells 之间路由的最大数目 | 默认 10 |

一般情况下，关于 Parent Cell 的配置参数实例如下

```
compute_api_class = nova.compute.cells_api.ComputeCellsAPI
    [cells]
    enable = True
    name = $parent_cell_name
    driver=nova.cells.rpc_driver.CellsRPCDriver
    scheduler=nova.cells.scheduler.CellsScheduler
    topic=cells
    manager=nova.cells.manager.CellsManager
    cell_type = api
    rpc_driver_queue_base=cells.intercell
    scheduler_weight_classes=nova.cells.weights.all_weighers
```

关于 Child Cell 配置参数实例如下：

```
quota_driver = nova.quota.NoopQuotaDriver
[cells]
enable = True
```

```
name = $child_test1_name
driver=nova.cells.rpc_driver.CellsRPCDriver
scheduler=nova.cells.scheduler.CellsScheduler
topic=cells
manager=nova.cells.manager.CellsManager
cell_type = compute
rpc_driver_queue_base=cells.intercell
scheduler_weight_classes=nova.cells.weights.all_weighers
```

环境配置完成后，启动 Nova Cell 服务及 Nova 相关服务；Nova Cell 的启动命令如下：

```
python $bin_path/nova-cells--config-file /etc/nova/nova.conf
```

服务启动后，可通过命令“nova service-list”查看 Nova Cell 服务是否正常启动。正常状态下该命令的内容如图 3-24 所示。

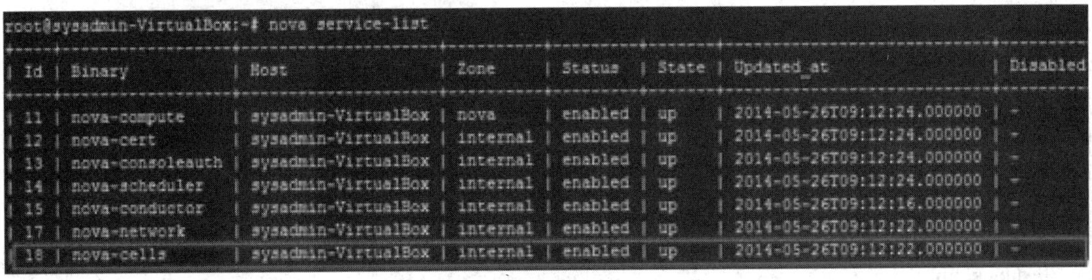

```
root@sysadmin-VirtualBox:~# nova service-list
+----+------------------+--------------------+----------+---------+-------+----------------------------+----------
| Id | Binary           | Host               | Zone     | Status  | State | Updated_at                 | Disabled
+----+------------------+--------------------+----------+---------+-------+----------------------------+----------
| 11 | nova-compute     | sysadmin-VirtualBox | nova     | enabled | up    | 2014-05-26T09:12:24.000000 | -
| 12 | nova-cert        | sysadmin-VirtualBox | internal | enabled | up    | 2014-05-26T09:12:24.000000 | -
| 13 | nova-consoleauth | sysadmin-VirtualBox | internal | enabled | up    | 2014-05-26T09:12:24.000000 | -
| 14 | nova-scheduler   | sysadmin-VirtualBox | internal | enabled | up    | 2014-05-26T09:12:24.000000 | -
| 15 | nova-conductor   | sysadmin-VirtualBox | internal | enabled | up    | 2014-05-26T09:12:16.000000 | -
| 17 | nova-network     | sysadmin-VirtualBox | internal | enabled | up    | 2014-05-26T09:12:22.000000 | -
| 18 | nova-cells       | sysadmin-VirtualBox | internal | enabled | up    | 2014-05-26T09:12:22.000000 | -
```

图 3-24　nova service-list 内容

在 Nova Cell 服务启动后，需要对每个 Cell 进行配置，将父节点及子节点的信息注册到相应的 Cell 中，确保父节点可以知道自己的直接子节点，子节点可以知道自己的父节点，便于双方的通信。注册在数据库中的信息主要是 Message Broker(这里为 RabbitMQ)的相关链接信息，注册 Cell 的参数说明如表 3-2 所示。

**表 3-2　Cell 注册参数说明**

| 参数名称 | 参数含义与作用 |
|---|---|
| --name=<name> | 注册 Cell 的名称 |
| --cell_type=<parent\|child> | 注册 Cell 是 API Cell 还是 Child Cell |
| --username=<username> | 注册 Cell 的 RabbitMQ 的用户名 |
| --password=<password> | 注册 Cell 的 RabbitMQ 的密码 |
| --hostname=<hostname> | 注册 Cell 的 RabbitMQ 的 Host 地址 |
| --port=<number> | 注册 Cell 的 RabbitMQ 的端口号 |
| --virtual_host=<virtual_host> | 注册 Cell 的 RabbitMQ 的 Virtual-Host 的路径 |

表 3-2 中对相关参数进行了详细说明，例如，在 Parent Cell 中运行命令实例如下：

```
nova-manage cell create –name = $child_cell_name --cell_type = child –username = $child_
        cell_rabbitmq_user
--password = $child_cell_rabbitmq_pass –hostname = $child_cell_rabbitmq_host
--port = $child_cell_rabbitmq_port --virtual_host = $child_cell_rabbitmq_virtualhost
```

```
--woffset=1.0 --wscale=1.0
```

在 Child Cell 中运行命令实例如下：

```
nova-manage cell create --name=$parent_cell_name --cell_type=parent --username=$parent_
                    cell_rabbitmq_user
--password=$parent_cell_rabbitmq_pass --hostname=$parent_cell_rabbitmq_host
--port=$parent_cell_rabbitmq_port --virtual_host=$parent_cell_rabbitmq_virtualhost
--woffset=1.0 --wscale=1.0
```

注册成功后，可以分别在 Cell 端运行命令，查看注册信息，运行命令如下。在图 3-25 中可以看到一个名为 child_test1 的 Cell 的基本信息。

```
nova-manage cell list
```

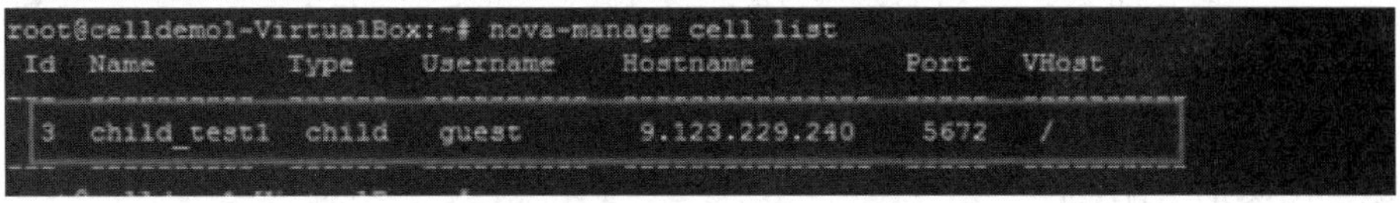

```
root@celldemo1-VirtualBox:~# nova-manage cell list
 Id  Name         Type    Username   Hostname         Port   VHost
 3   child_test1  child   guest      9.123.229.240    5672   /
```

图 3-25　Parent Cell 中已注册的 Child Cell 节点信息

可以通过在 Parent Cell 中运行如下命令，验证 Cell 组件是否正常启动：

```
nova service-list
```

其结果如图 3-26 所示。

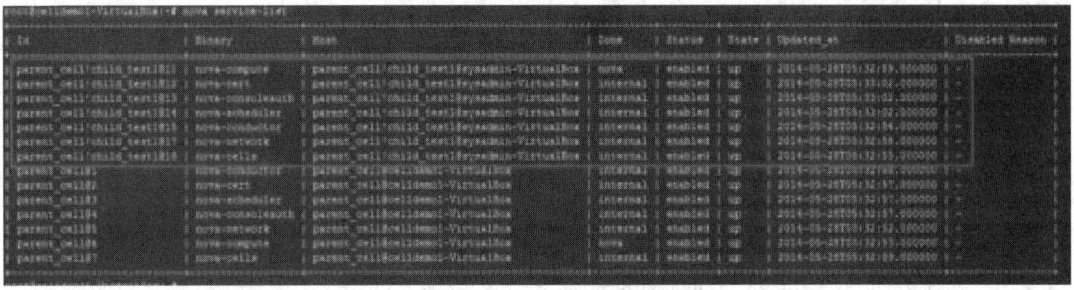

图 3-26　Parent Cell 端所有服务信息

正常运行时，API Cell 端的服务列表中会包含所有 Child Cell 的服务信息。当所有 Cell 服务正常运行后，便可以进行创建 instance 等一系列操作，API Cell 负责执行用户指令，并将指令路由到指定的 Child Cell 进行处理。

## 3.9　Nova 的安装与配置

OpenStack 是用 Python 2.6 编写的，在 Ubuntu 上安装会简单一些，而且 Ubuntu 是 OpenStack 的官方首选系统，文档都是按 Ubuntu 写的，本节主要以单节点(Ubuntu12.04 Server)上部署 OpenStack 的 Grizzly 版本过程为例，重点介绍 Nova 的安装与部署。

同时安装计算服务，Grizzly 里 nova-compute 依赖 nova-conductor，其安装命令如下所示：

```
# apt-get install nova-api nova-novncproxy novnc nova-ajax-console-proxy nova-cert
```

```
nova-consoleauth nova-doc nova-scheduler
    # apt-get install nova-compute nova-conductor
```

### 3.9.1 创建数据库

在安装部署 Nova 之前，需要使用 MySQL 创建 Nova 数据库，创建命令如下所示：

```
# mysql -uroot -pmysql
mysql> create database nova;
mysql> grant all on nova.* to 'nova'@'%' identified by 'nova';
mysql> flush privileges; quit;
```

### 3.9.2 配置

在创建完 Nova 数据库之后，需要配置两个文件，分别是 nova.conf 文件和 api-paste.ini 文件。配置内容如下所示：

1. 配置 nova.conf

```
# cat /etc/nova/nova.conf
[DEFAULT]
# LOGS/STATE
debug = True
verbose = True
logdir = /var/log/nova
state_path = /var/lib/nova
lock_path = /var/lock/nova
rootwrap_config = /etc/nova/rootwrap.conf
dhcpbridge = /usr/bin/nova-dhcpbridge
# SCHEDULER
compute_scheduler_driver = nova.scheduler.filter_scheduler.FilterScheduler
## VOLUMES
volume_api_class = nova.volume.cinder.API
# DATABASE
sql_connection = mysql://nova:nova@172.16.0.254/nova
# COMPUTE
libvirt_type = kvm
compute_driver = libvirt.LibvirtDriver
instance_name_template = instance-%08x
api_paste_config = /etc/nova/api-paste.ini
# COMPUTE/APIS: if you have separate configs for separate services
# this flag is required for both nova-api and nova-compute
allow_resize_to_same_host = True
```

```
# APIS
osapi_compute_extension = nova.api.openstack.compute.contrib.standard_extensions
ec2_dmz_host = 172.16.0.254
s3_host = 172.16.0.254
# RABBITMQ
rabbit_host = 172.16.0.254
rabbit_password = guest
# GLANCE
image_service = nova.image.glance.GlanceImageService
glance_api_servers = 172.16.0.254:9292
# NETWORK
network_api_class = nova.network.quantumv2.api.API
quantum_url = http://172.16.0.254:9696
quantum_auth_strategy = keystone
quantum_admin_tenant_name = service
quantum_admin_username = quantum
quantum_admin_password = password
quantum_admin_auth_url = http://172.16.0.254:35357/v2.0
libvirt_vif_driver = nova.virt.libvirt.vif.LibvirtHybridOVSBridgeDriver
linuxnet_interface_driver = nova.network.linux_net.LinuxOVSInterfaceDriver
firewall_driver = nova.virt.libvirt.firewall.IptablesFirewallDriver
# NOVNC CONSOLE
novncproxy_base_url = http://192.168.8.20:6080/vnc_auto.html
# Change vncserver_proxyclient_address and vncserver_listen to match each compute host
vncserver_proxyclient_address = 172.16.0.254
vncserver_listen = 0.0.0.0
# AUTHENTICATION
auth_strategy = keystone
[keystone_authtoken]
auth_host = 172.16.0.254
auth_port = 35357
auth_protocol = http
admin_tenant_name = service
admin_user = nova
admin_password = password
signing_dir = /tmp/keystone-signing-nova
```

### 2．配置 api-paste.ini

修改[filter:authtoken]:

```
# vim /etc/nova/api-paste.ini
[filter:authtoken]
paste.filter_factory = keystoneclient.middleware.auth_token:filter_factory
auth_host = 172.16.0.254
auth_port = 35357
auth_protocol = http
admin_tenant_name = service
admin_user = nova
admin_password = password
signing_dir = /tmp/keystone-signing-nova
```

### 3.9.3 启动服务

当配置文件修改完毕之后，就可以启动 Nova 服务，启动命令如下所示：

```
# for serv in api cert scheduler consoleauth novncproxy conductor compute;
do
/etc/init.d/nova-$serv restart
done
```

### 3.9.4 同步数据并启动服务

启动 Nova 服务后，需要同步其他服务与 Nova 服务之间的衔接，所以需要进行同步数据工作，相关命令如下所示：

```
# nova-manage db sync
# !for
```

### 3.9.5 查看服务

查看服务时，如若出现笑脸表示对应服务正常，如果状态是 XX 的话，注意查看 /var/log/nova/ 下对应服务的 log：

```
# nova-manage service list 2> /dev/null
Binary        Host        Zone        Status        State Updated_At
nova-cert   localhost    internal     enabled        :-)     2015-03-11 02:56:21
nova-scheduler localhost internal     enabled        :-)     2015-03-11 02:56:22
nova-consoleauth localhost internal enabled        :-)     2015-03-11 02:56:22
nova-conductor localhost internal     enabled        :-)     2015-03-11 02:56:22
nova-compute localhost    nova        enabled        :-)     2015-03-11 02:56:23
```

### 3.9.6 组策略

在查看服务之后，需要给默认的组策略添加 ping 响应和 ssh 端口，代码如下所示：

```
# nova secgroup-add-rule default tcp 22 22 0.0.0.0/0
# nova secgroup-add-rule default icmp -1 -1 0.0.0.0/0
```

### 3.9.7 检查故障

安装部署完 Nova 之后需要检查以下问题：

(1) 配置文件指定的参数是否符合实际环境；

(2) 目录 /var/log/nova/ 中对应服务的 log 日志；

(3) 检查依赖环境变量，数据库连接，端口启动；

(4) 检查硬件是否支持虚拟化等。

# 第四章　keystone 认证组件

keystone 是 OpenStack 的又一核心组件，主要完成 OpenStack 中组件、用户等角色的身份信息验证，实际上 OpenStack 中任何组件均依赖于 keystone 提供的服务。本章介绍了 OpenStack 中从 keystone 的设计架构到 keystone 的一般配置和安装等方面的认证组件。

## 4.1　认识 keystone

通过前面章节的内容我们了解到，OpenStack 是一种面向服务(SOA)的体系结构，各个模块的实现按照提供的服务不同，而被划分成为若干相互独立的模块。但 keystone 在 OpenStack 中有着一定的特殊性。

如图 4-1 所示，基本上所有的组件都与 keystone 相关。在整个 OpenStack 的框架下，keystone 不仅能够为整个 OpenStack 中的组件提供账户信息管理服务、用户及服务组件间的身份验证服务、访问权限的授权服务，还提供服务目录管理服务等。例如在图中计算组件 Compute 如果要访问镜像组件 Image，则需要先访问 Identity(keystone)，Identity 对 Compute 进行身份等信息的验证以后，Compute 组件才能够取得 keystone 提供的访问权限，最后才

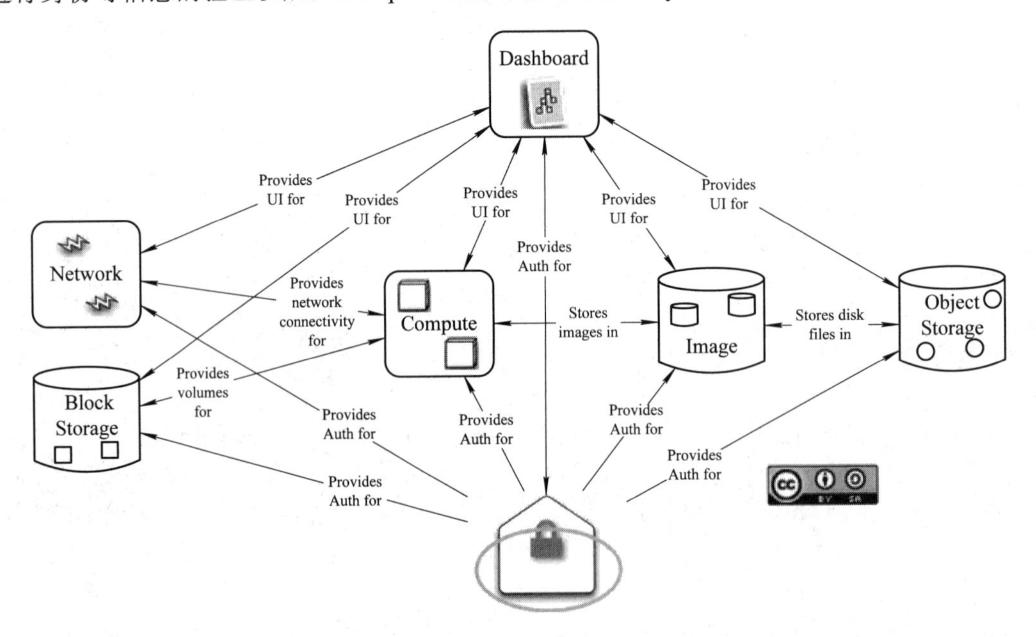


图 4-1　keystone(Identity)和 OpenStack 中其他组件的关系

能够与 Image 组件通信。OpenStack 组件都通过这种访问方式进行通信，而 keystone 则参与了全部过程。

## 4.2 keystone 架构

keystone 作为 OpenStack 中核心的认证组件，它的设计仍然采用 OpenStack 经典的独立模块设计思路。本小节从功能实现上介绍 keystone 的基本架构。

按照新版 OpenStack 对 keystone 功能的划分，keystone 在整个 OpenStack 中主要负责两个工作：

(1) 跟踪用户及监管用户权限。

该部分功能主要针对 OpenStack 系统中的用户信息管理和每个系统用户的权限管理。在 OpenStack 中，每个进入系统的用户，甚至包括运行在 OpenStack 框架中的组件服务，必须在 keystone 中进行注册，并保存其相关的基本信息。一般来讲，keystone 的安装需要 MySQL 数据库的辅助(OpenStack 默认的数据库是 SQLite 数据库)，安装 keystone 以后，会在 MySQL 中建立相应的 keystone 数据库，在 keystone 中创建相关的信息表，keystone 就是通过数据管理工具对用户的基本信息进行维护。

另外，keystone 将一切需要认证服务的组件服务、系统用户等，统统视为 keystone 的用户。在 keystone 在安装部署的时候，首先要按照 OpenStack 的需要创建不同的用户(包括系统管理员 admin、Nova、Glance、Swift 和 Quantum 等组件)，然后给它们赋予一定的权限(Token)，当这些用户协同工作时，通过这些权限取得彼此间的访问权。

(2) 为每个组件服务提供一个可用的服务目录和相应的 API 入口端点。

一般情况下，当 keystone 服务启动以后，一方面，它将 OpenStack 中所有的相关的服务放置在一个服务列表中，并且管理每个系统能够提供的服务目录，例如 Nova、Glance、Swift 等；另一方面，在 OpenStack 中的每个用户(系统用户和组件服务等)在 keystone 服务部署完成以后，都会按照每个用户的 UUID 产生一些网络链接(URL)，在 OpenStack 中，委托 keystone 管理这些 URL，而 keystore 依赖 Endpoint 表向系统的其他用户提供统一的服务 URL 和 API 调用地址。

## 4.3 keystone 的基本概念和数据模型

如前面章节所述，在 OpenStack 安装时，必须一同把 OpenStack 的每个服务在 keystone 中进行注册，并管理和维护这些服务的基本信息，Identity 服务就是通过这些信息实现在整个网络环境中(包括内部网络和外部网络)对 OpenStack 的组件服务和用户进行跟踪和监控。

### 4.3.1 keystone 基本概念

在安装部署 OpenStack 的 Identity 组件之前，还需要了解关于 Identity 在 OpenStack 中的相关概念。本小节中主要对 Keystone 中的基本概念进行说明。

1．User(用户)

前面已经说明过了，在 OpenStack 系统框架下，keystone 是一种负责用户身份验证及服务权限认证的服务程序，任何的组件服务在 keystone 中都将视为系统用户。OpenStack 中的 User 可以理解成为一个实体，这种实体可能是使用 OpenStack 云服务的任何个人、系统，甚至是 OpenStack 中的一个组件服务。

而 Identity 提供的认证服务，通过给这些用户实体分配相应的 Token(令牌)，使得它们在需要调用 OpenStack 服务时，拥有相应的资源使用权限。

2．Credentials(证书)

OpenStack 认证服务中的证书其实就是一种证明用户身份的凭证或标示，就像系统登录时的用户名和密码、用户名和 API 的访问密钥。这种证书主要用在 keystone 向某个用户发放 Token(令牌)时来进行信息的验证。

3．Authentication(鉴权)

鉴权是一个用户身份鉴定的过程。OpenStack 的 keystone 通过对用户提交的认证证书(例如一对用户名和密码)进行确认，一旦通过鉴权，keystone 将向用户颁发一个认证令牌(Token)，该令牌可以使用户在后续的认证请求中一直使用。

4．Token(令牌)

Token(令牌)是一种在访问 OpenStack API 和资源时提供的一种字符串。keystone 可以在任何时候终止一个 Token 的有效性，同时也可以设置它的有效时间。按照 OpenStack 官网中对于 Identity 服务的描述，keystone 提供的令牌机制不仅仅能够实现用户身份的验证和身份信息的存储与管理，在后续版本中它可能还要支持额外的协议，使其成为一个独立的、完整的 OpenStack 服务。

5．Tenant(“租户”或项目)

keystone 中 Tenant 字面上是“租户”，其实 Tenant 是一种分配和隔离系统资源的一种权限组织形式。例如 OpenStack 中的用户需要访问一个系统资源，就必须使用一个 Tenant 向 keystone 发出申请。换句话说，一个 Tenant 就是一个项目，这个项目中必须包含相关的 User、角色等，它是 OpenStack 中服务调度的基本单元。

6．Endpoint(端点)

Endpoint 叫做端点，其实是 OpenStack 每个组件能够访问到的网络地址，其形式是一个 URL。Endpoint 相当于 OpenStack 中服务对外的一个网络地址列表，每个服务请求都必须通过 keystone 中的 Endpoint 来检索相应的服务地址。

另外，keystone 中提供 Endpoint 的模板，部署和安装任何的服务时，都需要按照模板创建这样一个 Endpoint 服务列表，甚至在 Endpoint 中还可以设置 OpenStack 服务的访问权限，控制该服务能被访问的网络范围。

7．Service(服务)

Identity 在 OpenStack 中就是诸多服务中的一个，这个服务与 Nova、Glance、Swift 等组件服务没有任何区别，只是各司其职。它能够提供多个被用户访问的资源并执行操作端点服务。

8．Role(角色)

OpenStack 中的角色是一个用于定义用户权限及该权限下能够执行操作的集合。一般来讲，keystone 中权限管理是角色、租户(项目)和用户相互配合使用的。在一般情况下，一个租户中往往要包含用户和角色，用户必须依赖于某一个租户(项目)，而用户的加入必须以一种角色加入租户(项目)中。租户(项目)通过这种方式实现对在租户中用户的权限规范的绑定。

9．keystone Client(Keystone 的客户端)

当安装完成 keystone 以后，Identity 服务启动正常。用户可以通过 keystone 的客户端进行相关身份认证的操作。例如：

```
//用户相关
root@ubuntu:~# keystone user-list //查看用户信息
root@ubuntu:~#keystone user-create   --name <user-name>   [--tenant-id <tenant-id>]
                                    [--pass <pass>] [--email <email>]
                                    [--enabled <true|false>]//创建用户
root@ubuntu:~#keystone user-delete <user-id>//删除用户
//租户相关
root@ubuntu:~#keystone tenant-list//查看租户信息
root@ubuntu:~#keystone tenant-create --name <tenant-name>//创建租户
                                      [--description <tenant-description>]
                                      [--enabled <true|false>]
root@ubuntu:~#keystone tenant-delete <tenant-id>//删除租户
root@ubuntu:~#keystone tenant-update [--name <tenant_name>]
                                      [--description <tenant-description>]
                                      [--enabled <true|false>]
                                      <tenant-id>//更新租户信息
keystone user-role-add --user-id <user-id> --role-id <role-id>
                                      [--tenant-id <tenant-id>]//赋予一个用户一个角色
keystone user-role-remove --user-id <user-id> --role-id <role-id>
                                      [--tenant-id <tenant-id>]//删除一个用户的角色
```

以上只是 keystone 相关的部分操作，其他操作可以查阅 OpenStack 官网中文档资料。

## 4.3.2　角色关联

从 4.3.1 节中可以了解到，keystone 的身份验证过程主要是通过 Tenant 这种“项目”(或租户)将系统的用户进行限定，在项目中通过角色的设定，辅助 Tenant 的权限限制。

在 keystone 的安装部署完成以后，keystone 数据库中需要设置一些特定的用户表、租户表和角色表。例如 OpenStack 常见的用户：admin、Cinder、Glance、Nova、Quantum 和 Swift。当用户创建完成后，Keystone 还要给每一个用户分配不同的角色(Role)，并将这些用户根据不同的系统功能和用户权限，指派到不同的 Tenant(项目)中，这就是 OpenStack 中的角色关联。

角色关联是 OpenStack 整个框架运行过程中，权限控制的一种最为常见的形式，通过 keystone 可以指定用户的角色，甚至可以将用户随时添加到不同的 Tenant(项目)当中，这样用户就具备了它所在 Tenant(项目)的一切权限。如图 4-2 所示的租户列表、角色列表和用户列表，在 OpenStack 的 Tenant(项目)中存在一个 admin 的租户，而且还有一个 admin 用户，该用户属于租户 admin 的一个角色，所以 admin 用户对整个 OpenStack 云平台中的任何服务都具备访问的权限。

```
root@ubuntu:/etc/keystone# keystone tenant-list
+----------------------------------+--------------------+---------+
|                id                |        name        | enabled |
+----------------------------------+--------------------+---------+
| d7d97c0d736546c598c42481480d16bb |       admin        |   True  |
| 4d8a6bc551d64672922a15056a776ab6 |        demo        |   True  |
| 8fafab53d7ca44f3ac1e1d7431fab399 | invisible_to_admin |   True  |
| cb1603d4ddda4439a9336c97091b03a0 |      service       |   True  |
+----------------------------------+--------------------+---------+
```

(a) Keystone 的租户信息

```
root@ubuntu:/etc/keystone# keystone role-list
+----------------------------------+----------------------+
|                id                |         name         |
+----------------------------------+----------------------+
| b0780486c59d47feae82110fd6a379a2 |    KeystoneAdmin     |
| befbb511cf4d46a7aca96b4f0913f418 | KeystoneServiceAdmin |
| 9a4ffdf27d5d45c5b75ceb1dbe2db84e |        Member        |
| 9db850ed38bd4ad3978e326f5f47e24b |    ResellerAdmin     |
| 9fe2ff9ee4384b1894a90878d3e92bab |       _member_       |
| 90ed7af3a48440f58ed58cdf058eb07a |        admin         |
+----------------------------------+----------------------+
```

(b) Keystone 的角色信息

```
root@ubuntu:/etc/keystone# keystone user-list
+----------------------------------+---------+---------+--------------------+
|                id                |   name  | enabled |       email        |
+----------------------------------+---------+---------+--------------------+
| 573ac2ccf0d64f0ba1f3263b72564957 |  admin  |   True  |  admin@domain.com  |
| f75389e0bbe6427fa9d636451db106f5 |  cinder |   True  | cinder@domain.com  |
| b30de7f69a2542f28385691901b251b2 |  glance |   True  | glance@domain.com  |
| 9b5dfeb525dd43c0908c71a232aa579a |   nova  |   True  |  nova@domain.com   |
| 895211711f9c4b058fec702875d31f39 | quantum |   True  | quantum@domain.com |
| d1ce0bee10c1412891ad70f52a1b7f7b |  swift  |   True  |  swift@domain.com  |
+----------------------------------+---------+---------+--------------------+
```

(c) Keystone 的用户信息

图 4-2　租户、角色、用户列表

### 4.3.3　keystone 数据模型

本节通过 keystone 数据库的设计，介绍 keystone 的数据模型。如图 4-3 所示是通过在 Windows 上使用 MySQL 远程连接软件，查看 keystone 数据的表结构。在图中可以看到，keystone 的运行借助 MySQL 数据库存储用户信息数据，在这些表中，包含了 keystone 中关键认证数据的数据表。例如：角色表(Role)、服务端点表(Endpoint)等。这些表中分别存储 OpenStack 用户相关的数据信息，Keystone 在数据库工具的辅助下，能够快速而简洁地获取用户的身份信息。

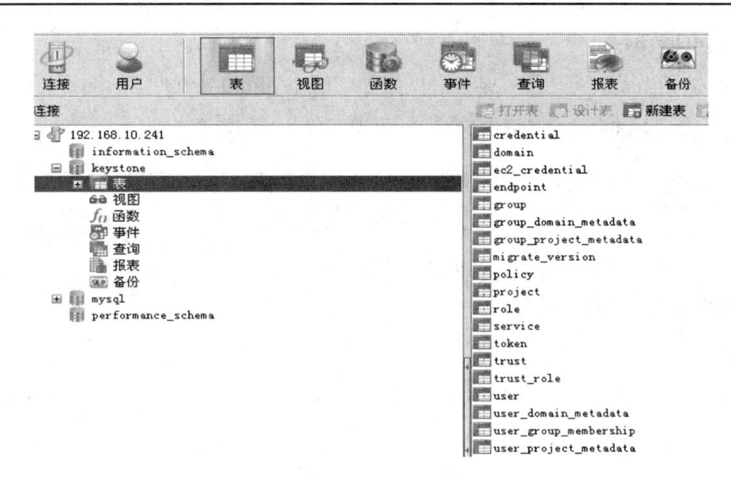


图 4-3 keystone 数据库

在 keystone 数据库中存在 role、group、project、service、user_domain_metadata、user_project_metadata 等表。这些表共同描述着在 OpenStack 平台中，各个用户、服务之间的基本信息和相互关系。本小节通过 MySQL 数据库的远程连接工具，简单介绍 OpenStack 中的 keystone 数据库中几个常用表的设计。

### 1. 用户表(User)

User 表主要用来存储 OpenStack 用户信息，每个用户应该包含一个编号(id)、名称(name)、口令(password)等内容，该表的基本设置如图 4-4 所示。

| 名 | 类型 | 长度 | 小数点 | 允许空值 | |
|---|---|---|---|---|---|
| id | varchar | 64 | 0 | ☐ | 1 |
| name | varchar | 64 | 0 | ☐ | |
| extra | text | 0 | 0 | ☑ | |
| password | varchar | 128 | 0 | ☑ | |
| enabled | tinyint | 1 | 0 | ☑ | |
| domain_id | varchar | 64 | 0 | ☐ | |

图 4-4 user 表

### 2. 角色表(role)

角色表主要包含 keystone 中将用户划分的角色种类，一般每个角色在 role 表中存在一个唯一的 id，在 keystone 角色绑定的时候，将 id 存储在相应的关系表中。该表的基本设置如图 4-5 所示。

| 名 | 类型 | 长度 | 小数点 | 允许空值 | |
|---|---|---|---|---|---|
| id | varchar | 64 | 0 | ☐ | 1 |
| name | varchar | 255 | 0 | ☐ | |
| extra | text | 0 | 0 | ☑ | |

图 4-5 角色表

### 3．租户表(project)

project 表就是租户表，该表主要用于存储 OpenStack 中的所有项目的详细信息。该表中包含 Tenant 的 id、名称、详细描述等。其基本结构如图 4-6 所示。

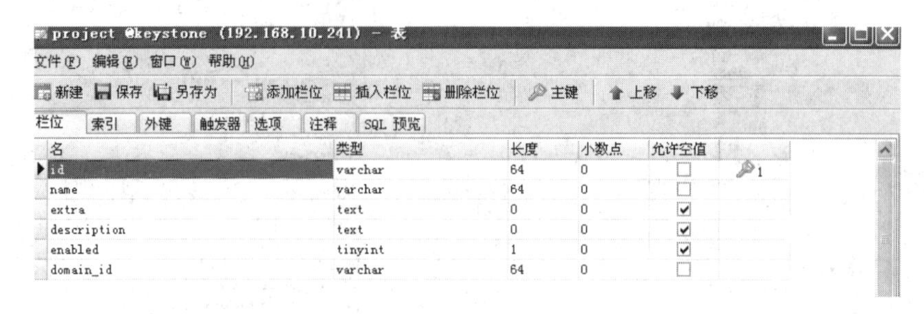

| 名 | 类型 | 长度 | 小数点 | 允许空值 | |
|---|---|---|---|---|---|
| id | varchar | 64 | 0 | ☐ | 1 |
| name | varchar | 64 | 0 | ☐ | |
| extra | text | 0 | 0 | ☑ | |
| description | text | 0 | 0 | ☑ | |
| enabled | tinyint | 1 | 0 | ☑ | |
| domain_id | varchar | 64 | 0 | ☐ | |

图 4-6　租户(项目)表

### 4．用户项目角色关联表(user_project_metadata)

用户项目角色关联表主要存储用户、角色和项目之间的关系。每个用户都会有一个角色和项目与之相对应，该表中只存储用户的 id、项目的 id 以及相对应的角色描述(在 data 字段中其实存储的也是 role 的 id)。其具体设计如图 4-7 所示

| 名 | 类型 | 长度 | 小数点 | 允许空值 | |
|---|---|---|---|---|---|
| user_id | varchar | 64 | 0 | ☐ | 1 |
| project_id | varchar | 64 | 0 | ☐ | 2 |
| data | text | 0 | 0 | ☑ | |

图 4-7　用户项目角色关联表

### 5．服务表(service)

服务表中主要用于保存 OpenStack 中所有服务的基本信息，该表中应该包含 OpenStack 服务的 id、类型等信息。其详细设计如图 4-8 所示。

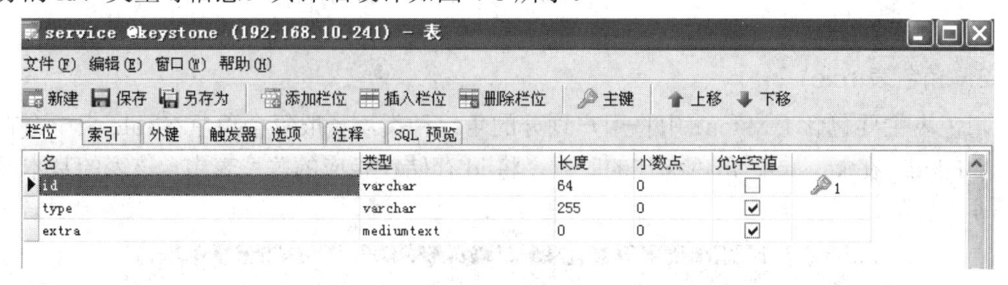

| 名 | 类型 | 长度 | 小数点 | 允许空值 | |
|---|---|---|---|---|---|
| id | varchar | 64 | 0 | ☐ | 1 |
| type | varchar | 255 | 0 | ☑ | |
| extra | mediumtext | 0 | 0 | ☑ | |

图 4-8　服务表

### 6．端点表(endpoint)

端点表主要用于为 OpenStack 服务提供 Server 端，该表是 keystone 在身份认证中非常重要的表。keystone 通过对该表的检索，可以查询到不同的服务所对应的网络 URL(包括外网和内网)，然后会根据提出请求的服务程序权限，将该表中的内容发送至请求端。该表的详细设计如图 4-9 所示。

endpoint @keystone (192.168.10.241) - 表

文件(F)　编辑(E)　窗口(W)　帮助(H)

新建　保存　另存为　添加栏位　插入栏位　删除栏位　主键　上移　下移

栏位　索引　外键　触发器　选项　注释　SQL 预览

| 名 | 类型 | 长度 | 小数点 | 允许空值 | |
|---|---|---|---|---|---|
| id | varchar | 64 | 0 | ☐ | 1 |
| legacy_endpoint_id | varchar | 64 | 0 | ☑ | |
| interface | varchar | 8 | 0 | ☐ | |
| region | varchar | 255 | 0 | ☑ | |
| service_id | varchar | 64 | 0 | ☐ | |
| url | text | 0 | 0 | ☐ | |
| extra | text | 0 | 0 | ☑ | |

图 4-9　endpoint 表

另外，在整个 keystone 数据库中存在大量其他表，例如 domain 表、group 表等，由于篇幅限制，笔者在这里不再一一赘述。详细内容读者可以参照 OpenStack 官网中提供的开发文档。

## 4.4　keystone 的工作原理

在前面的章节中主要针对 Identity 组件中 keystone 的基本概念及涉及的数据库进行详细说明，本节针对 keystone 的认证机制和工作原理进行详细介绍。

前面已经说明，OpenStack 框架下任何对象(系统用户、组件服务等)都必须在 keystone 中进行相关注册。一旦注册成功，keystone 会向对应的用户授予一定的权限。而要了解 keystone 的认证过程，我们可以先用一个例子来说明。

如图 4-10 所示的时序图，这是一个典型的关于学生上课时，学生与教室管理员之间的一系列活动过程。

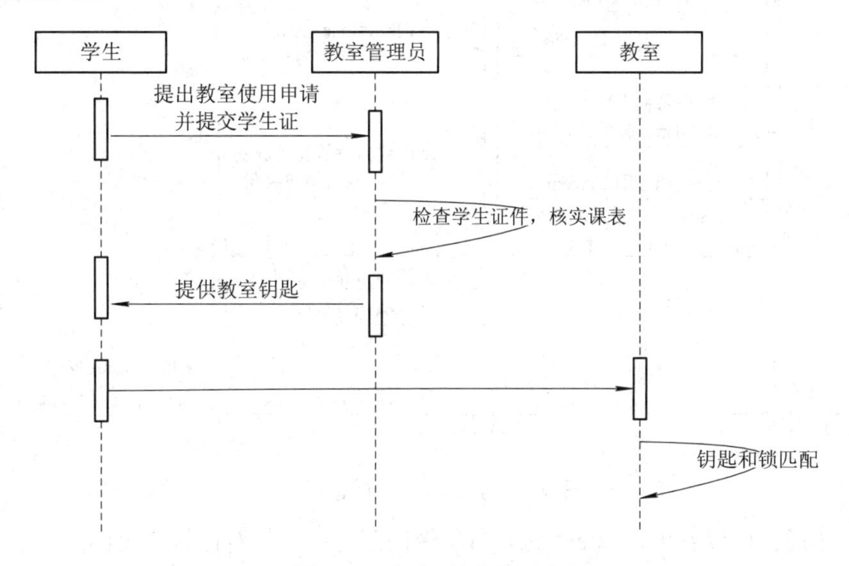


图 4-10　学生-教室使用流程

学生首先应该向管理员出示学生证，管理员通过对学生的身份信息和教室用途进行核实以后，给学生提供对应教室的钥匙，学生取得该教室的钥匙(身份通过验证获得的证书)以后，就可以使用该教室上课。在整个过程中，学生和教室可以认为是学校教学中的资源实体，这两种实体关系相对比较简单，但学生在教学过程中使用教室这种资源，必须通过教室管理员的身份认证，只有合适的学生用户才可以使用其相对应的教室。

keystone 的认证过程与上述过程具有很多相似的地方，其基本流程也与之相仿，只是在 keystone 的工作流程中，其用户种类比图中描述的更多，在证书形式上也和图中的描述存在一定的差异。

在 keystone 中，用户的身份认证过程其实是一个比较复杂的过程，下面通过 OpenStack 管理员用户对 Glance 服务访问过程的时序图为例，阐述 keystone 的认证工作原理。

图 4-11 描述的是管理员 admin 向 Glance 服务进行 Glance 镜像查询中 keystone 的工作过程。从图中可以看出，整个过程涉及 OpenStack 的两个组件和一个系统管理员用户，admin 用户向 OpenStack 的 Glance 组件服务申请查询镜像的请求，在 Glance 服务返回系统 Image 列表之前要经过 keystone 的身份确认和 Glance 本身的权限检查。在整个认证过程中，一旦 keystone 确认用户身份以后，向用户颁发相应的 Token(令牌)，然后 admin 用户使用该 Token 和针对 Glance 的请求，发送至 Glance 服务；而对于 Glance 来讲，它将 admin 发来的证书(用户名 + 密码 + Token)，再次交给 keystone 进行确认，然后根据 keystone 的返回确认结果，再向 admin 用户提供相应的查询服务。如图 4-11 所示为 keystone 的认证过程。

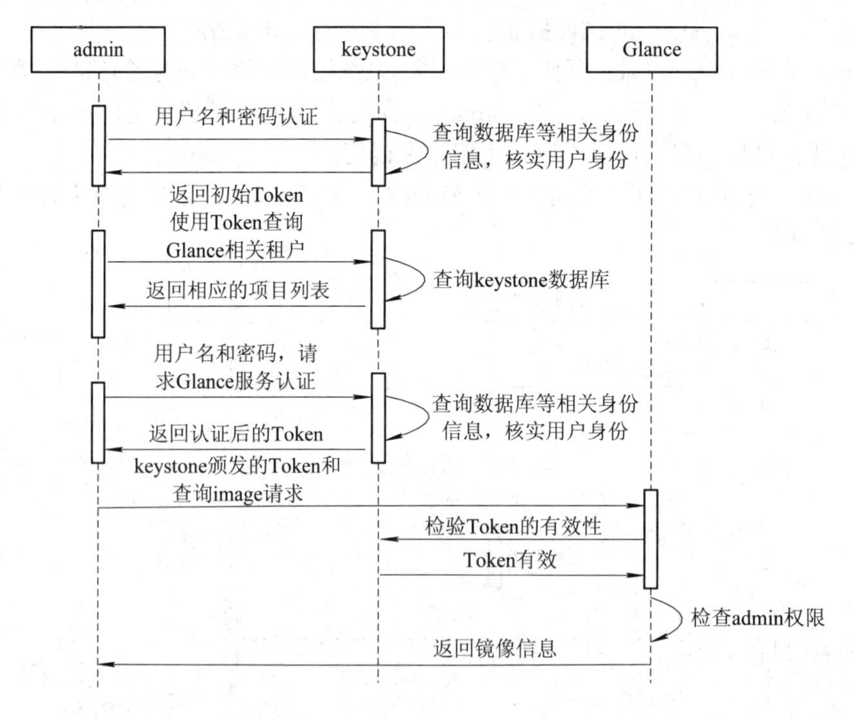


图 4-11　keystone 认证过程

通过上述过程可以看出，OpenStack 的身份认证是一个相对比较安全的一种认证机制，在该机制下，每个用户或服务在向其他用户或服务提出相应的请求时，都要在经过 keystone 的确认以后进行。

# 4.5　安装与配置 keystone

一般来讲，由于 keystone 在 OpenStack 中的作用与地位，通常部署 OpenStack 时，keystone 是第一个需要安装的关键服务。本节主要以在单节点(Ubuntu12.04 Server)上部署 OpenStack 的 Grizzly 版本过程为例，重点介绍 keystone 组件的安装与部署。

## 4.5.1　安装 keystone 的准备工作

### 1．网络配置

在 OpenStack 的部署中网络组建的安装是非常复杂的，本书的后续章节中有其相关的详细的安装介绍。本节中的 keystone 的安装是基于单个节点的，其网络配置相对比较简单。在单节点的 OpenStack 部署中，至少应该包含两个以上的网卡，其中一块用于内网通信，负责管理和组件间通信；另一块网卡可以连通外部网络。其具体部署结构如图 4-12 所示，具体网络配置参照本书第七章。

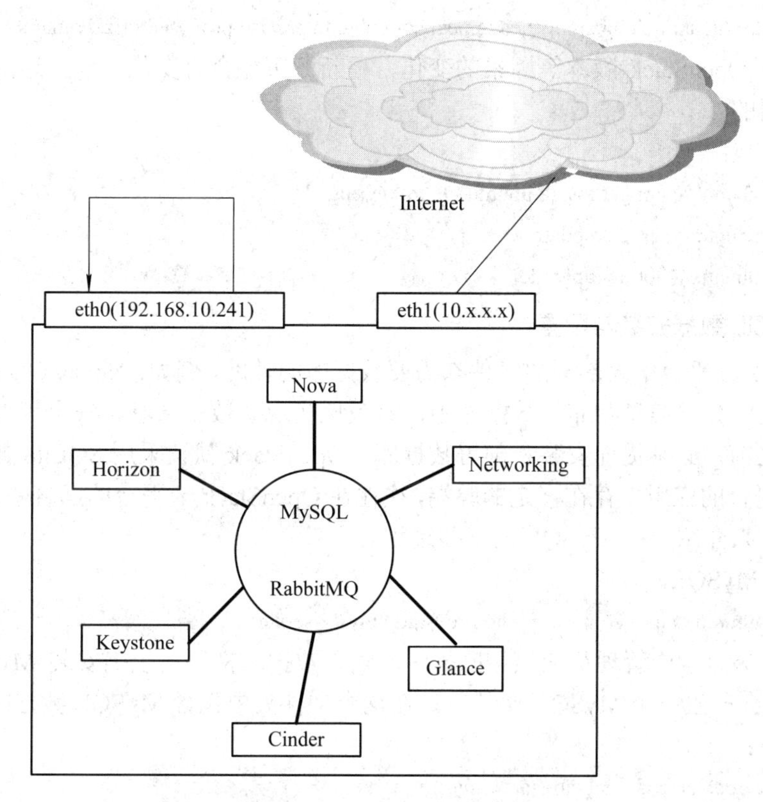


图 4-12　OpenStack 网络架构

网络配置可以通过修改 /etc/network/interfaces 文件，将 eth0 设置成为一个静态 IP，eth1 暂且设置成由 dhcp 进行 IP 分配。具体内容如下：

```
auto eth0
```

```
iface eth0 inet static
        address 192.168.10.241
        netmask 255.255.255.0
        gateway 192.168.10.250
        dns-nameservers 8.8.8.8
auto eth1
iface eth1 inet dhcp
```

由于本书在 VMware 中的 ubuntu12.04 Server 上部署 OpenStack，文中采用单节点进行安装和部署，由于 eth1 主要负责节点与外网的通信，该部分的配置在第七章中进行详细介绍，所以对于 eth1 的网络信息没有在 interfaces 文件中进行配置。

### 2. 添加 Grizzly 更新源

将目录切换至 /etc/apt/：

```
root@ubuntu:/# vim /etc/apt/sources.list
```

修改 sources.list 文件内容，将以下两个 Grizzly 更新源添加在文件结尾：

```
deb http://ubuntu-cloud.archive.canonical.com/ubuntu precise-updates/grizzly main
deb http://ubuntu-cloud.archive.canonical.com/ubuntu precise-proposed/grizzly main
```

注：随着 OpenStack 版本等因素的变化，更新源可能会有变化。但上述两个源是经过测试可以使用的。

更新软件包：

```
root@ubuntu:/# apt-get install ubuntu-cloud-keyring
root@ubuntu:/# apt-get update
root@ubuntu:/# apt-get upgrade
```

### 3. MySQL 数据安装与配置

OpenStack 云平台中大部分的组件都需要数据库的辅助，例如：Nova、Glance、keystone 等。它们通过将数据信息存储在数据库中，有效地实现了数据共享、安全管理。因而在安装 keystone 之前，必须提前安装和部署数据库。OpenStack 默认采用 SQLite 数据库，由于 SQLite 在云平台的应用中存在一定的弊端，往往在 OpenStack 云平台的部署中采用 MySQL 数据库。接下来介绍一下 MySQL 的安装过程。

(1) 安装 MySQL。

```
root@ubuntu:/#apt-get install python-mysqldb mysql-server
```

注：在安装过程中管理员应该按照提示，输入数据库密码。正确安装 MySQL 以后，在/etc/目录下会产生一个 MySQL 文件夹，在这个文件夹中包含 MySQL 数据的配置文件，其中内容如下：

```
conf.d   debian.cnf   debian-start   my.cnf
```

(2) 配置 MySQL 数据。该部分主要涉及 /etc/mysql/my.cnf 配置文件内容的修改：

```
root@ubuntu:# sed -i 's/127.0.0.1/0.0.0.0/g' /etc/mysql/my.cnf
```

注：设置任意 IP 均可对 MySQL 数据库进行访问

```
root@ubuntu:# sed -i '44 i skip-name-resolve' /etc/mysql/my.cnf
```

注：优化 MySQL 数据库的连接，提高数据库的连接和访问速度

(3) 重启 MySQL 服务，使配置文件中修改的内容生效。

```
root@ubuntu:/# /etc/init.d/mysql restart
```

(4) RabbitMQ 安装。

```
root@ubuntu:/# apt-get install rabbitmq-server
```

注：安装消息队列服务器，RabbitMQ，或者你也可以安装 Apache Qpid

### 4.5.2 keystone 相关的配置文件

在讲述安装 keystone 之前，还需要了解 keystone 的配置文件。OpenStack 的 Grizzly 版中与 Keystone 的配置有关的文件主要是 keystone.conf 和 logging.conf，另外，还有其他两个文件：目录模版文件 default_catalog.templates 和服务的访问策略文件 policy.json。本节主要对 keystone.conf 和 logging.conf 两个配置文件的作用进行说明，具体配置内容将在 4.5.3 节中进行详细说明。

#### 1. keystone.conf

keystone.conf 主要用于 OpenStack 中 keystone 组件的核心配置文件，包含整个 OpenStack 中所有组件的身份描述，每个组件对应的数据库选项等。对于初学者来讲需要了解以下几个配置文件选项：

- admin_token 选项：这个参数是用来访问 keystone 服务的，相等于访问 keystone 这扇“门”的钥匙，客户端可以使用该 Token 访问 keystone 服务、查看信息、创建其他服务等。在 keystone 的配置文件中默认值是 ADMIN，读者可以修改这个 TOKEN，只要在部署 OpenStack 其他组件时的 keystone 令牌需要保持一致。
- token_format 选项：这一选项是一个关于认证令牌格式的选项，通常在较高版本的 OpenStack 中该选项的值为 PKI 格式，一般情况下将该选项设置成为 UUID 格式，这种格式可能使用起来比较方便。
- [sql]中 connection：keystone 的运行过程中需要数据库的辅助，安装 keystone 之前一般需要将数据库安装完毕(4.5.3 节中有相关的描述)。在 keystone 的配置文件中，默认采用 SQlite 数据库，为了 OpenStack 部署和使用的方便，在配置 keystone 时将此项修改成 MySQL 数据。

#### 2. logging.conf

日志文件是 Linux 操作系统中比较常见的一种文件。keystone 的日志文件 logging.conf 有助于遇到紧急情况时解决问题。如果在安装 keystone 过程中出现错误，读者可以根据日志文件中的内容，分析和查找错误原因。

### 4.5.3 keystone 安装过程

在前面章节内容的基础上，keystone 的安装预配置其实已经简化很多了。OpenStack 的 Grizzly 版 keystone 的部署基本上可以分成以下几个步骤：

### 1. 安装 keystone

```
root@ubuntu:# apt-get install keystone
```

### 2. 创建 keystone 数据库

```
root@ubuntu:/# rm -f /var/lib/keystone/keystone.db
root@ubuntu:/# mysql -u root -p mysql                    //连接 mysql 数据库
mysql> create database keystone;                         //创建 keystone 数据库
mysql> grant all on keystone.* to 'keystone'@'%' identified by 'keystone'; //授权 keystone 访问 mysql
                                                                               的权限
mysql> flush privileges; quit;
```

创建完毕后使用命令查看数据库中所创建的数据库：

```
mysql> show databases;
```

得到结果：

```
+--------------------+
| Database           |
+--------------------+
| information_schema |
| keystone           |
| mysql              |
| performance_schema |
+--------------------+
4 rows in set (0.00 sec)
```

注：上述结果中，MySQL 中已经存在前面所创建的 keystone 数据库。

### 3. 创建 Keystone 中的用户(User)、角色(Role)、租户(Tenant)、服务(Service)、Endpoint

(1) 创建租户(Tenant)：

```
root@ubuntu:~# keystone tenant-create --name admin
root@ubuntu:~# keystone tenant-create --name service
```

(2) 创建用户(user)：

```
root@ubuntu:~# keystone user-create --name admin --pass openstack
root@ubuntu:~# keystone user-create --name nova --pass openstack
root@ubuntu:~# keystone user-create --name glance --pass openstack
root@ubuntu:~# keystone user-create --name swift –-pass openstack
```

(3) 创建角色(Roles)：

```
root@ubuntu:~# keystone role-create --name admin
root@ubuntu:~# keystone role-create --name member
```

然后查看租户、用户和角色信息

```
root@ubuntu:~# keystone tenant-list
```

```
+----------------------------------+---------+---------+
|                id                |   name  | enabled |
+----------------------------------+---------+---------+
| c546b3f70d1a4e9296a06710082b68b9 | admin   | True    |
| dbe71f0a6a2146c7b6d98ea694d90cde | service | True    |
+----------------------------------+---------+---------+
```

```
root@ubuntu:~# keystone user-list
```

```
+----------------------------------+---------+-------+--------+
|                id                | enabled | email |  name  |
+----------------------------------+---------+-------+--------+
| 1524c82dc5d9461fb6dc269c402a82ee | True    | None  | nova   |
| 50f45fa17b5d4628bd4f9922466b4ba2 | True    | None  | glance |
| 827d0d11d5d14a5797a5b2b54c26afd2 | True    | None  | admin  |
| db20be80782449e5841516f462c64291 | True    | None  | swift  |
+----------------------------------+---------+-------+--------+
```

```
root@ubuntu:~# keystone role-list
```

```
+----------------------------------+--------+
|                id                |  name  |
+----------------------------------+--------+
| 782a625ec83c4a32a0038ed0924486b7 | member |
| 8e0f03ac9b2749ecaa4bfae36ba94289 | admin  |
+----------------------------------+--------+
```

给某一个用户指定一定的权限，也就是将角色添加至某个用户：

```
root@ubuntu:~#keystone user-role-add –user 827d0d11d5d14a5797a5b2b54c26afd2 --role 8e0f03ac9b2749ecaa4bfae36ba94289
--tenant_id c546b3f70d1a4e9296a06710082b68b9
root@ubuntu:~#keystone user-role-add –user 1524c82dc5d9461fb6dc269c402a82ee --role 8e0f03ac9b2749ecaa4bfae36ba94289
--tenant_id dbe71f0a6a2146c7b6d98ea694d90cde

root@ubuntu:~#keystone user-role-add –user 50f45fa17b5d4628bd4f9922466b4ba2 --role 8e0f03ac9b2749ecaa4bfae36ba94289
--tenant_id dbe71f0a6a2146c7b6d98ea694d90cde

root@ubuntu:~#keystone user-role-add –user 827d0d11d5d14a5797a5b2b54c26afd2 --role 782a625ec83c4a32a0038ed0924486b7
--tenant_id c546b3f70d1a4e9296a06710082b68b9
```

注：该部分使用的 ID 一定与上述查看信息一致！

(4) 创建服务：

```
root@ubuntu:~# keystone service-create --name keystone --type identity --description 'OPENSTACK Identity Service'
root@ubuntu:~# keystone service-create --name nova --type compute --description 'OpenStack Compute Service'
root@ubuntu:~# keystone service-create --name volume --type volume --description 'OpenStack Volume Service'
```

```
root@ubuntu:~# keystone service-create --name glance --type image --description 'OpenStack Image Service'
root@ubuntu:~# keystone service-create --name swift --type object-store --description 'OpenStack Storage Service'
root@ubuntu:~# keystone service-create --name ec2 --type ec2 --description 'EC2 Service'
```

(5) 创建 endpoint(注：单间点部署中这一部分不需要创建)：

由于这一部分的内容比较多，且部署时比较容易出错，目前比较成熟和方便的方法是设计一个脚本文件(例如：keystone.sh)。文件中包含 keystone 中用户、租户角色服务的生成方法，部署 keystone 的时候只需要执行这个脚本文件 keystone.sh 就可以。该脚本文件主要包含以下几个部分，其中大部分内容均和上述过程重复的：

① keystone 环境变量。keystone 环境变量主要包含 OpenStack 管理员用户的系统登录密码(ADMIN_PASSWORD)、keystone 对组件服务的认证令牌(SERVICE_TOKEN)，甚至还包含 keystone 组件(KEYSTONE_IP)、计算组件(COMPUTE_IP/)、镜像组件(GLANCE_IP)、存储组件(VOLUME_IP)和网络组件(QUANTUM_IP)的网络 IP 地址。这些环境变量需要在安装 keystone 的时候一并配置在这个文件中去，keystone 每次与那些都会通过这个文件获取不同组件在 OpenStack 中的基本信息，从而达到对不同组件身份的验证。

② 用户、租户和角色及相关关系的创建。keystone.conf 文件中包含关于整个 OpenStack 系统中基本的用户、租户和角色的初始化声明，并且将这些在 keystone 中加以关联。OpenStack 就是通过这种方式使其各个组件彼此取得相互访问的授权。

③ 服务和 Endpoint 的建立。将上一部分的内容，统一纳入 Endpoint 的管理，使 OpenStack 中任何服务和组件的基本信息(例如：服务的 IP 地址、入口 API 等)在 Endpoint 中具有相关的描述，便于 keystone 在提供认证服务时的信息检索。

当文件 keystone.sh 完成以后，需要执行该脚本文件：

```
root@ubuntu:~#sh keystone.sh
```

注：初学者可以通过网络将该脚本语言下载，便与学习。

#### 4．设置 Keystone 的环境变量

使用 vim 打开 /root/.bashrc，准备添加环境变量：

```
root@ubuntu:~# vim /root/.bashrc
```

注：环境变量放置在.bashrc 文件中，可以将其在系统启动时就有效。

将下列环境变量添加至文件 .bashrc 中：

```
root@ubuntu:~# export OS_TENANT_NAME=admin
root@ubuntu:~# export OS_USERNAME=admin
root@ubuntu:~# export OS_PASSWORD=openstack
root@ubuntu:~# export OS_AUTH_URL=http://192.168.10.241:5000/v2.0/
root@ubuntu:~# export OS_REGION_NAME=RegionOne
root@ubuntu:~# export SERVICE_TOKEN=openstack
root@ubuntu:~# export SERVICE_ENDPOINT=http:// 192.168.10.241:35357/v2.0/
```

注：

- OS_TENANT_NAME 使 OpenStack 中的其他服务都是采用该环境变量进行身份验证，如果设置为 service 其他服务会无法验证；
- SERVICE_TOKEN 要与前面 keystone.conf 中 admin_token 的值一致；
- 前两个环境变量中 admin 为系统认证和登录的用户名；
- OS_PASSWORD 为用户登录系统的密码；
- 192.168.10.241 是 OpenStack 所部属的节点中内网通信的 IP 地址。

上述环境变量设置完成以后，使之立刻生效：

```
root@ubuntu:source /root/.bashrc
```

检查设置的环境变量是否成功：

```
root@ubuntu:~# export | grep OS_
```

注：显示以下结果说明环境变量设置成功。

```
declare -x OS_AUTH_URL="http://192.168.10.241:5000/v2.0/"
declare -x OS_PASSWORD="openstack"
declare -x OS_REGION_NAME="RegionOne"
declare -x OS_TENANT_NAME="admin"
declare -x OS_USERNAME="admin"
```

### 4.5.4 keystone 安装验证

如果上述过程中每一个步骤都执行成功，则可以使用 keystone 的命令验证其是否正确安装。

#### 1. 查看 keystone 的用户

```
root@ubuntu :~#keystone user-list
```

其结果如下所示：

```
+----------------------------------+---------+---------+--------------------+
|                id                |  name   | enabled |       email        |
+----------------------------------+---------+---------+--------------------+
| 573ac2ccf0d64f0ba1f3263b72564957 |  admin  |  True   |  admin@domain.com  |
| f75389e0bbe6427fa9d636451db106f5 |  cinder |  True   | cinder@domain.com  |
| 1148fcdac81d4c9a9f4df3d80c756a6e |  demo   |  True   |  demo@domain.com   |
| b30de7f69a2542f28385691901b251b2 |  glance |  True   | glance@domain.com  |
| 9b5dfeb525dd43c0908c71a232aa579a |  nova   |  True   |  nova@domain.com   |
| 895211711f9c4b058fec702875d31f39 | quantum |  True   | quantum@domain.com |
| d1ce0bee10c1412891ad70f52a1b7f7b |  swift  |  True   |  swift@domain.com  |
+----------------------------------+---------+---------+--------------------+
```

#### 2. 查看 keystone Endpoint

```
root@ubuntu :~# keystone endpoint-list
```

其结果如下所示：

```
+----------------------------------+-----------+--------------------------------------------+--------------------------------------------+---
|                id                |  region   |                 publicurl                  |                internalurl                 |
+----------------------------------+-----------+--------------------------------------------+--------------------------------------------+---
| 1c38687b663b4afa9795b8bc2ce09be4 | RegionOne |          http://192.168.10.241:9696/       |          http://192.168.10.241:9696/       |
| 1eaf42e078ba45c18aa38cbe8188340a | RegionOne | http://192.168.10.241:8774/v2/$(tenant_id)s | http://192.168.10.241:8774/v2/$(tenant_id)s | htt
| 22dcc58201e147438d2a9a56623619d0 | RegionOne |  http://192.168.10.241:8773/services/Cloud  |  http://192.168.10.241:8773/services/Cloud  | ht
| 2a89545de72d4af1939326012c4ddbfc | RegionOne | http://192.168.10.241:8080/v1/AUTH_$(tenant_id)s | http://192.168.10.241:8080/v1/AUTH_$(tenant_id)s |
| 2f2979091feb4df49edd95596ffe50ed | RegionOne |  http://192.168.10.241:8773/services/Cloud  |  http://192.168.10.241:8773/services/Cloud  | ht
| 3924ddcdc905477d8d5a7ea0d356ab1d | RegionOne | http://192.168.10.241:8080/v1/AUTH_$(tenant_id)s | http://192.168.10.241:8080/v1/AUTH_$(tenant_id)s |
| 39c7d2e087874c8daf335e6b321c2cc3 | RegionOne |        http://192.168.10.241:9292/v2        |        http://192.168.10.241:9292/v2        |
| 6669175d79a542e4a121d1dacc333824 | RegionOne |       http://192.168.10.241:5000/v2.0       |       http://192.168.10.241:5000/v2.0       |
| b716286ee0cc4e208f8c192349affb66 | RegionOne | http://192.168.10.241:8776/v1/$(tenant_id)s | http://192.168.10.241:8776/v1/$(tenant_id)s | htt
| bd2543fd9d13490dabf6a55242cc605a | RegionOne | http://192.168.10.241:8776/v1/$(tenant_id)s | http://192.168.10.241:8776/v1/$(tenant_id)s | htt
| c2adee8145e8481ca6ccfcf0090f471d | RegionOne |       http://192.168.10.241:5000/v2.0       |       http://192.168.10.241:5000/v2.0       |
| c40411f811424c68b537e7ba3e96c34c | RegionOne |         http://192.168.10.241:9696/         |         http://192.168.10.241:9696/         |
| d81b834e8d704ff2b138b0515fbcdc5e | RegionOne |        http://192.168.10.241:9292/v2        |        http://192.168.10.241:9292/v2        |
| df46b521c70e46d5814182cc6e7f795e | RegionOne | http://192.168.10.241:8774/v2/$(tenant_id)s | http://192.168.10.241:8774/v2/$(tenant_id)s | htt
+----------------------------------+-----------+--------------------------------------------+--------------------------------------------+---
```

需要说明的是，keystone 中的服务端点(Endpoint)的信息较多，包含 OpenStack 中每个服务对应的标示符(id)、外部网络访问的 URL、内部网络访问的 URL、管理员访问的 URL 等内容，上面只显示了 Endpoint 在配置完成后的一部分内容。

### 3．查看 keystone 租户

```
root@ubuntu:~# keystone tenant-list
```

其结果如下所示：

```
+----------------------------------+--------------------+---------+
|                id                |        name        | enabled |
+----------------------------------+--------------------+---------+
| d7d97c0d736546c598c42481480d16bb |       admin        |   True  |
| 4d8a6bc551d64672922a15056a776ab6 |        demo        |   True  |
| 8fafab53d7ca44f3ac1e1d7431fab399 | invisible_to_admin |   True  |
| cb1603d4ddda4439a9336c97091b03a0 |      service       |   True  |
+----------------------------------+--------------------+---------+
```

### 4．查看 keystone 的 Role

```
root@ubuntu:~# keystone role-list
```

其结果如下所示：

```
+----------------------------------+----------------------+
|                id                |         name         |
+----------------------------------+----------------------+
| b0780486c59d47feae82110fd6a379a2 |    KeystoneAdmin     |
| befbb511cf4d46a7aca96b4f0913f418 | KeystoneServiceAdmin |
| 9a4ffdf27d5d45c5b75ceb1dbe2db84e |        Member        |
| 9db850ed38bd4ad3978e326f5f47e24b |    ResellerAdmin     |
| 9fe2ff9ee4384b1894a90878d3e92bab |       _member_       |
| 90ed7af3a48440f58ed58cdf058eb07a |        admin         |
+----------------------------------+----------------------+
```

### 5．查看 keystone 租户

```
root@ubuntu:~# keystone tenant-list
```

其结果如下所示：

| id | name | enabled |
|---|---|---|
| d7d97c0d736546c598c42481480d16bb | admin | True |
| 4d8a6bc551d64672922a15056a776ab6 | demo | True |
| 8fafab53d7ca44f3ac1e1d7431fab399 | invisible_to_admin | True |
| cb1603d4ddda4439a9336c97091b03a0 | service | True |

## 6. 查看 keystone 的服务

```
root@ubuntu:~# keystone service-list
```

其结果如下所示：

| id | name | type | description |
|---|---|---|---|
| dcf89e272ac54b6394f6e1ec3e4f6bef | cinder | volume | OpenStack Volume Service |
| e12d007191a14af2957f0a43563964d1 | cinder | volume | OpenStack Volume Service |
| 4756575bb1174743ad7679613bb5e2c2 | ec2 | ec2 | OpenStack EC2 service |
| b58b96d787dd4b7f84c784fa432d0923 | ec2 | ec2 | OpenStack EC2 service |
| bf9028ff01234d4898c1bf7bd89a2232 | glance | image | OpenStack Image Service |
| c9ff3c8af7df4dbc945c2ca21fe4380d | glance | image | OpenStack Image Service |
| dbbe99bdcdb34ca7b41667d3b5511a6e | keystone | identity | OpenStack Identity |
| eb261d7df466444b98e27f0a268bac27 | keystone | identity | OpenStack Identity |
| 7bdd1bb44a9c46c68ce8a9d5b44f1708 | nova | compute | OpenStack Compute Service |
| a367431ce7e44444845f9933f5af14c3 | nova | compute | OpenStack Compute Service |
| 408e261bd3d64d36bbb53149237d6f53 | quantum | network | OpenStack Networking service |
| 5408978254c943039685fc81ddfaf8bd | quantum | network | OpenStack Networking service |
| 3b0b3e3579584be993c90f80299afaab | swift | object-store | OpenStack Storage Service |
| ffe3690782e34bbfb1b178879d284302 | swift | object-store | OpenStack Storage Service |

# 第五章　Glance 镜像组件

Glance 组件是 OpenStack 中针对镜像进行管理的一个重要组件。OpenStack 通过 Glance 向 Nova 提供虚拟操作系统镜像模板，本章通过对 Glance 组件的基本架构和数据模型的介绍，详细说明 OpenStack 中关于 Glance 组件的安装与部署。

## 5.1　Glance 概述

在 OpenStack 整个集群中会存在大量的系统镜像，Glance 的主要功能是管理这些系统镜像。早期的 OpenStack 版本中，Glance 只有管理镜像的功能，而并不具备镜像的实际存储功能。但随着 OpenStack 版本的不断更新，现在的 Glance 服务已经成为一个集上传系统镜像资源、镜像信息检索和管理，以及镜像存储适配为一体的一个 OpenStack 核心组件服务。本节从 Glance 组件的功能、Glance 相关的基本概念介绍 OpenStack 中镜像服务的基本内容。

### 5.1.1　Glance 功能

按照 OpenStack 官网中关于 Glance 的功能描述，Glance 组件服务的主要功能包含以下几个方面：

(1) 检索 OpenStack 中虚拟机系统镜像：对镜像的查看是 Glance 从最初版本开始就有的一个核心功能，通过 Glance 可以查看 OpenStack 框架中存在的系统镜像文件。

(2) 注册和上传虚拟机镜像：Glance 具备系统镜像的创建、上传、下载和管理功能。

(3) 维护镜像信息：Glance 还具备对其管理的镜像文件信息进行管理和维护功能，主要包含镜像文件信息的修改和更新等。

(4) 镜像存储适配功能：Glance 在 OpenStack 版本的升级过程中被独立出来，其主要原因就是需要将镜像文件存储在不同的存储设备之上，当前的 Glance 已经能够提供一个相对完善的存储适配框架。

上述这些功能都是与 OpenStack 平台下系统镜像相关的一些管理操作，Glance 通过 RESTful API 实现对虚拟机镜像的查询和检索。

### 5.1.2　Glance 基本概念

由于 Glance 是 OpenStack 中针对镜像服务的一个独立组件，在介绍 Glance 之前需要对镜像的一些基本概念有一定的了解。

1. 镜像状态(Image status)

镜像状态是 Glance 管理镜像的一个重要内容，Glance 组件给整个 OpenStack 提供镜像查询和检索，可以通过虚拟机镜像的状态感知某一镜像的使用情况。一般来讲，OpenStack 中镜像的状态分成以下几种：

- Queued

Queued 状态是一种初始化镜像状态，在镜像文件刚刚被创建时，在 Glance 数据库中已经保存了镜像标示符，但还没有上传至 Glance 中，此时的 Glance 对镜像数据没有任何描述，其存储空间为 0。

- Saving

Saving 状态是镜像的原始数据在上传中的一种过渡状态，它产生在镜像数据上传至 Glance 的过程中，一般来讲，Glance 收到一个 Image 请求后，才将镜像上传给 Glance。

- Active

Active 状态是镜像成功上传完毕以后的一种状态，它表明 Glance 中有可用的镜像。

- Killed

Killed 状态出现在镜像上传失败或者镜像文件不可读的情况下，在这种情况下 Glance 将镜像状态设置成 Killed。

- Deleted

Deleted 状态表明一个镜像文件马上会被删除，只是当前 Glance 仍然保留该镜像文件的相关信息和原始镜像数据。

- Pending_delete

Pending_delete 状态类似于 Deleted，虽然此时的镜像文件没有删除，但镜像文件不能恢复。

图 5-1 所示是 Glance 中镜像文件的状态转换过程。在正常情况下一个镜像一般会经历 Queued、Saving、Active 和 Deleted 这几种状态，其他几种状态则是当镜像出现异常等特殊情况下的才会出现。

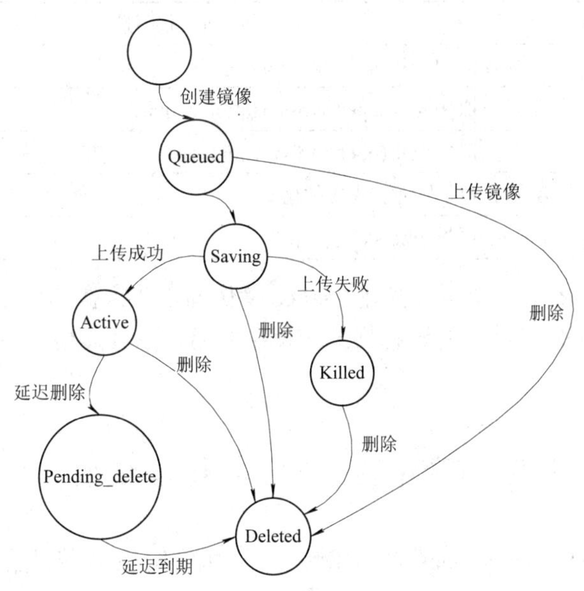


图 5-1 镜像状态转换

### 2．磁盘格式(Disk Forma)

在 OpenStack 中 Nova 使用 KVM 虚拟技术将 Glance 中的镜像部署成若干具有独立运算功能的虚拟机，每个虚拟机给用户的感觉和实际的物理主机基本上没有任何区别，也包含虚拟的处理器、内存和磁盘，甚至还包含一些虚拟的物理外设。Glance 中的磁盘格式指的是虚拟机镜像的磁盘格式。在虚拟机的创建时，需要指定镜像的磁盘格式(具体的镜像创建在 5.5.1 节中有详细介绍)。表 5-1 所示为 OpenStack 支持的镜像文件磁盘格式。

**表 5-1　OpenStack 磁盘格式**

| 格式类型 | 格 式 描 述 |
| --- | --- |
| Raw | 无结构的磁盘格式 |
| Vhd | 通用的虚拟机磁盘格式，该格式适用于 VMWare, Xen, Microsoft, VirtualBox 等虚拟机 monitor |
| Vmdk | 另一种通用的虚拟机磁盘格式，和 vhd 基本一样的格式 |
| Vdi | VirtualBox 和 QEMU 支持的一种磁盘格式 |
| Iso | 光盘数据格式 |
| qcow2 | Qemu 支持的一种动态可扩展的磁盘格式，支持 copy on write 磁盘操作 |
| Aki | Amazon 的内核镜像文件格式 |
| Ari | Amazon 的 ramdisk 镜像格式 |

### 3．容器格式(Container Format)

从文件角度，Glance 中的容器格式是指虚拟镜像的文件格式，Glance 对镜像文件进行管理，往往把镜像元数据装载于一个“容器”(信封)中。在这个容器中包含了虚拟机的元数据(metadata)和其他相关信息。在虚拟镜像文件创建的时候，需要管理员指定镜像的 Container format，该部分的使用在 5.5 节中有详细的介绍。表 5-2 所示为容器格式。

**表 5-2　容 器 格 式**

| 格式类型 | 格 式 描 述 |
| --- | --- |
| bare | 没有容器的一种镜像元数据格式 |
| ovf | 开放虚拟化格式(open virtualization format) |
| Ova | 开放虚拟化设备(open virtualization appliance)格式 |
| Aki | Amazon 的内核镜像文件格式 |
| Ari | Amazon 的 ramdisk 镜像格式 |

需要说明的是，容器格式是用来描述 Glance 镜像的格式，在其他 OpenStack 组件中没有使用。按照 OpenStack 官网中对这种格式的使用描述，在容器格式不确定的情况下使用 bare 格式即可。

## 5.2　Glance 架构与数据模型

Glance 的设计原则和 OpenStack 其他组件一样，但其在工作模式上与其他组件存在一定的区别。它的设计模式采用 C/S 架构模式，Client 通过 Glance 提供的 REST API 与 Glance

的服务器(Server)程序进行通信，Glance 的服务器程序通过网络端口监听，接收 Client 发送来的镜像操作请求，基本流程如图 5-1 所示。

图 5-2 所示是在 C/S 模式下 Glance 的工作流程，从程序设计和实现的角度来讲，Glance 在 OpenStack 框架中就是一个镜像服务程序(Server)，这个 Server 程序具备监听 Glance 客户端(Client)的请求的功能，同时还具备镜像文件(包括存储在本地和其他存储设备上的镜像)的存储管理功能。

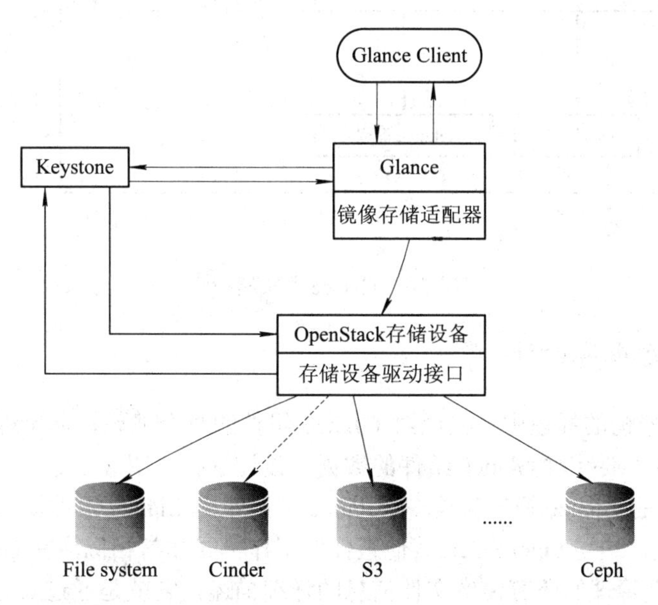


图 5-2　Glance 的基础架构

## 5.2.1　Glance 逻辑架构

Glance 用于 OpenStack 中镜像查找、管理和存储等服务，当它与 Nova 和 Swift 配合使用时，就为 OpenStack 提供了虚拟机镜像的查找服务，Glance 自身能够实现镜像文件基本信息的管理与维护、镜像文件的后端存储的适配功能。如图 5-3 所示是 OpenStack 中关于 Glance 服务架构的说明，从图中可以看出，Glance 组件基本上由 Glance 数据库、镜像服务接口、Glance 组件权限控制和镜像存储适配接口构成。Glance 数据库中存储镜像相关的信息数据(在 5.2 节中有详细的数据库介绍)；Glance 存储适配接口与外部 OpenStack 的存储组件相交互，实现镜像的非本地存储；REST API 与 Glance 客户端镜像交互，监听并响应来自 Glance Client 的请求；Glance 的鉴权服务则是负责与 keystone 组件进行交互，甄别 Client 的身份有效性等内容。

从 Glance 服务的编码实现和部署来讲，Glance 组件有两个服务模块：Glance-API 和 Glance-Registry。Glance-API 主要负责通过监听绑定的端口接收响应镜像管理命令的 Restful 请求，解析 Glance-Client 消息请求信息并分发其所带的命令；Glance-Registry 过多地扮演 Glance.API 的一个命令主要执行者的角色，镜像的数据库信息都是通过 Glance-Registry 进行执行和维护，它接收响应镜像元数据命令的 Restful 请求，对 Glance 数据库进行增、删、改、查操作。

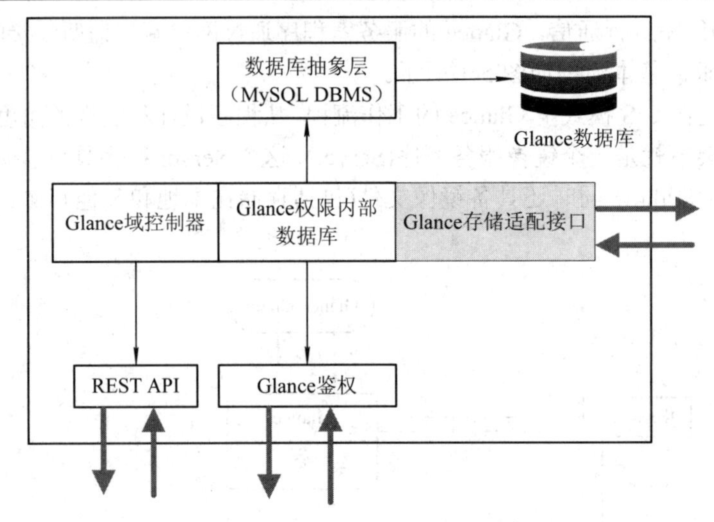


图 5-3　Glance 逻辑架构

## 5.2.2　Glance 数据库设计

在对 Glance 架构的描述中，已经对 Glance 组件的整个镜像管理流程和工作方式进行了详细介绍，本节主要针对 Glance 组件的数据库设计进行说明。

在图 5-3 描述的 Glance 逻辑架构中，Glance 数据库是 Glance 组件提供镜像服务的一个辅助数据管理手段，这与 OpenStack 其他组件的工作模式非常相似，在 Glance 数据库中，保存了 Glance 组件管理的所有镜像文件信息的详细描述，它就是通过对这些信息的维护，向 OpenStack 中的其他用户提供服务。

通过 MySQL 数据库远程连接软件可以查看到整个 Glance 数据库中的所有表的构成。一般来讲，Grizzly 版的 OpenStack 在完成 Glance 组件的安装以后，在数据库中会生成：image_locations、image_members、image_properties、image_tags、images、migrate_version(见图 5-4)。

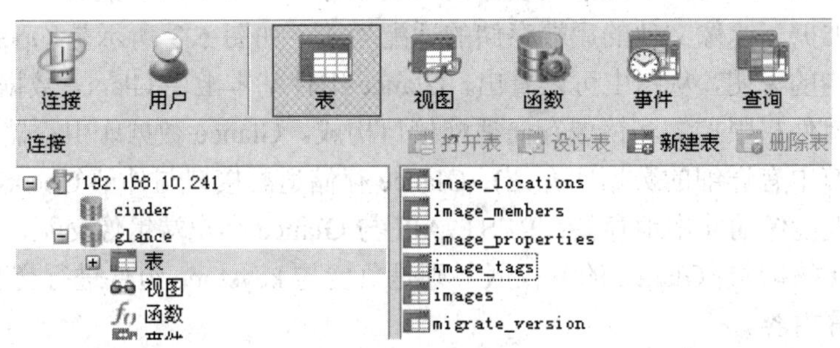


图 5-4　Glance 数据库

在上述若干表中，与 Glance 镜像管理比较密切的有镜像成员表(image_members)、镜像属性表(image_properties)和镜像表(images)三个，这三个也是在早期的 OpenStack 版本中就已经存在的。图 5-3 中描述的 Grizzly 版的 OpenStack 中 Glance 数据库的表构成，与以前版本相比，该结构中增加了记录镜像存储路径信息描述的 image_locations 表、记录镜像操作日志的 image_tags 表和记录镜像版本在迁移中版本变化情况的 migrate_version 表。下面通过数据库的连接软件，对这些表的结构进行说明。

### 1．镜像信息表(images)

images 表主要用于记录 OpenStack 中镜像的基本信息，如镜像名称 name、占用大小 size、镜像状态 status、镜像对应的磁盘格式 disk_format，甚至还包含访问权限 is_public 和所有者 owner、磁盘空间要求 min_disk、镜像虚拟机最小内存容量 min_ram 等基本信息表项。具体如图 5-5 所示。

images @glance (192.168.10.241) - 表

文件(F) 编辑(E) 窗口(W) 帮助(H)

新建 保存 另存为 添加栏位 插入栏位 删除栏位 主键 上移 下移

栏位 索引 外键 触发器 选项 注释 SQL 预览

| 名 | 类型 | 长度 | 小数点 | 允许空值 | |
|---|---|---|---|---|---|
| id | varchar | 36 | 0 | ☐ | 1 |
| name | varchar | 255 | 0 | ☑ | |
| size | bigint | 20 | 0 | ☑ | |
| status | varchar | 30 | 0 | ☐ | |
| is_public | tinyint | 1 | 0 | ☐ | |
| created_at | datetime | 0 | 0 | ☐ | |
| updated_at | datetime | 0 | 0 | ☑ | |
| deleted_at | datetime | 0 | 0 | ☑ | |
| deleted | tinyint | 1 | 0 | ☐ | |
| disk_format | varchar | 20 | 0 | ☑ | |
| container_format | varchar | 20 | 0 | ☑ | |
| checksum | varchar | 32 | 0 | ☑ | |
| owner | varchar | 255 | 0 | ☑ | |
| min_disk | int | 11 | 0 | ☐ | |
| min_ram | int | 11 | 0 | ☐ | |

图 5-5　镜像信息表

### 2．镜像成员表(image_members)

image_members 表主要用于记录 OpenStack 中镜像文件的所属关系，该表中的每条记录都包含着一个镜像的 id 和一个用户的 id，Glance 就是通过这个表，检索和感知 OpenStack 中镜像文件的存在，并确定某一镜像文件的使用者。该表的具体设计如图 5-6 所示。

image_members @glance (192.168.10.241) - 表

文件(F) 编辑(E) 窗口(W) 帮助(H)

新建 保存 另存为 添加栏位 插入栏位 删除栏位 主键 上移 下移

栏位 索引 外键 触发器 选项 注释 SQL 预览

| 名 | 类型 | 长度 | 小数点 | 允许空值 | |
|---|---|---|---|---|---|
| id | int | 11 | 0 | ☐ | 1 |
| image_id | varchar | 36 | 0 | ☐ | |
| member | varchar | 255 | 0 | ☐ | |
| can_share | tinyint | 1 | 0 | ☐ | |
| created_at | datetime | 0 | 0 | ☐ | |
| updated_at | datetime | 0 | 0 | ☑ | |
| deleted_at | datetime | 0 | 0 | ☑ | |
| deleted | tinyint | 1 | 0 | ☐ | |
| status | varchar | 20 | 0 | ☑ | |

图 5-6　镜像成员表

### 3．镜像属性表(image_properties)

image_properties 主要用于记录 OpenStack 中镜像属性信息，类似于镜像常规日志。该表中的每一个记录描述的是 OpenStack 的某一个成员(name)在某一个时间点(created_at、updated_at、deleted_at)更改(创建、修改、删除)了某一个镜像文件(image_id)。具体设计如图 5-7 所示。

image_properties @glance (192.168.10.241) - 表

文件(F) 编辑(E) 窗口(W) 帮助(H)

新建 保存 另存为 添加栏位 插入栏位 删除栏位 主键 上移 下移

栏位 索引 外键 触发器 选项 注释 SQL 预览

| 名 | 类型 | 长度 | 小数点 | 允许空值 | |
|---|---|---|---|---|---|
| id | int | 11 | 0 | ☐ | 🔑1 |
| image_id | varchar | 36 | 0 | ☐ | |
| name | varchar | 255 | 0 | ☐ | |
| value | text | 0 | 0 | ☑ | |
| created_at | datetime | 0 | 0 | ☐ | |
| updated_at | datetime | 0 | 0 | ☑ | |
| deleted_at | datetime | 0 | 0 | ☑ | |
| deleted | tinyint | 1 | 0 | ☐ | |

图 5-7　镜像属性表

### 4．镜像文件路径表(image_locations)

image_locations 记录每一个 OpenStack 镜像文件的路径，便于 Glance 快速定位镜像的位置。该表主要用于 Glance 查找某一个镜像文件时，需要检索的一个表。该表中包含一个镜像的路径(value)、编号(image_id)、镜像上传的日期(create_at)和修改的日期(updated_at)等，具体详细设计如图 5-8 所示。

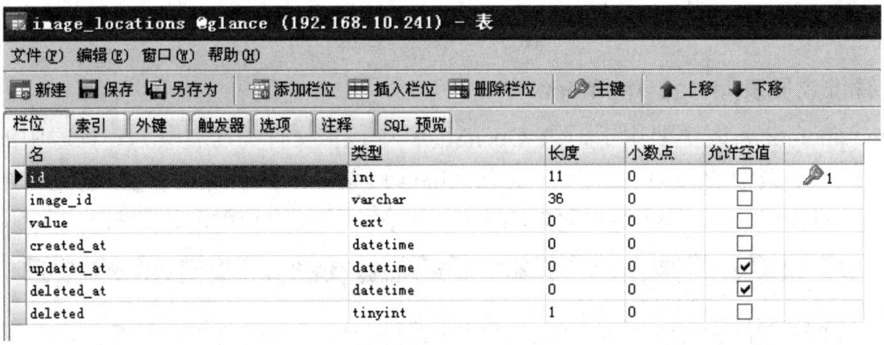

image_locations @glance (192.168.10.241) - 表

文件(F) 编辑(E) 窗口(W) 帮助(H)

新建 保存 另存为 添加栏位 插入栏位 删除栏位 主键 上移 下移

栏位 索引 外键 触发器 选项 注释 SQL 预览

| 名 | 类型 | 长度 | 小数点 | 允许空值 | |
|---|---|---|---|---|---|
| id | int | 11 | 0 | ☐ | 🔑1 |
| image_id | varchar | 36 | 0 | ☐ | |
| value | text | 0 | 0 | ☐ | |
| created_at | datetime | 0 | 0 | ☐ | |
| updated_at | datetime | 0 | 0 | ☑ | |
| deleted_at | datetime | 0 | 0 | ☑ | |
| deleted | tinyint | 1 | 0 | ☐ | |

图 5-8　镜像文件路径表

### 5．image_tags 表和 migrate_version 表

这两个表是在 OpenStack 升级过程演变而来的，在 OpenStack 中的 Glance 数据库中，通过对这两个表的检索，使得 Glance 服务能够快速地获取 Glance 客户端的数据请求，它们的详细设计笔者在这里就不再赘述，读者可以参见相关文档进行了解。

## 5.3　Glance 的关键配置文件

在 5.2.1 节的分析中，将 OpenStack 的 Glance 组件分成了两部分(Glance-API 模块和 Glance-Registry 模块)进行实现，但 OpenStack 的 F 版以后版本中的 Glance 提供的 APIv2 简

化了旧版本中镜像文件服务的流程，当前 OpenStack 的最新版本已经将 Glance-API 和 Glance-Registry 合并在了一起，但 Glance 服务启动的时候，仍然把 Glance 服务分成两个独立的服务分别进行启动。因此，在配置 Glance 组件之前，还需要关注与 Glance-API 和 Glance-Registry 相对应的两个配置文件。尽管在 5.5 节中对该文件的配置具有详细描述，而在本节主要对这两个配置文件的内容进行分析。

### 5.3.1 glance-api.conf 文件

配置文件 glance-api.conf 是一个关于 Glance-API 服务的配置文件，该配置文件对应 Glance 组件的 glance-API 模块。在 /etc/glance 路径下可以查看该文件，其中包含该服务的基本配置信息，大体上包含以下几个方面：

(1) Glance 服务安装的日志和调试信息，例如：debug、日志文件路径 log_file 等参数；

(2) Glance 服务的 API 服务器的相关信息，例如：服务绑定的 IP 地址 bind_host、Glance-API 服务绑定的端口 bind_port 等参数。

(3) Glance 数据库的相关参数，例如：Glance 数据库连接 sql_connection 和连接时间 sql_idle_timeout 等参数。

(4) Registry 服务的相关信息，例如：Registry 服务的网络地址 registry_host、监听的端口号 registry_port、Glance 与 Registry 间通信的协议 registry_client_protoco 等参数。

(5) 系统消息相关参数，主要配置 Glance 与系统消息的收发机。主要参数有：消息通知策略 notifier_strategy、消息独队列 RabbitMQ 的 IP 地址 rabbit_host 和监听端口 rabbit_port 等参数。

(6) 镜像后端存储的相关配置，如 Swift 存储的身份验证网络地址 swift_store_auth_address、Swift 存储的用户信息 swift_store_user 等参数。(注意：该部分内容还包含其他存储设备的信息，在 glance-api.conf 配置文件中，包含对 Glance 服务能够识别的存储设备种类的描述，与之相对应的在配置文件中应该包含这些能够被 Glance 服务的存储设备的配置信息。)一般情况下，glance-api.config 中包含 Swift、S3、RBD 等较为常见的存储设备的信息配置。

(7) Glance 中 keystone 身份验证的相关配置：主要设置 OpenStack 的 keystone 组件服务的 IP 地址 auth_host、监听端口 auth_port、鉴权时使用的租户名称 admin_tenant_name、用户名称 admin_user、口令 admin_password 等信息。

从上述 glance-api.conf 的内容可以了解到，glance-api.conf 文件基本上涵盖了整个 Glance-API 运行中需要的环境信息，该文件的具体配置内容在 5.5 节中有详细介绍。

### 5.3.2 glance-registry.conf 文件

在部署 Glance 时需要注意的另一个配置就是 glance-regsiery.conf，该文件主要对应的是 Glance 服务中的 Glance-Registry 模块。从功能实现上来讲，该模块主要辅助 Glance-API 模块实现对 Glance 数据库的维护，它的路径和 glance-api.conf 的路径一致，都可以在 /etc/glance 中找到。该文件的内容相对来讲较为简单，下面简单从以下几个方面进行介绍：

(1) Glance 中 Registry 服务器的网络信息：该部分主要配置 Registry 服务器绑定的 IP

地址(bind_host)和端口号(bind_port)，该部分内容与 glance-regsiery.conf 中的内容有一定的重复，读者需要注意的是两个文件中的 IP 地址配置应该一致。

(2) Registry 的日志文件配置：该部分主要指定 Registry 的日志文件路径(log_file 参数)，便于在 Glance 配置过程中对信息的查看。

(3) Glance 数据库的相关参数，例如：Glance 数据库连接 sql_connection 和连接时间 sql_idle_timeout 等参数。

(4) Glance 中 Keystone 身份验证的相关配置：该部分主要设置 OpenStack 的 Keystone 组件服务的 IP 地址 auth_host、监听端口 auth_port、鉴权时使用的租户名称 admin_tenant_name、用户名称 admin_user、口令 admin_password 等信息。

从上述对配置文件的描述中可以看到，Glance-Registry 的配置内容较少，甚至和 glance-api.conf 文件内容有一定的重复，但这两个文件中分别对应 Glance 组件的不同模块，读者在配置 Glance 时需要在理解这两个配置文件的基础上，完善上述信息参数，以免出现错误。

### 5.3.3 其他配置文件

与 OpenStack 的 E 版相比，G 版中关于 Glance 的配置出现少许变化，从配置文件中就可以看出，下面是 /etc/glance 文件下的配置文件构成。

```
root@ubuntu:/etc/glance# ls
glance-api.conf        glance-cache.conf        glance-registry-paste.ini   policy.json
glance-api-paste.ini   glance-registry.conf   glance-scrubber.conf
```

与以前版本相比，该 Glance 的配置文件添加了一些关于镜像的缓存的配置文件(glance-cache.conf)、镜像删除相关的配置(glance-scrubber.conf)等内容，目前的 OpenStack 对于配置均采用其默认的内容，初学者可以仅作参考。

需要说明的还有两个文件：glance-api-paste.ini 和 glance-registry-paste.ini。这两个文件在 glance-registry.conf 和 glance-api.conf 的配置过程中也会使用到，并且是与 glance-registry.conf 和 glance-api.conf 两个文件配合使用。在 Glance-API 和 Glance-Registy 服务启动后，其相对应的配置文件读取这两个文件内容，执行文件中的 WSGI app 和 MiddleWare，完成 Glance 的服务解析和镜像相关指令的执行。关于 WSGI app 和 MiddleWare 的解释，由于篇幅限制，本节不做过多介绍。

## 5.4 Glance 的后端存储与工作流程

随着 OpenStack 的虚拟机系统种类的增加，将 Glance 中的镜像文件纯粹地存储在本地(localhost)上的这种方法在管理等方面存在一定的弊端。OpenStack 早期的版本中并没有把存储作为独立的一块功能实现，但在 OpenStack 的版本升级过程中，渐渐出现 Swift 和 Cinder 这些独立的存储组件，当前的 OpenStack 中镜像文件的后端存储(非本地存储)就是依赖于这些组件予以实现，在本书后续章节中有关于这些组件的详细介绍。本节主要对 Glance 的存储过程和 Glance 的工作流程进行介绍。

### 5.4.1　镜像的后端存储

一般在 Glance 部署完毕后，OpenStack 默认地将用户上传的镜像文件保存在/var/lib/glance/images 中，在这个文件路径下，可以查看 Glance 管理的镜像文件。下面就是笔者在配置 Glance 以后该路径下的一个镜像文件。

```
root@ubuntu:/# cd /var/lib/glance/images
root@ubuntu:/var/lib/glance/images# ls
40056951-e712-47f2-b91b-a3c03cd37dbe
```

在上述结果中可以看到，当前 Glance 中仅有一个镜像文件，该镜像文件的名称为40056951-e712-47f2-b91b-a3c03cd37dbe，这就是该镜像的 UUID。需要说明的是，该镜像文件是存储在本地的目录之下，而 Glance 的后端存储则是将 Glance 中镜像文件通过 OpenStack 的存储组件(Swift 或 Cinder)存储至本地以外的其他物理存储设备上，从而节省了本地服务器的存储空间，同时也便于 OpenStack 的数据管理。

在图 5-2 中可以看到，Glance 组件本身并不能实现镜像文件的外部设备存储，从工作流程来讲，Glance 通过使用 OpenStack 提供的存储组件实现。但由于外部设备的差异性较大，Glance 组件中增加了一个镜像存储的存储适配器，通过该适配器与 OpenStack 的存储组件进行镜像文件的读取。

如图 5-9 所示，Glance 为了保证能够适应各种不同的存储设备，在 Glance 的存储接口之下，添加了一个设备驱动层，该部分能够规避存储硬件的差异，Glance 可以通过不同的存储设备驱动程序实现对与其所对应的设备访问。

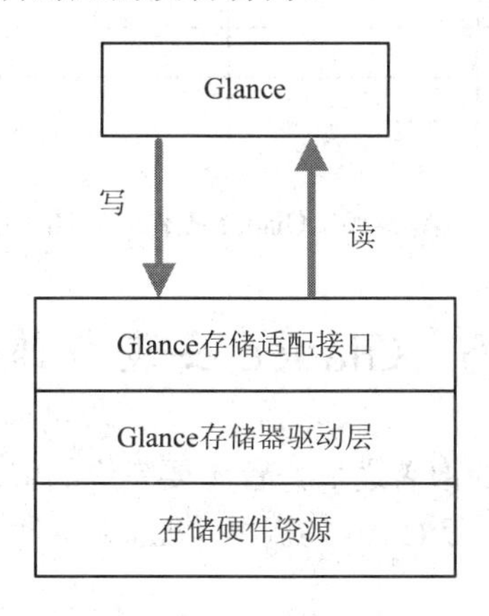


图 5-9　Glance 的后端存储

### 5.4.2　Glance 组件的工作流程

从 5.2 节的逻辑架构可以看出，Glance 组件架构被分成两个独立的模块：Glance-API 和 Glance-Registry，它们分别对应处理镜像的操作管理和 Glance 数据库的信息维护。在新的 OpenStack 版本中随着存储组件的推出，Glance-API 还增添了镜像的非本地存储功能。如图 5-10 所示是 Glance 组件的工作过程。

图 5-10 中以镜像的上传过程为例，描述了整个 Glance 的工作流程。在整个过程中涉

及 OpenStack 的存储组件、Identity 组件和 Glance 组件，其中 Keystone 和 Glance 组件参与了每一个模块的工作，整个过程非常严格和缜密。

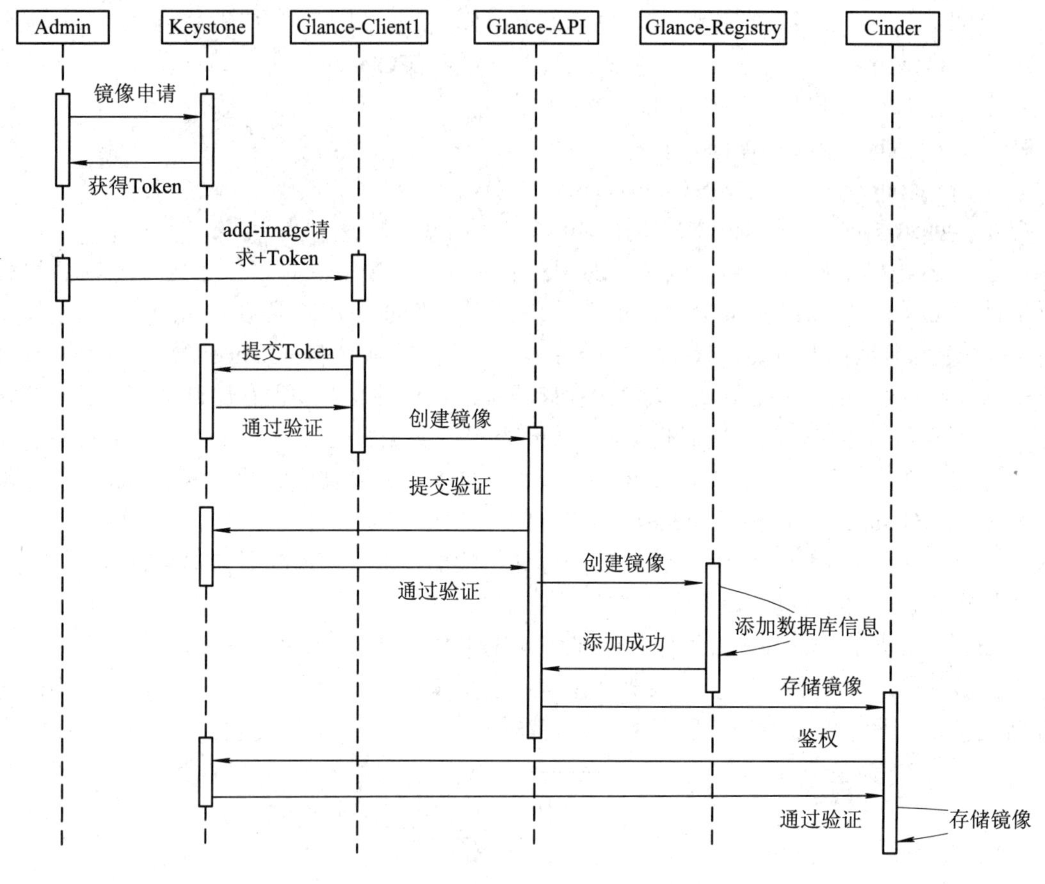


图 5-10　Glance 工作时序图

## 5.5　Glance 安装与部署

一般来讲，在 Keystone 的部署之后，首先要完成的就是关于镜像管理组件的 Glance 的安装。本节主要介绍 Grizzly 版 OpenStack 中 Glance 组件的部署过程。

### 5.5.1　准备工作

安装 Glance 的准备工作需要两个因素：keystone 和 Ubuntu12.04 关于 Grizzly 的更新源的设置。

#### 1. keystone 的安装

和其他组件安装一样，keystone 的安装和配置是 Glance 组件部署的前提。Glance 在安装时需要与 keystone 进行初步的身份信息的核实，并且在第四章中已经对 keystone 的安装过程进行了详细的介绍。在安装 Glance 之前我们可以通过 keystone user-list 查看 keystone

中已经注册的用户，对 Glance 用户信息予以确认。一般来讲，列表中应该包含 OpenStack 所包含的所有组件，如图 5-11 所示。

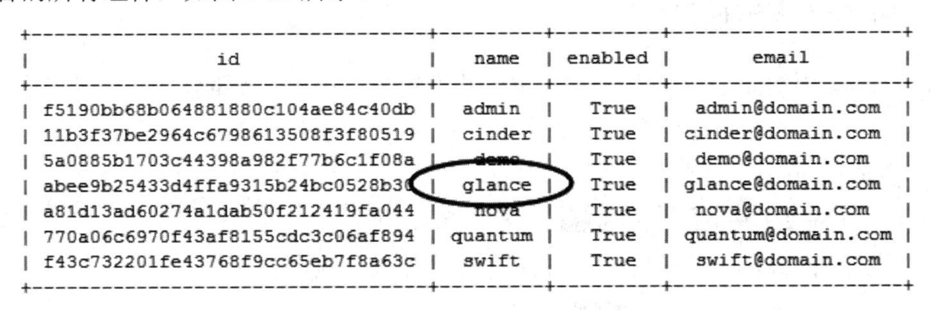

| id | name | enabled | email |
|---|---|---|---|
| f5190bb68b064881880c104ae84c40db | admin | True | admin@domain.com |
| 11b3f37be2964c6798613508f3f80519 | cinder | True | cinder@domain.com |
| 5a0885b1703c44398a982f77b6c1f08a | demo | True | demo@domain.com |
| abee9b25433d4ffa9315b24bc0528b30 | glance | True | glance@domain.com |
| a81d13ad60274a1dab50f212419fa044 | nova | True | nova@domain.com |
| 770a06c6970f43af8155cdc3c06af894 | quantum | True | quantum@domain.com |
| f43c732201fe43768f9cc65eb7f8a63c | swift | True | swift@domain.com |

图 5-11　keystone 中用户列表

### 2. Grizzly 更新源的设置

一般安装 Grizzly 版的 OpenStack 都需要在 /etc/apt/sources.list.d/ 下的 grizzly.list 文件里设置 ubuntu 的系统更新源，这在第四章中有详细说明，这里就不再赘述。

### 3. img 格式镜像文件生成

在 OpenStack 中的镜像基本上有两种形式：由 Glance 直接上传或创建的镜像文件和系统快照。这两种镜像文件都可以用于虚拟机的模板，但其格式必须是以 img 为扩展名的镜像文件。

关于 OpenStack 所需镜像的生成，其基本原理借助虚拟化技术，把一个系统的镜像(最常见的 .iOS 格式)，像用 iOS 系统镜像安装系统一样，将其转化成一个 OpenStack 的镜像文件(.img 格式)。本节镜像制作方法是基于 KVM，以一个常见的 Linux 操作系统为例介绍整个镜像制作的一般过程。

KVM 是 OpenStack 中低层虚拟化技术的核心，镜像的制作实质上就是用 KVM 首先创建一块虚拟的硬盘，然后使用.iOS 格式的系统镜像文件把操作系统安装在这块虚拟的磁盘上，这块虚拟磁盘就是 OpenStack 中的.img 格式的镜像文件。下面是镜像制作的具体过程：

(1) 用以下命令创建一个虚拟硬盘：

```
kvm-img create –f raw linux.img 10G
```

注：上述命令是使用 kvm-img 指令，创建一个 raw 格式的名为 linux.img 的 10G 的虚拟硬盘。

(2) 部署虚拟机镜像：

将事先准备好的 ubuntu-12.04-desktop-amd64.iso 文件通过以下命令，引导启动，经操作系统安装在虚拟硬盘 linux.img 之上。

```
kvm –m 1024 –cdrom linux.iso –driver file=linux.img –boot d –nographic –vnc:5
```

注：-m：内存参数(1G 内存)；

-vnc：5 指定 vnc 访问的端口为 5。

按照上述步骤可以生成一个 Ubuntu 的镜像文件，读者可以使用 Glance 将上述镜像上传至 OpenStack 中，该镜像就可以在 OpenStack 中部署 Ubuntu12.04 的虚拟机。但需要说明的是上述过程适用于 Linux 的镜像，并不适用 Windows 操作系统的使用。因为在制作 Windows 镜像的同时，需要安装 virtio 网卡驱动，相对而言稍显复杂。读者可以参考其他资料，这里不再赘述。

## 5.5.2　Glance 安装过程

OpenStack 中 Glance 的安装，相对来讲并不复杂，基本上按照以下几个步骤就能完成部署。

### 1．安装 Glance

```
root@ubuntu:/# apt-get install glance
```

注：通过 apt-get 命令可以直接安装 Glance 组件。

### 2．删除 Glance 默认的 sqlite 数据库

经过上一步的操作以后，在/var/lib/glance 下会生成一个 glance.sqlite 文件，这是 Glance 组件默认的数据库文件，由于整个 OpenStack 采用 MySQL 数据库，所以要将这个文件删除，在 MySQL 中创建 Glance 数据库。

```
root@ubuntu:/# rm -f /var/lib/glance/glance.sqlite
```

### 3．创建 Glance 数据库

上一步骤中/var/lib/glance/glance.sqlite 数据库文件已经删除，所以需要在 MySQL 中创建 Glance 数据库。

```
//登录数据库
root@ubuntu:/#mysql -uroot -pmysql
//常见数据库
mysql> create database glance;
//授权 glance 数据库的访问权限，并设置该数据库的密码
mysql> grant all on glance.* to 'glance'@'%' identified by 'glance';
mysql> flush privileges;
```

### 4．修改/etc/glance/glance-api.conf 配置文件

Glance 组件一旦安装成功，需要修改其对应的 glance-api.conf 配置文件，在配置文件中需要注意以下几项内容：

- 数据库连接字符串(sql_connection)；
- Registry Server 的网络地址(registry_host)；
- Notification System Options 中消息队列选项 notifier_strategy；
- Notification 的队列的网络地址 rabbit_host；
- 选项[keystone_authtoken]中 keystone 的网络地址 auth_host；
- 选项[keystone_authtoken]中管理员所在租户名称 admin_tenant_name；
- 选项[keystone_authtoken]中管理员的用户名 admin_user；
- 选项[keystone_authtoken]中管理员的用户名相对应的口令 admin_password；
- Paste 配置文件的路径(Glance 默认是当前路径下，笔者认为为了保险起见，应修改成绝对路径)；
- Paste 配置文件中认证组件名称 flavor。

另外，还存在一些可选项：

- 关于安装信息的输出选项 debug 和 verbose；
- 当前物理主机 CPU 的个数 worker。

下面是笔者自己部署 Glance 组件时以上参数的配置，可供参考，大家可以根据自己系统的实际情况进行相应的调整。

使用以下命令打开/etc/glance/glance-api.conf 文件，按如下内容进行参数修改。

```
root@ubuntu: /# vim /etc/glance glance-api.conf
```

修改下列参数选项：

```
sql_connection = mysql://glance:glance@192.168.10.241/glance
```

注：笔者在创建 Glance 数据库时，数据库名称和密码均为“glance”。

```
workers = 4
```

注：workers 为可选项，可以根据实际计算机的配置填写。

```
registry_host = 192.168.10.241        //本机 IP 地址
notifier_strategy = rabbi             //消息队列采用 rabbit
rabbit_host = 192.168.10.241          //rabbit 所在的机器的 IP 地址
```

注：OpenStack 中所有组件默认采用 rabbit 消息机制。

```
[keystone_authtoken]
auth_host = 192.168.10.241
admin_tenant_name = admin
```

注：Glance 的租户采用 admin 租户，该租户信息在 Keystone 创建的时候在租户表中已经存在。

```
admin_user =admin
admin_password = openstack
```

注：必须与系统管理员用户信息一致，否则出错！

```
[paste_deploy]
config_file = /etc/glance/glance-api-paste.ini
flavor = keystone
```

注：选择使用 keystone 进行身份认证。

### 5. 修改 /etc/glance/glance-registry.conf

关于 glance-registry.conf 文件的配置，与 glance-api.conf 的配置一样，在这个配置文件中需要注意一下几项内容：

- 数据库连接字符串 sql_connection；
- 选项[keystone_authtoken]中 keystone 的网络地址 auth_host；
- 选项[keystone_authtoken]中管理员所在租户名称 admin_tenant_name；
- 选项[keystone_authtoken]中管理员的用户名 admin_user；
- 选项[keystone_authtoken]中管理员的用户名相对应的口令 admin_password；
- Paste 配置文件的路径(Glance 默认是当前路径下，笔者认为为了保险起见，应修改成绝对路径)；

● Paste 配置文件中认证组件名称 flavor。

下面是笔者自己部署 Glance 组件时以上参数的配置，仅供参考，大家可以根据自己系统的实际情况进行相应的调整。

使用以下命令打开/etc/glance/glance-registry.conf 文件，按如下内容进行参数修改。

```
root@ubuntu: /# vim /etc/glance glance-registry.conf
```

修改下列参数选项：

```
sql_connection = mysql://glance:glance@192.168.10.241/glance
```

注：该配置文件需要连接的数据库与 glance-api.conf 配置文件都是 Glance 数据库，密码和数据库名称均为“glance”。

```
[keystone_authtoken]
auth_host = 192.168.10.241
admin_tenant_name = admin
admin_user = admin
admin_password = openstack
```

注：必须与系统管理员用户信息一致，否则出错！

```
[paste_deploy]
config_file = /etc/glance/glance-registry-paste.ini
flavor = keystone
```

#### 6. 重启 Glance 服务

在完成以上步骤后，需要重新启动 Glance 服务，使刚刚所配置的选项生效。使用下列命令重启 Glance。

```
root@ubuntu:/# service glance-api restart
root@ubuntu:/# service glance-registry restart
```

注：与 Glance 相关的服务由 Glance-API 和 Glance-Registry 组成，分别重启这两个服务。

#### 7. 同步数据库

将刚刚对 Glance 的修改同步保存至数据库中，参照如下操作进行。

```
root@ubuntu:/# glance-manage version_control 0
root@ubuntu:/# glance-manage db_sync
```

### 5.5.3 验证 Glance 的安装

完成以上安装过程后需要检查 Glance 是否部署成功，可以首先使用 glance image-list 命令查看当前系统中是否存在镜像。本节从上传镜像和修改镜像的使用权限两个方面验证 Glance 是否正确安装。

#### 1. 上传镜像

在完成以上步骤并使用 glance image-list 后，应该没有任何结果，因为刚刚安装完成 Glance 的部署，系统中并没有镜像文件存在，所以读者应该看不到任何的镜像文件。

在验证 Glance 组件之前，笔者事先在/root 下保存了一个名为 winxp-newclean.img 的镜像文件(如图 5-12 所示)。接下来就可以基于该文件，创建一个 winxp 系统镜像。

```
root@ubuntu:~# cd /root
root@ubuntu:~# ls
create  export.sh  grant  keystone.sh  rec.txt  winxp-newclean.img
root@ubuntu:~#
```

图 5-12　镜像文件

使用命令 glance image-create 可以创建一个镜像，如下所示：

```
root@ubuntu:/#glance image-create --name='winxp' --public --container-format=ovf --disk-format=
qcow2 </root/winxp-newclean.img
```

注：上述 glance image-create 能够以 winxp-newclean.img 为镜像文件，创建一个名为 winxp 的系统模板。表 5-3 中所示为上述命令中相关参数的说明：

**表 5-3　glance image-create 参数说明**

| 参数名 | 说　明 |
|---|---|
| --name | 系统镜像名称 |
| --public | 镜像的使用权限 |
| --container-format | 默认为 ovf |
| --disk-format | 镜像存储磁盘格式 |
| < | 指示待上传的源系统镜像文件为路径 |

执行上述指令以后，读者可以使用如下指令查看 Glance 管理的镜像信息。

```
root@ubuntu:~# glance image-list
```

结果：

```
+--------------------------------------+-------+-------------+------------------+-----------+--------+
| ID                                   | Name  | Disk Format | Container Format | Size      | Status |
+--------------------------------------+-------+-------------+------------------+-----------+--------+
| 40056951-e712-47f2-b91b-a3c03cd37dbe | winxp | qcow2       | ovf              | 920846336 | active |
+--------------------------------------+-------+-------------+------------------+-----------+--------+
```

从结果中可以看到，刚刚创建的 winxp 系统镜像的 ID、name、磁盘格式和状态等信息，在后续组件安装部署完毕以后，就可以使用该模板生成若干 winxp 的操作系统，也就是一个个的虚拟机。

### 2．镜像使用权限设置

一旦镜像上传(创建)成功，通过 glance image-list 可以查看 Glance 中的镜像信息，Glance 数据库中镜像表 images 中，每一条记录都有一个 is_public 的属性，该属性是一个逻辑值，若该属性的值为 1，则表明其对应的镜像可以分配给 OpenStack 其他租户使用，反之则不可以。本小节验证的主要内容是将一个镜像文件共享给其他租户使用。

目前 Glance 数据库中有一个可以提供给其他租户使用的镜像文件，该文件的 id 为“40056951-e712-47f2-b91b-a3c03cd37dbe”(从上述查看过程的结果中看到)，另外 keystone 中存在一个 Demo 的租户(可以使用 4.5 节中的方法查询该租户的信息)，该租户的 id 为“d7eea0733454448c8fc08c3edc7f2965”，可通过命令 glance member-add 添加某一个租户的使用权到该镜像文件上，命令如下：

```
root@ubuntu:/# glance member-add 40056951-e712-47f2-b91b-a3c03cd37dbe d7eea0733454448c8
fc08c3edc7f2965
```

在数据库中可以看到 Glance 数据库中的 image_member 表中添加了一条记录，说明 Demo 租户拥有了镜像的使用权(如图 5-13 所示)。

```
mysql> select image_id,member from image_members;
+--------------------------------------+----------------------------------+
| image_id                             | member                           |
+--------------------------------------+----------------------------------+
| 40056951-e712-47f2-b91b-a3c03cd37dbe | d7eea0733454448c8fc08c3edc7f2965 |
+--------------------------------------+----------------------------------+
1 row in set (0.00 sec)
```

图 5-13　添加记录后的 image_member 表

## 5.6　镜像制作

通过上一小节中的内容分析，读者已经对 OpenStack 的 Glance 组件的安装比较熟悉，本小节中针对 OpenStack 中系统镜像(.img 格式)的制作进行详细说明。

在 OpenStack 中可以使用 KVM 实现镜像的制作，其实质是一种系统镜像文件格式的转换(将.ios 的系统镜像转换成.img 格式)，但在进行 .img 镜像制作之前需要准备以下软件或系统文件：

(1) virtio-win-1.1.16.vfd 驱动；

(2) virtio-win-0.1-15.iso 驱动；

(3) 系统镜像文件(*.iso)。

virtio-win-1.1.16.vfd 驱动和 virtio-win-0.1-15.iso 驱动是生成 Windows 镜像的必备驱动，若没有这两个驱动那么生成的镜像文件不能正常启动。下面以在 Ubuntu 系统下 Windows 镜像和 Ubuntu 镜像的制作过程为例进行介绍，仅供读者参考。

### 5.6.1　Ubuntu 镜像的制作

制作 Ubuntu 系统镜像的过程相对比较简单，在制作过程中并不需要加载上述内容中的 virtio-win-1.1.16.vfd 和 virtio-win-0.1-15.iso 两个驱动，基本上可以分成以下几个步骤：

#### 1．系统准备

下载和准备 ubuntu-12.04-server-amd64.iso 文件。

#### 2．创建“硬盘”

```
root@ubuntu:~#kvm-img create -f raw ubuntu12.04.img 20G
```

使用上述命令，创建一个大小为 20 G 的镜像“硬盘”，其格式是 raw 格式(raw 格式讲解见前面章节)。

#### 3．将系统引导至上一步骤创建的“硬盘”上

```
root@ubuntu:~#kvm -m 1024 -cdrom ubuntu-12.04-server-amd64.iso -drive file=ubuntu12.04.img
-boot d nographic -vnc:10
```

上述命令能够将 ubuntu-12.04-server-amd64.iso 系统文件上传至服务器上，结合刚创建镜像的‘硬盘’引导启动 ubuntu12.04 系统安装。需要特别说明的是：-vnc 参数允许其他机器远程登录，便于登录到这个引导界面进行安装操作。

#### 4. 监控系统安装过程

```
root@ubuntu:~#vncviewer 192.168.1.187:5910
```

上述命令能够使用 vnc 登录引导界面后按照屏幕的提示完成 ubuntu 的安装工作。

#### 5. 重启虚拟机镜像

```
root@ubuntu:~#kvm -m 1024 -derive file=ubuntu12.04.img.if=virtio,index=0,boot=on -boot
c -net nic -net user -nographic -vnc:10
```

#### 6. 使用 Glance 发布镜像

```
root@ubuntu:~#glance add name="ubuntu" is_public=true container_format=ovf
disk_format=raw < ubuntu12.04.img
```

该步骤与 5.5 节中内容重复，笔者不再赘述。

### 5.6.2 Windows 镜像的制作

和上述过程相比，Windows 镜像的制作稍微存在一定的差异，因为在 Windows 系统镜像的生成过程中需要添加 virtio 的软盘驱动文件(virtio-win-1.1.16.vfd)，和一个 virtio 的光盘驱动文件(virtio-win-0.1-15.iso)，但基本流程和思路和 Ubuntu 的制作过程相似。其基本步骤如下：

(1) 系统准备。

下载和准备 WinXP.iso 文件。

(2) 创建“硬盘”。

```
root@ubuntu:~#kvm-img create -f raw winxp-mac.img 20G
```

与 5.6.1 节相似，创建一个大小 20G 的镜像“硬盘”，其格式是 raw 格式。

(3) 将系统引导至上一步骤创建的“硬盘”上。

```
root@ubuntu:~#kvm -m 1024 -drive file=win7-release.img,cache=writeback,if=virtio, boot=on –fda
virtio-win-1.1.16.vfd -cdrom WIN7_X64.iso -net nic -net user -boot order=d, menu=on -usbdevice tablet
-nographic -vnc :11
```

使用 WinXP.iso 与创建的“硬盘”引导启动系统，并映射驱动 vfd 到软盘，同时开启 bioa 启动选择菜单。

注：这句话执行后，使用 vncviewer 127.0.0.1:11 进入安装界面。安装完成后使用命令 kill 掉 KVM 进程。

(4) 重启虚拟机镜像，加载 virtio 驱动。

```
root@ubuntu:~#kvm -m 1024 -drive file=win7-x86.img,cache=writeback,if=virtio,boot=on –cdrom
virtio-win-0.1-15.iso -net nic,model=virtio -net user -boot order=c -usbdevice tablet -nographic -vnc :11
```

(5) 上传镜像。

上传镜像是将已经生成的.img 文件拷贝至存储服务器，然后再使用 Glance 命令发布在

OpenStack 平台上。

由于生成的 Windows 镜像文件比较大，一般上传镜像文件的方法是使用文件系统挂载。例如：

```
root@ubuntu:~#mount /dev/sdb -o iocharset=utf8 /mnt
```

然后，再通过 cp 命令将文件拷贝至相关文件存储路径下。

(6) 发布镜像。

```
root@ubuntu:~#glance add name="win7-x86" is_public=true container_format=ovf disk_format=raw < win7-x86.img
```

# 第六章　Storage 分布式存储组件

OpenStack 有三个与存储相关的组件，这三个组件被人熟知的程度和组件本身出现时间的早晚是相符的，按组件被人熟悉程度排列如下：

Swift：提供对象存储(Object Storage)，在概念上类似于 Amazon S3 服务，不过 Swift 具有很强的扩展性、冗余性和持久性，也兼容 S3 API。对象存储支持多种应用，比如复制和存档数据、图像或视频服务，存储次级静态数据，开发数据存储整合的新应用，存储容量难以估计的数据，为 Web 应用创建基于云的弹性存储。

Glance：提供虚机镜像(Image)存储和管理，它能够以三种形式加以配置。利用 OpenStack 对象存储机制来存储镜像；利用 Amazon 的简单存储解决方案(简称 S3)直接存储信息；将 S3 存储与对象存储结合起来，作为 S3 访问的连接器。OpenStack 镜像服务支持多种虚拟机镜像格式，包括 VMware(VMDK)、Amazon 镜像(AKI、ARI、AMI)以及 VirtualBox 所支持的各种磁盘格式。镜像元数据的容器格式包括 Amazon 的 AKI、ARI、AMI 信息，以及标准 OVF 格式和二进制大型数据。

Cinder：提供块存储(Block Storage)，类似于 Amazon 的 EBS 块存储服务，OpenStack 中的实例是不能持久化的，需要挂载 Volume，在 Volume 中实现持久化。Cinder 就是提供对 Volume 所需的存储块单元的实际管理功能。

Amazon 一直是 OpenStack 设计之初的假想对手和挑战对象，所以基本上关键的功能模块都有对应项目。除了上面提到的三个组件，对于 AWS 中的重要的 EC2 服务，OpenStack 中是 Nova 来对应，并且保持和 EC2 API 的兼容性，有不同的方法可以实现。

三个组件中，Glance 主要是虚拟机镜像的管理，所以相对简单，本书第五章已做过介绍，在此不再赘述。Swift 作为对象存储已经很成熟。Cinder 是比较晚出现的块存储机制，设计理念不错，并且和商业存储有结合的机会，所以厂商比较积极参与到 Cinder 的开发之中。三个存储组件与 Amazon 产品的对应关系如表 6-1 所示。OpenStack Swift 是对象存储示例，它在概念上与 Amazon Simple Storage Service 类似。与之相反，OpenStack Cinder 表示块存储，类似于 Amazon Elastic Block Store。

**表 6-1　存储组件与 Amazon 产品的对应关系**

| 项目 | 组　件 | 描　述 | 对应 Amazon 产品 |
|---|---|---|---|
| Swift | Object Storage as a service | 对象存储 | Amazon S3 |
| Glance | Image as a service | VM 磁盘镜像存储和管理 | Amazon AMI catalog |
| Cinder | Block Storage as a service | 块存储 | Amazon EBS |

# 6.1 Swift 对象存储

OpenStack Object Storage(Swift)是 OpenStack 开源云计算项目的子项目之一，被称为对象存储，提供了强大的扩展性、冗余和持久性。Swift 并不是文件系统或者实时的数据存储系统，它是一种基于对象的存储系统，用于永久类型的静态数据的长期存储，这些数据可以检索、调整，必要时进行更新。如果将 object(可以理解为文件)存储到 bucket(可以理解为文件夹)里，可以用 Swift 创建容器，然后上传文件，例如视频、照片，这些文件会被复制到不同服务器上以保证可靠性。所谓的云存储，OpenStack 就是用 Swift 实现的，类似于 Amazon AWS S3(Simple Storage Service)。

Swift 前身是 Rackspace Cloud Files 项目，随着 Rackspace 加入到 OpenStack 社区，于 2010 年 7 月贡献给 OpenStack，作为该开源项目的一部分。Swift 简单、冗余、可扩展的架构设计保证了它能够用于 IaaS 的基础服务。在 Rackspace Cloud Files 服务两年的运行积累使得 Swift 代码变得越来越成熟，目前已部署在全球各地的公有云、私有云服务中。随着 OpenStack 的不断完善和发展，Swift 将得到更广泛的应用。Swift 目前的最新版本是 OpenStack Havana。Havana 版本中 Swift 新增特性如下：

- Multiple-Region-Replication：支持对象异地复制容灾；
- Memcache：增加对轮询 Memcache 连接的支持；
- More-Optimization：并发 IO 支持，多网段分流支持，在多地复制情况下加强不同 Proxy-Server 的亲和度。

以上介绍了 Swift 的基本概念，另外，还需了解对象存储的两个主要的概念：对象和容器。

对象就是主要存储实体。对象中包括与 OpenStack Object Storage 系统中存储的文件相关的内容和所有可选元数据。数据保存为未压缩、未加密的格式，包含对象名称、对象的容器以及键值对形式的所有元数据。对象分布在整个数据中心的多个磁盘中，Swift 可以借此确保数据的复制和完整性。

容器是用于存储一组文件的一个存储室。容器无法被嵌套，但一个租户可以创建无限数量的容器。对象必须存储在容器中，所以需要至少拥有一个容器来使用对象存储。

与传统的文件服务器不同，Swift 是横跨多个系统进行分布的。它会自动存储每个对象的冗余副本，从而最大程度地提高可用性和可扩展性。另外，Swift 对象的版本控制可以为数据意外丢失或覆盖提供额外保护。

## 6.1.1 基本原理

了解了 Swift 对象存储的概念之后，我们将对 Swift 对象存储的基本原理做以下几方面的介绍。

### 1. 一致性散列

面对海量级别的对象，需要存放在成千上万台服务器和硬盘设备上，首先要解决寻址问题，即如何将对象分布到这些设备地址上。Swift是基于一致性散列技术，通过计算可将对象均匀分布到虚拟空间的虚拟节点上，在增加或删除节点时可大大减少需移动的数据量；虚拟空间大小通常采用2的n次幂表示，便于进行高效的移位操作；然后通过独特的数据结构Ring(环)再将虚拟节点映射到实际的物理存储设备上，完成寻址过程。

如图6-1中所示，以逆时针方向递增的散列空间有4个字节长，共32位，整数范围是[0～$2^{32}-1$]；将散列结果右移m位，可产生$2^{32-m}$个虚拟节点，例如m = 29时可产生8个虚拟节点。在实际部署的时候需要经过仔细计算得到合适的虚拟节点数，以达到存储空间和工作负载之间的平衡。

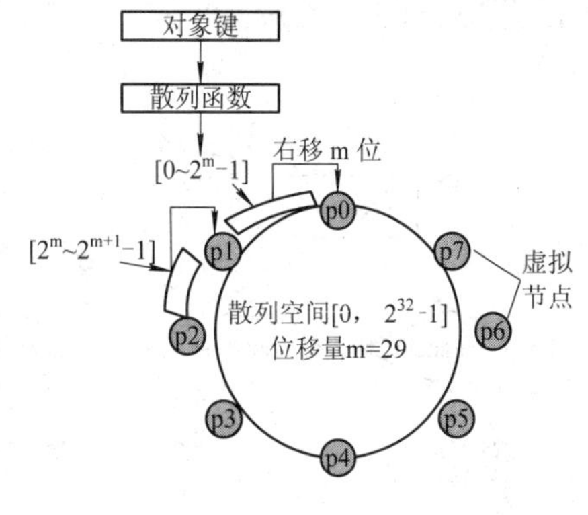


图6-1 一致性散列

2. 数据一致性模型

按照Eric Brewer的CAP(Consistency、Availability、Partition Tolerance)理论，在一个大规模分布式数据库系统中，有三个特性是彼此循环依赖的：一致性、可用性和分区耐受性。对于任意给定的系统，只能强化其中两个特性，无法同时满足三个方面的要求，Swift放弃严格一致性(满足ACID事务级别)，而采用最终一致性模型(Eventual Consistency)来达到高可用性和无限水平扩展能力。为了实现这一目标，Swift采用Quorum仲裁协议(Quorum有法定投票人数的含义)。在其定义中，规定N为数据的副本总数，W为写操作被确认接受的副本数量，R为读操作的副本数量。在Quorum仲裁协议中又分为强一致性模型和弱一致性模型。

强一致性：R + W > N，以保证对副本的读写操作会产生交集，从而保证可以读取到最新版本；如果 W = N，R = 1，则需要全部更新，适合大量读少量写操作场景下的强一致性；如果R = N，W = 1，则只更新一个副本，通过读取全部副本来得到最新版本，适合大量写少量读场景下的强一致性。

弱一致性：R + W <= N，如果读写操作的副本集合不产生交集，就可能会读到脏数据(脏数据指在物理上临时存在过，但在逻辑上不存在的数据)；适合对一致性要求比较低的场景。

Swift针对的是读写都比较频繁的场景，所以采用了比较折中的策略，即写操作需要满足至少一半以上成功(W > N/2)，再保证读操作与写操作的副本集合至少产生一个交集，即R + W > N。Swift默认配置是N = 3，W = 2 > N/2，R = 1或2，即每个对象会存在3个副本，这些副本会尽量被存储在不同区域的节点上；W = 2表示至少需要更新2个副本才算写成功；当R=1时意味着某一个读操作成功便立刻返回，此种情况下可能会读取到旧版本(弱一致性模型)；当R = 2时，需要通过在读操作请求增加“x-newest = true”参数来同时读取2个副本的元数据信息，然后比较时间戳来确定哪个是最新版本(强一致性模型)；如果数据出现了不一致，后台服务进程会在一定时间窗口内通过检测和复制协议来完成数据同步，从而保证达到最终一致性。

3. 数据模型

Swift采用层次数据模型，共设三层逻辑结构：Account/Container/Object(即账户/容器/

对象)，每层节点数均没有限制，可以任意扩展。这里的账户和个人账户不是一个概念，可理解为租户，用来做顶层的隔离机制，可以被多个个人账户所共同使用；容器代表封装一组对象，类似文件夹或目录；叶子节点代表对象，由元数据和内容两部分组成，如图 6-2 所示。

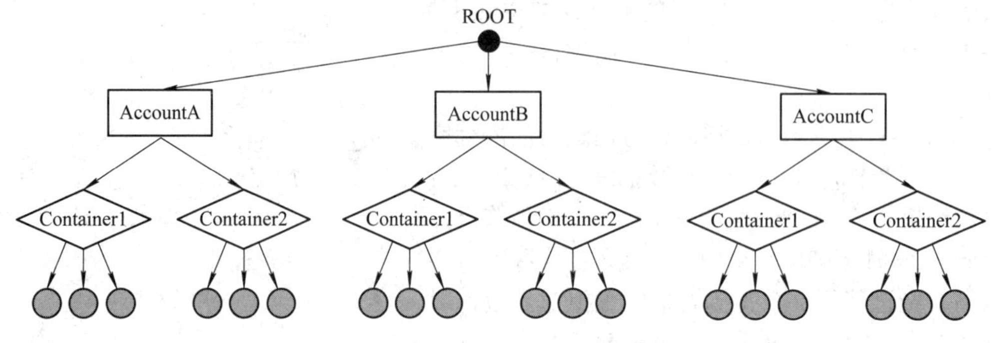


图 6-2　Swift 数据模型

4．环的数据模型

环是为了将虚拟节点(分区)映射到一组物理存储设备上，并提供一定的冗余度而设计的，其数据结构由以下信息组成，存储设备列表、设备信息包括唯一标识号(id)、区域号(zone)、权重(weight)、IP 地址(ip)、端口(port)、设备名称(device)、元数据(meta)。

以查找一个对象的计算过程为例，如图 6-3 所示。使用对象的层次结构 account/container/object 作为键，使用 MD5 散列算法得到一个散列值，对该散列值的前 4 个字节进行右移操作得到分区索引号，移动位数由上面的 part_shift 设置指定；按照分区索引号在分区到设备映射表(replica2part2dev_id)里查找该对象所在分区对应的所有设备编号，这些设备会被尽量选择部署在不同区域(Zone)内，区域只是个抽象概念，它可以是某台机器，某个机架，甚至某个建筑内的机群，以提供最高级别的冗余性，建议至少部署 5 个区域。权重参数是个相对值，可以根据磁盘的大小来调节，权重越大表示可分配的空间越多，可部署更多的分区。

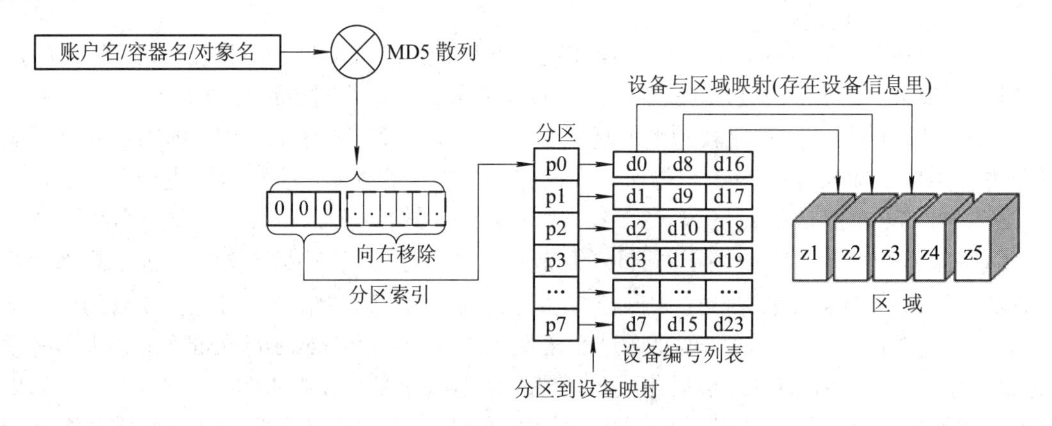


图 6-3　查找对象的计算过程

## 6.1.2　Swift 架构及主要组件

在理解了 Swift 基本原理之后，需要对 Swift 的架构有所了解。Swift 采用完全对称、面向资源的分布式系统架构设计，所有组件都可扩展，避免因单点失效而扩散并影响整个系统运行；通信方式采用非阻塞式 I/O 模式，提高了系统吞吐和响应能力。其架构如图 6-4 所示，代理服务器为 Swift 架构的其余部分提供一个统一的界面。它接收创建容器、上传文件或修改元数据的请求，还可以提供容器清单或展示存储的文件。当收到请求时，代理服务器会确定账户、容器或对象在环中的位置，并将请求转发至相关的服务器。对象服务器上传、修改和检索存储在它所管理的设备上的对象(通常为文件)。而容器服务器则会处理特定容器的对象分配，并根据请求提供容器清单，可以跨集群复制该清单。账户服务器通过使用对象存储服务来管理账户，它的操作类似于在内部提供了清单的容器服务器。

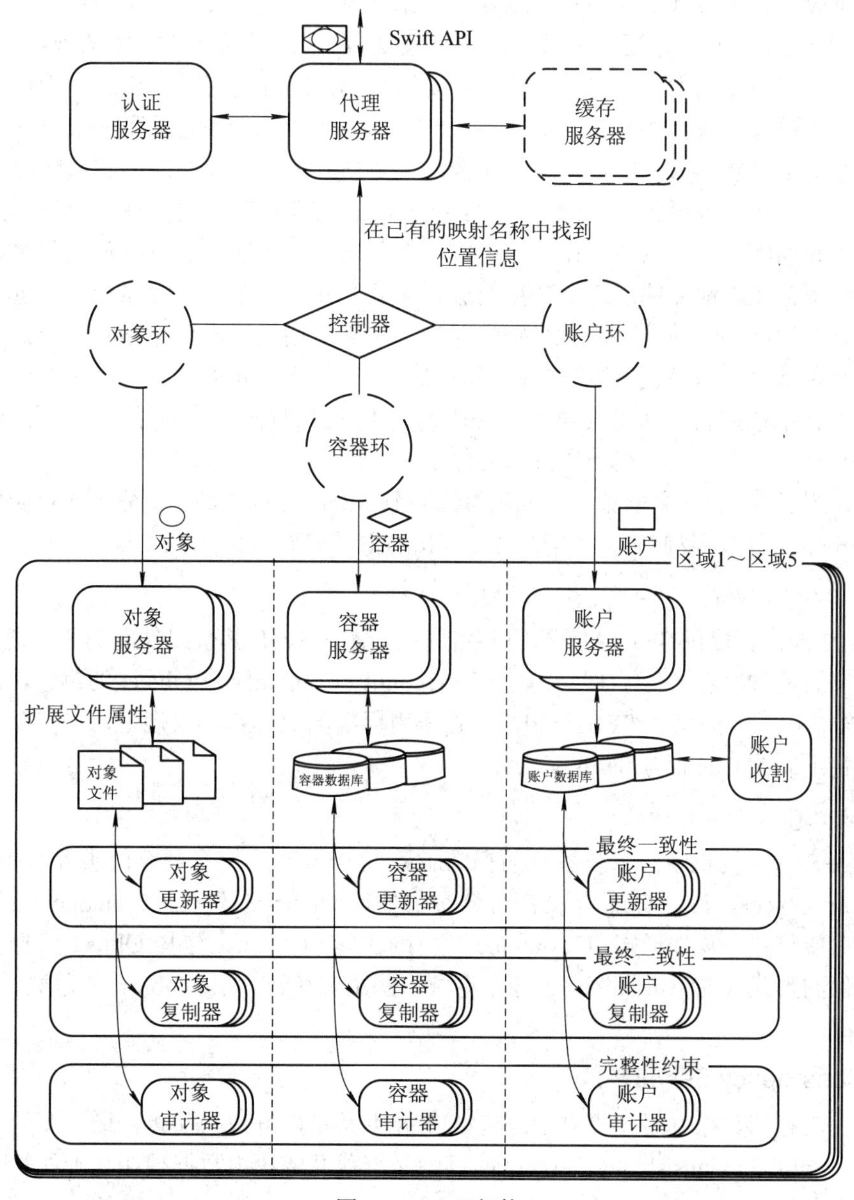


图 6-4　Swift 架构

在图 6-4 所示的架构图中，除以上介绍的服务器之间的工作流程外，还有几种预定的内部管理流程可以管理数据存储，包括复制服务(replicator)、审计程序(auditor)和更新程序(updater)。其中复制服务是至关重要的流程，可确保整个集群的一致性和可用性。由于对象存储的一个主要优点是其分布式存储特性，所以 OpenStack 必须在瞬态错误条件下确保获得一致的状态。复制服务通过定期对比本地数据与远程副本，以确保所有副本都包含最新版本来实现分布式存储。另外，为了最大程度地减少进行对比所需的网络流量，该服务创建了每个分区分段的一个散列表(hash table)，并比较这些列表。容器和账户复制也可以使用散列，但通过高水位标记(high-water mark)对这些散列进行了补充。实际的更新被推送，通常使用 rsync 来复制对象、容器和账户。在删除对象、容器或账户时，复制器(replicator)还会执行垃圾收集来实施一致的数据删除。在删除时，系统会使用一个图片来标记最新版本，这样做的目的在于告诉复制器可以从所有重复的节点中删除对象、容器或账户的信号。

即使是最好的复制设计，也只在拥有实现该复制的组件时有效，不过，无论是硬件故障还是软件故障，还是因为产品能力不足，生产环境都必须能够重现这些故障。在 Swift 中，该操作是由更新程序和审计程序来完成的。更新程序负责在系统面临故障时确保系统的完整性。当复制服务遇到一个问题，并且无法更新容器或账户时，就会出现一段时间的不一致，在此期间，对象虽然存在于存储中，但并未列出所在容器或账户服务器。在这种情况下，系统会在本地文件系统上对更新进行排队，并有一个更新程序会定期重试更新。审计程序对这种不一致性提供额外级别的保护，它们定期扫描本地存储库，验证账户、容器和对象的完整性，在确认元素有任何损坏时，审计程序会隔离该元素，并使用来自另一个复制物的副本替换它。如果发现了无法协调的不一致性(例如，对象不属于任何容器)，审计程序就会将该错误记录在一个日志文件中。

以上介绍了 Swift 的主要架构，我们可以看到 Swift 架构主要基于分布式存储理念。在深入分析 Swift 之前，我们先来了解一下 Swift 的主要组件。

### 1．Proxy Server

Proxy Server 是提供 Swift API 的服务器进程，负责 Swift 其余组件间的相互通信。对于每个客户端的请求，它将在环(Ring)中查询 Account、Container 或 Object 的位置，并且相应地转发请求。Proxy 提供了 REST API，并且采用标准的 HTTP 协议规范，这使得开发者可以快捷构建定制的 Client 与 Swift 交互。

### 2．Storage Server

Storage Server 提供了磁盘设备上的存储服务。在 Swift 中有三类存储服务器：Account、Container 和 Object。其中 Container 服务器负责处理 Object 的列表，Container 服务器并不知道对象存放位置，只知道指定 Container 里存放哪些 Object。这些 Object 信息以 SQlite 数据库文件的形式存储。Container 服务器也做一些跟踪统计，例如 Object 的总数、Container 的使用情况。

### 3．Consistency Server

在磁盘上存储数据并对外提供 REST API 并不是难以解决的问题，最主要的问题在于故障处理。Swift 的 Consistency Servers 的目的是查找并解决由数据损坏和硬件故障引起的错误，它主要包含三个 Server 程序：Auditor、Update 和 Replicator。Auditor 在每个 Swift 服务器的后台持续地扫描磁盘来检测对象、容器和账户的完整性。如果发现数据损坏，

Auditor 就会将该文件移动到隔离区域，然后由 Replicator 负责用一个完好的拷贝来替代该数据。图 6-5 给出了隔离对象的处理流图。在系统高负荷或者发生故障的情况下，容器或账户中的数据不会被立即更新。如果更新失败，该次更新在本地文件系统上会被加入队列，然后 Updaters 会继续处理这些失败了的更新工作，其中由 Account Updater 和 Container Updater 分别负责 Account 和 Object 列表的更新。Replicator 的功能是保证数据的存放位置正确并且保持数据的合理拷贝数，它的设计目的是 Swift 服务器在面临如网络中断或者驱动器故障等临时性故障情况时可以保持系统的一致性。

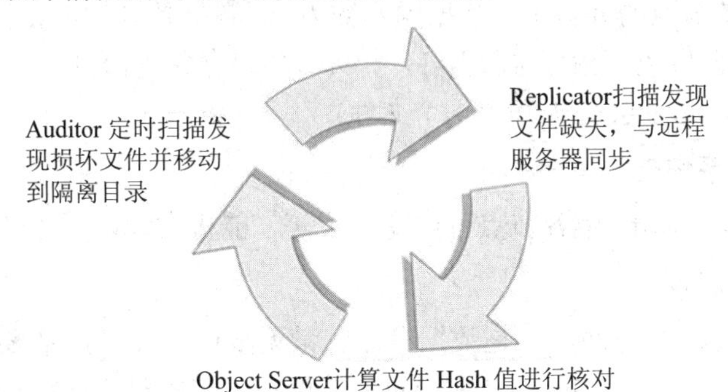


图 6-5　隔离对象的处理流

4．Ring

Ring 是 Swift 最重要的组件，用于记录存储对象与物理位置间的映射关系。在涉及查询 Account、Container、Object 信息时，就需要查询集群的 Ring 信息。Ring 使用 Zone、Device、Partition 和 Replica 来维护这些映射信息。Ring 中每个 Partition 在集群中都(默认)有 3 个 Replica。每个 Partition 的位置由 Ring 来维护，并存储在映射中。Ring 文件在系统初始化时创建，之后每次增减存储节点时，需要重新平衡一下 Ring 文件中的项目，以保证增减节点时，系统因此而发生迁移的文件数量最少。

Swift 通过 Proxy Server 向外提供基于 HTTP 的 REST 服务接口，对账户、容器和对象进行 CRUD 等操作。在访问 Swift 服务之前，需要先通过认证服务获取访问令牌，然后在发送的请求中加入头部信息“X-Auth-Token”。Swift 支持的所有操作可以总结为表 6-2。

表 6-2　Swift 支持的所有操作

| 资源类型 | URL | GET | PUT | POST | DELETE | HEAD |
|---|---|---|---|---|---|---|
| 账户 | /account/ | 获取容器列表 | — | — | — | 获取账户元数据 |
| 容器 | /account/container | 获取对象列表 | 创建容器 | 更新容器元数据 | 删除容器 | 获取容器元数据 |
| 对象 | /account/container/object | 获取对象内容和元数据 | 创建、更新或拷贝对象 | 更新对象元数据 | 删除对象 | 获取对象元数据 |

详细的 API 规范可以参考开发者指南。应用开发可采用 Swift 项目本身已经包含的 Python 的绑定实现。如果使用其他编程语言，可以参考 Rackspace 兼容 Swift 的 Cloud Files

API，同时 Swift 也支持 Java、.Net、Ruby、PHP 等语言绑定。

### 6.1.3 Swift 特性

在剖析了 Swift 的架构及主要组件之后，我们可以得出 Swift 的以下主要特性。

#### 1. 极高的数据持久性

数据的持久性是指数据存储到系统中后，到某一天数据丢失的可能性。Swift 在 5 个 Zone、5 × 10 个存储节点的环境下，数据副本数为 3，数据持久性的指标可以达到 10 个 9，而 Amazon S3 的数据持久性指标也仅为 11 个 9(即如果存储 1 万(4 个 0)个文件到 S3 中，1 千万(7 个 0)年之后，可能会丢失其中 1 个文件)。

#### 2. 完全对称的系统架构

“对称”意味着 Swift 中各节点可以完全对等，能极大地降低系统维护成本。

#### 3. 无限的可扩展性

这里的扩展性分两个方面，一是数据存储容量无限可扩展；二是 Swift 性能(如 QPS、吞吐量等)可线性提升。因为 Swift 是完全对称的架构，扩容只需简单地新增机器，系统会自动完成数据迁移等工作，使各存储节点重新达到平衡状态。

#### 4. 无单点故障

在互联网业务大规模应用的场景中，存储的单点故障一直是个难题。例如数据库系统中，一般的 HA(High Available，高可用性)方法只能设计包含主节点和从节点的主从式架构，并且主节点一般只有一个；还有一些其他开源存储系统的实现中，元数据信息的存储一直以来是个麻烦的问题，一般只能单点存储，而这个单点很容易成为瓶颈，并且一旦这个点出现差异，往往能影响到整个集群，典型的如 HDFS。而 Swift 的元数据存储是完全均匀随机分布的，并且与对象文件存储一样，元数据也会存储多份。整个 Swift 集群中没有一个角色是单点的，并且在架构和设计上保证无单点业务是有效的。

#### 5. 简单、可依赖

简单体现在架构优美、代码整洁、实现易懂，没有用到一些高深的分布式存储理论，而是很简单的原则。可依赖是指 Swift 经测试、分析之后，可以放心大胆地将 Swift 用于最核心的存储业务上，而不用担心 Swift 会出现问题，因为不管出现任何问题，都能通过日志、阅读代码迅速解决。

### 6.1.4 应用场景

Swift 提供的服务与 Amazon S3 相同，适用于许多应用场景，如网盘、公有云、备份归档等等。

#### 1. 网盘

Swift 的对称分布式架构和多代理多节点的设计导致它从本质上就适合于多用户、大并发的应用模式，最典型的应用莫过于类似 Dropbox 的网盘应用，Dropbox 已经突破一亿用户数，对于这种规模的访问，良好的架构设计是能够支撑其发展的根本原因。

Swift 的对称架构使得数据节点从逻辑上看处于同级别，每台节点上同时都具有数据和相关的元数据。并且元数据的核心数据结构使用的是哈希环，一致性哈希算法对于节点的增减都只需重定位环空间中的一小部分数据，具有较好的容错性和可扩展性。另外数据是无状态的，每个数据在磁盘上都是完整地被存储。这几点综合起来保证了存储本身良好的扩展性。

另外和应用的结合上，Swift 是遵循 HTTP 协议的，这使得应用和存储的交互变得简单，不需要考虑底层基础构架的细节，应用软件不需要进行任何的修改就可以让系统整体扩展到非常大的程度。

### 2. Iaas 公有云

Swift 在设计中的线性扩展、高并发和多租户支持等特性，使得它也非常适合作为 IaaS 的选择。公有云规模较大，更多的遇到大量虚拟机并发启动这种情况，所以对于虚拟机镜像的后台存储具体来说，实际上的挑战在于大数据(超过 GB)的并发读写性能。Swift 在 OpenStack 中一开始就是作为镜像库的后台存储，经过 Rackspace 上千台机器的部署规模下的数年实践，Swift 已经被证明是一个成熟的选择。

另外如果基于 IaaS 要提供上层的 SaaS 服务，多租户是一个不可避免的问题，Swift 的架构设计本身就是支持多租户的，这样对接起来更方便。

### 3. 备份文档

Rackspace 的主营业务就是数据的备份归档，所以 Swift 在这个领域也是久经考验，同时他们还延展出一种新业务——“热归档”。由于长尾效应，数据可能被调用的时间窗越来越长，热归档能够保证应用归档数据在分钟级别重新获取，相对传统磁带机归档方案中的数小时而言，是一个很大的进步。

### 4. 移动互联网和 CDN

移动互联网和手机游戏等产生大量的用户数据，数据量不是很大，但是用户数很多，这也是 Swift 能够处理的领域。

至于加上 CDN(Content Delivery Network，即内容分发网络)，如果使用 Swift，云存储就可以直接响应移动设备，不需要专门的服务器去响应这个 HTTP 的请求，也不需要在数据传输中再经过移动设备上的文件系统，直接使用 HTTP 协议上传云端。如果把经常被平台访问的数据缓存起来，利用一定的优化机制，数据可以从不同的地点分发到用户那里，这样也可以能提高访问的速度。

OpenStack 中的 Swift 作为稳定和高可用的开源对象存储被很多企业作为商业化部署，如新浪的 App Engine 已经上线并提供了基于 Swift 的对象存储服务，再如韩国电信的 Ucloud Storage 服务等。有理由相信，因为其完全的开放性、广泛的用户群和社区贡献者，Swift 可能会成为云存储的开放标准，从而打破 Amazon S3 在市场上的垄断地位，推动云计算继续朝着更加开放和可互操作的方向前进。

## 6.2　Cinder 块存储

Cinder 是 OpenStack Block Storage 的项目名称，由它为虚拟机(VM)提供持久块存储。

对于可扩展的文件系统最大存储性能的发挥、企业存储服务的集成，以及需要访问原生块级存储的应用程序而言，块存储通常都是必需的。虚拟机对块存储的要求如图 6-6 所示。从图中可以看出，虚拟机生命周期不同，需要的卷操作不同，其用户对卷操作的要求也不同。

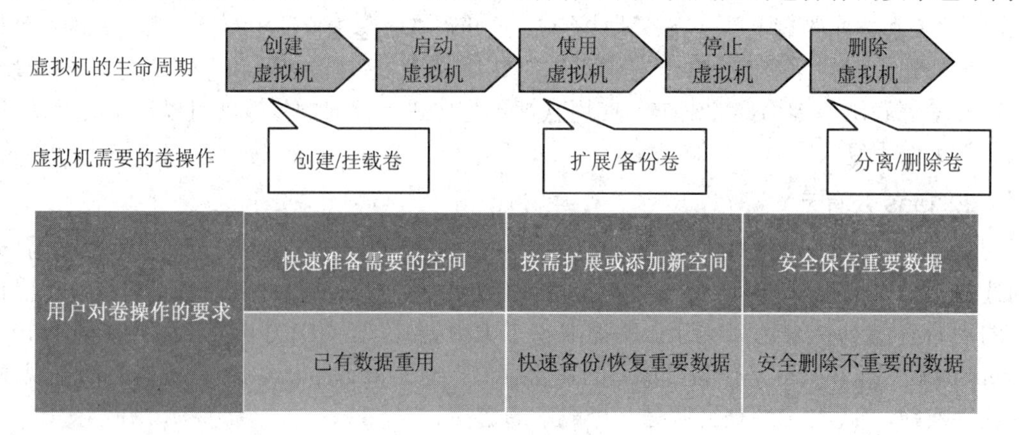


图 6-6　虚拟机对块存储的要求

通过使用 OpenStack Cinder，用户可以方便、高效地管理虚拟机数据。把不同的后端存储进行封装，向外提供统一的 API。Cinder 不是新开发的块设备存储系统，而是使用插件的方式，结合不同后端存储的驱动提供块存储服务。Cinder 的核心是对卷的管理，允许对卷、卷的类型、卷的快照进行处理，如图 6-7 所示。系统可以暴露并连接设备，随后管理服务器的创建、附加到服务器并从服务器分离。应用程序编程接口(API)也有助于加强快照管理，这种管理可以备份大量块存储。

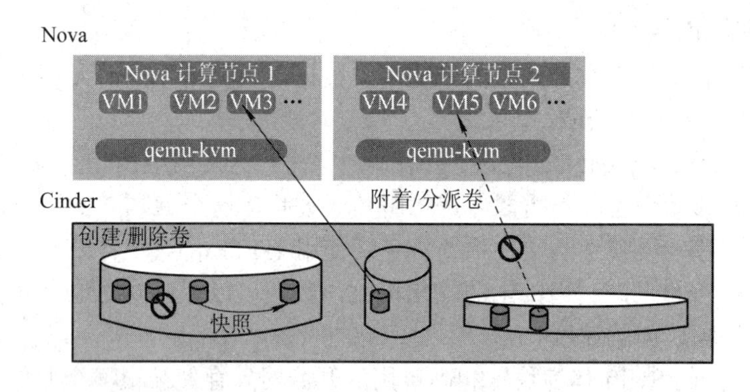


图 6-7　Cinder 对卷的管理

OpenStack 到 Folsom 版本有比较大的改变，其中之一就是将之前在 Nova 中的部分持久性块存储功能(Nova-Volume)分离了出来，独立为新的组件 Cinder。主要核心是对卷的管理，允许对卷、卷的类型、卷的快照进行处理。它并没有实现对块设备的管理和实际服务，而是为后端不同的存储结构提供了统一的接口，不同的块设备服务厂商在 Cinder 中实现其驱动支持以与 OpenStack 进行整合。在 CinderSupportMatrix 中可以看到众多存储厂商如 NetAPP、IBM、SolidFire、EMC 和众多开源块存储系统对 Cinder 的支持。Havana 版本中 Cinder 新增特性如下：

- Volume-Resize：在可用情况下调整卷大小。

- Volume-Backup-To-Ceph：现在卷可以备份到 Ceph 集群中。
- Volume-Migration：现在不同用户间可以透明地转移和交换卷。
- QoS：增加限速相关的元信息供 Nova 和其 Hypervisor 使用。
- More-Drivers：更多的存储厂商加入和完善了自己的 Cinder 驱动，如 Huawei、Vmware、Zadara。

有了以上内容对 Cinder 的基本了解之后，我们可以将 Cinder 的基本功能总结如表 6-3 所示。

**表 6-3　Cinder 的基本功能**

| 基 本 操 作 | 基 本 功 能 |
|---|---|
| 卷操作 | 创建卷 |
| | 从已有卷创建卷(克隆) |
| | 扩展卷 |
| | 删除卷 |
| 卷-虚拟机操作 | 挂载卷到虚拟机 |
| | 分离虚拟机卷 |
| 卷-快照操作 | 创建卷的快照 |
| | 从已有卷快照创建卷 |
| | 删除快照 |
| 卷-镜像操作 | 从镜像创建卷 |
| | 从卷创建镜像 |

### 6.2.1　Cinder 架构

Cinder 比 Swift 简单得多，因为它不提供自动对象分布和复制。图 6-8 显示了 Cinder 的架构，与其他 OpenStack 项目类似，Cinder 的功能通过 API 暴露给仪表盘和命令行。它能够通过 HTTP API 来访问对象存储，并使用一个名为 Auth Manager 的 Python 类将身份验证纳入 OpenStack keystone。

API 解析所有传入的请求并将它们转发给消息队列，调度程序和卷服务器在该队列中执行实际的工作。在创建新的卷时，调度程序将会决定哪台主机应对该卷负责。默认情况下，它会选择拥有最多可用空间的节点。OpenStack 目前还不支持文件级别的存储，如 NFS 或者 CIFS。但 OpenStack 允许使用 NFS 或 GlusterFS 的虚拟卷服务。

卷管理程序管理着可动态附加的块存储设备，这些设备也被称为卷。它们可用作虚拟实例的启动设备，或作为辅助存储进行添加。Cinder 还为快照(卷的只读副本)提供了一种设备，然后可以使用这些快照来创建新的卷，以供读写使用。

卷通常通过 iSCSI 附加到计算节点。块存储也需要某种形式的后端存储，在默认情况下，该后端存储是本地卷组上的逻辑卷管理，但可以通过驱动程序将它扩展到外部存储阵列或设备上。

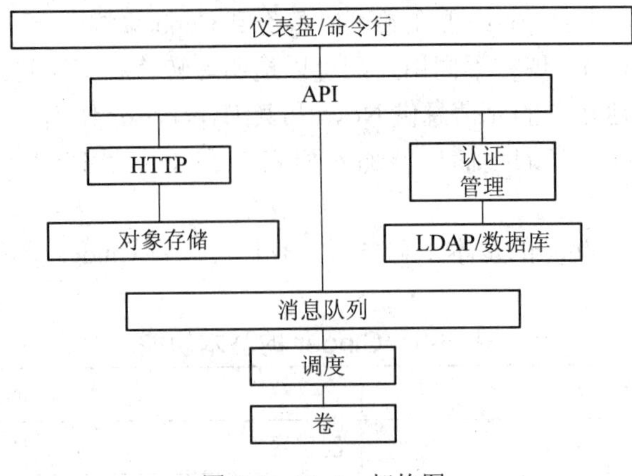


图 6-8　Cinder 架构图

### 6.2.2　Cinder 服务

Cinder 服务包含以下主要组成部分，如图 6-9 所示。

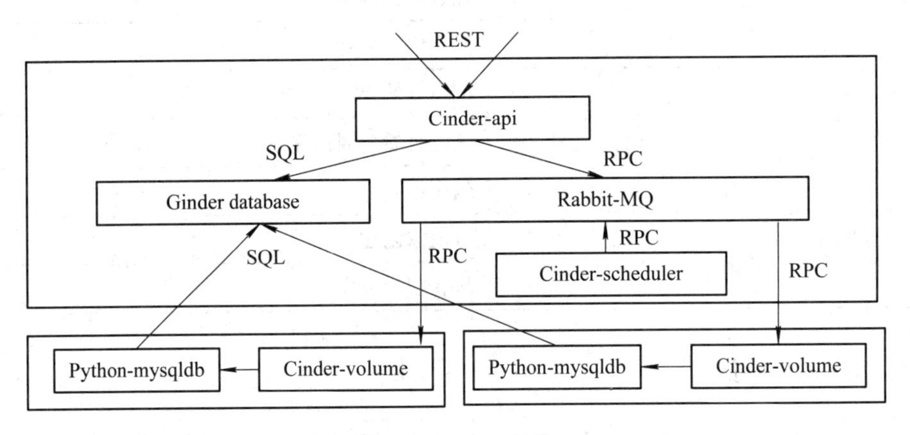


图 6-9　Cinder 组件

(1) Cirder-API：Cinder-API 是主要服务接口，负责接受和处理外界的 API 请求，并将请求放入 Rabbit-MQ 队列，交由后端执行。Cinder 目前提供 Volume API V2 负责接受和处理 REST 请求，并将请求放入 Rabbit-MQ 队列。

(2) Cirder-scheduler：负责分配存储资源，处理任务队列的任务，并根据预定策略选择合适的 Volume Service 节点来执行任务。目前版本的 Cinder 仅仅提供了一个 Simple Scheduler，由该调度器选择卷数量最少的一个活跃节点来创建卷。

Cinder-Scheduler 在多后台环境中决定 Volume 的位置步骤如下：

- 首先判断存储主机的状态，只有 service 状态为 up 的主机才会被考虑；
- 创建 Volume 的时候，根据 filter 和 weight 算法选出最优的主机来创建 Volume；
- 迁移 Volume 的时候，根据 filter 和 weight 算法来判断目的主机是不是符合要求。

如果选出一个主机，则使用 RPC 调用 Cinder-Volume 来执行 Volume 操作。为了维护主机的状态，Cinder-Scheduler 接受定时的主机上的 Cinder-Volume 状态上报。

以上介绍了 Cinder-Scheduler 决定 Volume 的位置步骤，其中 filter 和 weight 存储策略

调度算法需要读者了解。

- Host Filtering 算法

在 filter 算法中，默认的 filter 包括 Availability Zone Filter，Capacity Filter，Capabilities Filter。其中，Availability Zone Filter 会判断 Cinder host 的 availability zone 是不是与目的 availability zone 相同，不同则被过滤掉。Capacity Filter 会判断存储主机上的剩余空间 free_capacity_gb 的大小，确保 free_capacity_gb 大于 Volume 的大小，不够则被过滤掉。Capabilities Filter 会检查主机的属性是否和 Volume type 中的 extra specs 完全一致，不一致则被过滤掉。

经过以上 filter 的过滤，Cinder-Scheduler 会得到符合条件的主机列表，然后进入 weighting 环节，根据 weighting 算法选出最优的存储服务器。得到空列表则报“No valid host was found”错误。

- Host Weighting 算法

在 Weighting 算法中包含 Allocated Capacity Weigher、Capacity Weigher、Chance Weigher 三个 Weighter。

Allocated Capacity Weigher 会判断是否有最小已使用空间的 host 胜出。可设置 allocated_capacity_weight_multiplier 为正值来反转，其默认值为-1。Capacity Weigher 可判断有最大可使用空间的 host 胜出。可设置 capacity_weight_multiplier 为负值来反转算法，其默认值为 1。Chance Weigher 可随机从过滤出的主机中选择一个主机。

经过此步骤，cinder-scheduler 将得到一个 weighted_hosts 列表，它将会选择第一个主机作为 Volume 的目的存储服务器，把它加到 retry_hosts 列表中，然后通过 rpc 调用上面的 Cinder-Volume 来创建 Volume。

(3) Volume Service：该服务运行在存储节点上，负责封装 driver，管理存储空间。不同的 driver 负责控制不同的后端存储组件之间的 rpc 调用，实现 Cinder 的开发工作主要集中在 Scheduler 和 driver，以便提供更多的调度算法、更多的功能，指出更多的后端存储 Volume 元数据和状态保存在 Database 中。每个存储节点都有一个 Volume Service，若干个这样的存储节点联合起来可以构成一个存储资源池。为了支持不同类型和型号的存储，当前版本的 Cinder 为 Volume Service 添加如下 drivers。当然在 Cinder 的 blueprints 当中还有一些其他的 drivers，以后的版本可能会添加进来。

- 本地存储：LVM(iSCSI)，Sheepdog(sheepdog)；
- 网络存储：NFS，RBD(Ceph)；
- IBM：Storwize family/SVC (iSCSI/FC)，XIV (iSCSI)，GPFS，zVM；
- Netapp：NetApp(iSCSI/NFS)；
- EMC: VMAX/VNX (iSCSI)，Isilon(iSCSI)；
- Solidfire：Solidfire cluster(iSCSI)；
- HP：3PAR (iSCSI/FC)，LeftHand (iSCSI)。

Cinder 通过添加不同厂商指定的 drivers 来支持不同类型和型号的存储。具体可以参考 Cinder 官方的支持列表 CinderSupportMatrix。

上述的 Cinder 服务都可以独立部署，Cinder 同时也提供了一些典型的部署命令，如下所示。

- Cinder-All：用于部署 all-in-one 节点，即 API、Scheduler、Volume 服务部署在该节点上。
- Cinder-Scheduler：用于将 Scheduler 服务部署在该节点上。
- Cinder-API：用于将 API 服务部署在该节点上。
- Cinder-Volume：用于将 Volume 服务部署在该节点上。

Volume Service 运行在存储节点上，管理存储空间，处理 Cinder 数据库的维护状态的读写请求，通过消息队列和直接在块存储设备或软件上与其他进程交互。每个存储节点都有一个 Volume Service，若干个这样的存储节点联合起来可以构成一个存储资源池。Cinder-Volume 会实现一些 common 操作，比如 copy_volume_data，在 driver.py 里面实现先 Attach Source 和 Target Volume，然后执行拷贝数据。其他操作则需要调用 driver 的接口来实现 Volume 的操作。

用户可以在 cinder.conf 中使用 scheduler_max_attempts 来配置 Volume 创建失败时候的重试次数，默认次数为 3，值为 1 则表示不使用重试机制。

Cinder-Scheduler 和 Cinder-Volume 之间会传递当前重试次数。如果 Volume 创建失败，Cinder-Volume 会通过 rpc 重新调用 Cinder-Scheduler 去创建 Volume，Cinder-Scheduler 会检查当前的重试次数是不是超过最大可重试次数。如果未超过，它会选择下一个可以使用的存储服务器去重新创建 Volume。如果在规定的重试次数内仍然无法创建 Volume，那么会报“No valid host was found”错误。

### 6.2.3　Cinder 插件

Cinder 对块数据实现了多种的存储管理方式，主要有 LVM 方式(通过 LVM 相关命令实现 Volume 的创建，删除等相关操作)，nfs 方式(通过挂共享的方式实现 Volume)，另一种是 iSCSI 方式(通过 ISCSI 命令来实现相关的功能)，如图 6-10 所示。众多厂商(如华为，IBM 等)根据自己的存储设备产品实现了自己的存储方式，还有一些开源的存储方案实现如 rdb，sheepdog 等(源码在 Cinder/volume/drivers 目录下)。这些存储方式是可以扩展的，要实现特定的存储方法只需要继承 Volume Driver 基类，或者根据存储的类型继承他的相关子类如 iSCSI Driver，实现相关的方法。

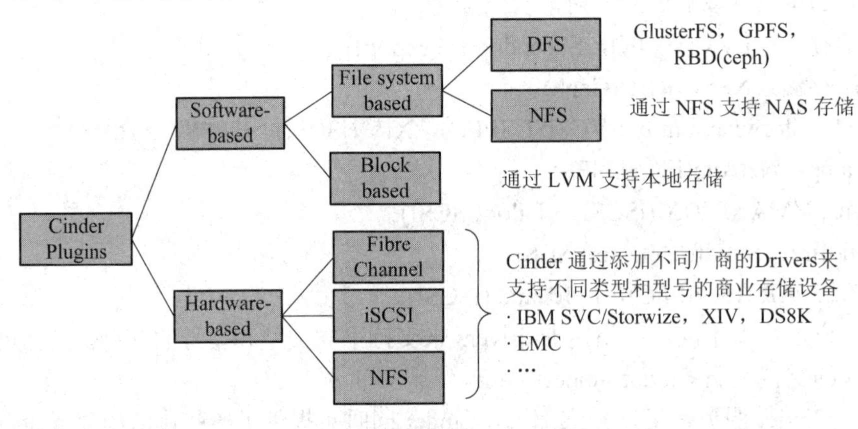


图 6-10　Cinder 插件

在 Nova 的源代码 libvirt 目录下有一个 volume.py 实现对应 Cinder 的功能。针对 Cinder 的不同存储类型，对应的有不同的 Volume Driver 类型，如 Libvirt Volume Driver，Libvirt Net Volume Driver，Libvirt iSCSI Volume Driver，Libvirt NFS Volume Driver 等。这些类都继承于 LibvirtBaseVolumeDriver 这个基类，主要实现的功能其实就是构造 Libvirt 中 attachDeviceFlags 函数需要的 xml 格式参数(挂载卷时 attach_volume)，或者构造实例 xml 时添加 device，和实现一些功能的命令行方式的执行(如 Libvirt iSCSI Volume Driver 中一些 iSCSI 命令)。

## 6.2.4 Cinder 操作

以上介绍了有关 Cinder 的架构、服务和插件，为了进一步对 Cinder 进行分析，下面对 Cinder 的几种操作进行介绍。

### 1. 拥有权限转移(Tranfer Volume)

将 Volume 的拥有权从一个 Tenant 中的用户转移到另一个 Tenant 中的用户可以分为两步。

第一步：在 Volume 所在 Tenant 的用户使用命令 cinder transfer-create 产生 tranfer 的时候会产生 transfer id 和 authkey，如下所示：

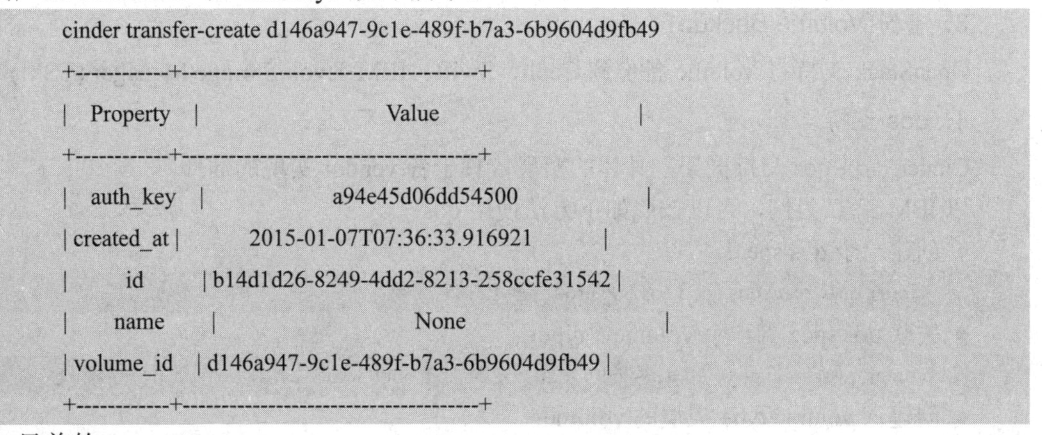

```
cinder transfer-create d146a947-9c1e-489f-b7a3-6b9604d9fb49
+-----------+------------------------------------+
| Property |                Value               |
+-----------+------------------------------------+
| auth_key |          a94e45d06dd54500          |
| created_at |    2015-01-07T07:36:33.916921    |
|    id    | b14d1d26-8249-4dd2-8213-258ccfe31542 |
|   name   |                None                |
| volume_id | d146a947-9c1e-489f-b7a3-6b9604d9fb49 |
+-----------+------------------------------------+
```

目前的 tenant id：

```
os-vol-tenant-attr:tenant_id|96aacc75dc3a488cb073faa06a34b235
```

第二步：在另一个 Tenant 中的用户使用命令 cinder transfer-accept 接受 transfer 的时候，需要输入 transfer id 和 auth_key，如下所示：

```
cinder transfer-accept b14d1d26-8249-4dd2-8213-258ccfe31542 a94e45d06dd54500
+-----------+------------------------------------+
| Property |                Value               |
+-----------+------------------------------------+
|    id    | b14d1d26-8249-4dd2-8213-258ccfe31542 |
|   name   |                None                |
| volume_id | d146a947-9c1e-489f-b7a3-6b9604d9fb49 |
+-----------+------------------------------------+
```

新的 tenant id：

```
os-vol-tenant-attr:tenant_id|2f07ad0f1beb4b629e42e1113196c04b
```

其实，对 Volume 来说，就是修改了 tenant id(属性：os-vol-tenant-attr:tenant_id)而已。

2．存储块迁移(Volume Migrate)

将 Volume 从一个 backend 迁移到另一个 backend，有多种可能的情况：

● 如果 Volume 没有加载到虚拟机

如果是在同一个存储上不同 backend 之间的迁移，需要存储的 driver 会直接支持存储上的迁移。

如果是在不同存储上的 backend 之间的 Volume 迁移，或者存储 Cinder Driver 不支持同一个存储上 backend 之间的迁移，那么将使用 Cinder 默认的迁移操作：Cinder 首先创建一个新的 Volume，然后从源 Volume 拷贝数据到新 Volume，然后将老的 Volume 删除。

● 如果 Volume 已经被加载到虚拟机

Cinder 创建一个新的 Volume，调用 Nova 去将数据从源 Volume 拷贝到新 Volume，然后将老的 Volume 删除。目前只支持 Compute Libvirt Driver。

注意在多个 backend 的情况下，存储服务器必须使用主机全名。比如：cinder migrate vol-b21-1 block2@lvmdriver-b22。

3．备份(Volume Backup)

OpenStack 支持将 Volume 备份到 Ceph、Swift、IBM Tivoli Storage Manager (TSM)中。

4．qos 支持

Cinder 提供 qos 支持框架，具体的实现依赖于各 vendor 实现的插件。

以 IBM SVC 为例，可以按照如下方法使用 qos：

● 创建一个 qos spec：

```
cinder qos-create qos-spec qos:IOThrottling=12345
```

● 关联 qos spec 到一个 volume type：

```
cinder qos-associate 0e710a13-3c40-4d50-8522-72bddabd93cc
```

● 创建该 volume type 类型的 volume：

```
cinder create 1 --volume-type svc-driver25 --display-name volwit
```

● 查看该 volume，其被设置了 throttling 属性，它限制了该 volume 上最大的 I/O：

```
SVC Volume: throttling 12345
```

### 6.2.5 Cinder 支持典型存储

从目前的实现来看，Cinder 对本地存储和 NAS 的支持比较不错，可以提供完整的 Cinder API V2 支持，而对于其他类型的存储设备，Cinder 的支持会或多或少地受到限制。下面是 Rackspace 对于 Private Cloud 存储给出的典型存储方式。

(1) 本地存储。对于本地存储，Cinder-Volume 可以使用 LVM 驱动，该驱动当前的实现需要在主机上事先用 LVM 命令创建一个 Cinder-Volumes 的 vg，当该主机接受到创建卷请求的时候，Cinder-Volume 在该 vg 上创建一个 LV，并且用 openiscsi 将这个卷当作一个 iSCSI tgt 导出。

当然还可以将若干主机的本地存储用 sheepdog 虚拟成一个共享存储，然后使用

sheepdog 驱动。

(2) EMC。EMC 推出的 VNX 产品线，正式与 NetApp 的 FAS 产品线竞争。其中 VNX5100 只提供块访问，VNX7500 为高端产品。由 2 个 SP 来处理块访问，多个 Data Mover 来处理文件访问。支持的文件访问协议有 NFS、CIFS、MPFS 和 pNFS。程序块访问协议有光纤通道、FCoE 和 iSCSI。EMC 块存储架构如图 6-11 所示。

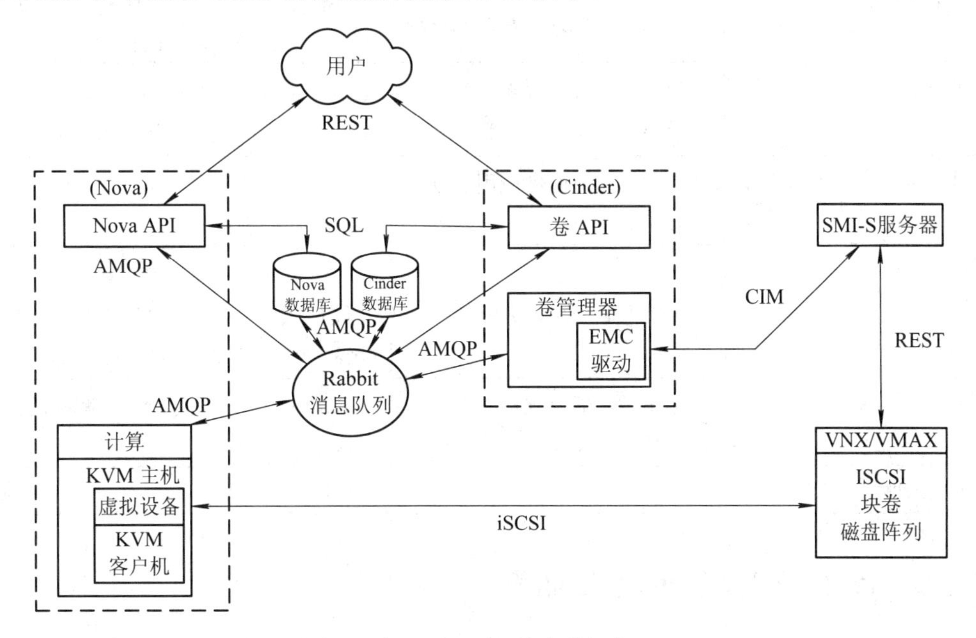


图 6-11　EMC 块存储架构

(3) Netapp。Netapp 的 iSCSI 技术特点是多台前端服务器共用后端存储设备，后端存储空间以 LUN 形式提供给前端服务器。不支持共享，每个 LUN 只能属于前端某一台服务器。连接采用以太网链路和专用以太网交换机，链路速率为 1 Gb/s、10 Gb/s，如图 6-12 所示。

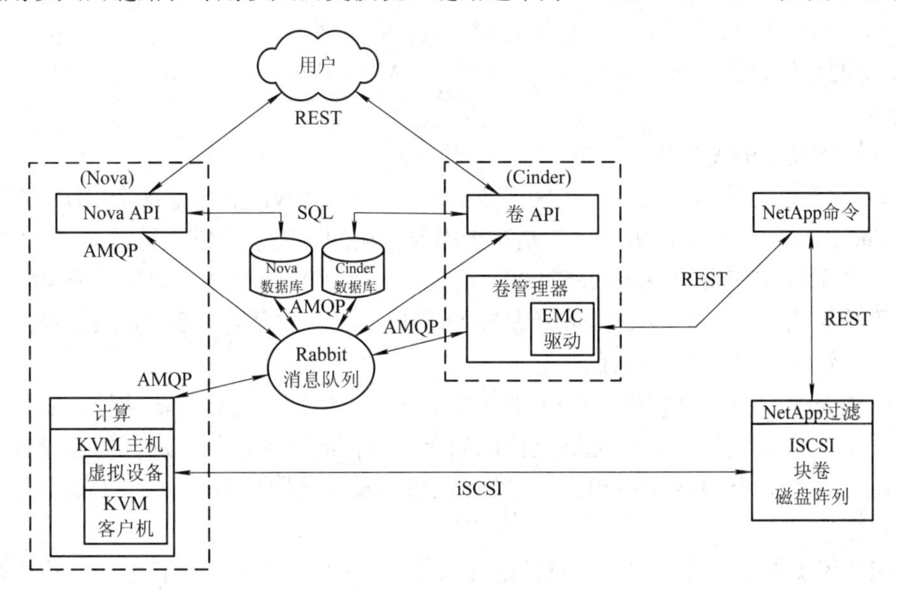


图 6-12　Netapp 架构图

以上介绍了 Cinder 所支持的几种典型存储方式(即 OpenStack 云存储)，与传统存储方式对比，其区别可总结为表 6-4 所述。

**表 6-4　传统存储与 OpenStack 云存储的对比**

| 对比项目 | 传统存储架构 | OpenStack 云存储架构 |
|---|---|---|
| 海量数据承载能力 | 通过增加硬件配置实现扩展 | 存储系统可以达到 PB 级别的扩展空间，更适合海量数据的存储 |
| 高可用性 | 昂贵的硬件保证系统的高可用性 | 通过系统自身的机制，即软件完成的自动化、智能机制来保证系统可用性 |
| 存储资源动态调配的能力 | 存储资源分配给应用后难以回收再分配 | 计算和存储资源虚拟化，可以按照需求分配，动态调整 |
| 利用率 | 低资源利用率，高能耗 | 35%～75%的 TCO 节省，30%以上的软硬件成本节省，CPU 利用率提升到 60%～80%，70%～80%运营成本节约 |
| 运维效率和成本 | 运维效率低，维护成本高，硬件准备周期长 | 部署时间缩短到分钟级，减少硬件准备周期 |
| 管理复杂度 | 高 | 低 |

### 6.2.6　Cinder 在 IT 环境中的主要问题

目前版本的 Cinder 在 IT 私有云场景中，从硬件兼容性、高性能、高可靠性、水平扩展能力、应用兼容性等方面来看，Cinder 还存在不少问题需要解决。以下介绍了 Cinder 在未来的设计道路中需要解决的问题。

(1) 对共享存储的支持有限。

● 不支持 FC SAN(最新的版本已经有限支持)；

● 支持的存储设备有限，即使对于 EMC、IBM 这样的主流存储厂商，也只能支持寥寥几款存储。

(2) 对存储设备的使用不够高效。

Cinder 卷管理的基本原则是在共享存储上创建一个 LUN，然后把这个 LUN 作为一个 block device 加载到一个虚拟机上。但是对于当前主流的存储，能够支持的最大 LUN 数量非常有限，比如经常使用的 Huawei S3900，最多能支持 288 个 LUN，如果一个 VM 平均为 3 个卷，不管这些 VM 是离线(offline)还是在线(online)，这个存储最多只能支持 90 个 VM。

(3) 存储管理带来的性能损耗。

比如 Cinder Volume 的 LVM 驱动使用 iSCSI export 的一个逻辑卷，从管理的角度来看是解决了存储共享的问题，从而能够支持比如迁移这样的功能，但是这样的设计势必会导致较大的性能损耗，和直接访问相比，通常 iSCSI export 会增加 30%以上的 IO 延迟。

(4) 数据如何迁移的问题。

企业 IT 环境中大量的数据，一般都是存放在 SAN 甚至是磁带设备上的，这些数据如何无损、安全地接入到云环境中，需要设计者提供支持。因此，VMware 提供了 RDM、KVM

和 XEN 来对数据迁移进行支持，但是 Cinder 没有考虑这个问题。

(5) 调度器不完善。

- Cinder 提供的 Simple Scheduler 基本没有实用价值，不能作为性能良好的调度器使用；
- Cinder-Scheduler 仅能在初始放置时保证系统负载均衡，但是如果是发生了运行时负载严重不平衡，Cinder 就没法处理了。

(6) 服务的可靠性问题。

- Cinder-API 和 Cinder-Scheduler 是系统的单点，Cinder 并没有为这两个服务提供任何高可用性集群和负载均衡设计，所以整个系统可靠性及可扩展性会比较受限制；
- Cinder-DB 如果发生不可恢复的故障，无法保证用户数据的安全恢复。

## 6.3　安装与配置 Cinder

以上介绍了 Swift 和 Cinder 的基本原理，本节以 Cinder 为重点，介绍其安装过程。Cinder 实际的安装指令在发行版和 OpenStack 版本之间极为不同。通常，它们可作为发行版的一部分。但是，必须完成相同的基本任务。

### 6.3.1　配置要求

OpenStack 依赖于一种 64 位 x86 架构；另外，它是为商用硬件而设计的，所以具有极低的系统要求。它可以在配有包含 8GB RAM 的单个系统上运行整套 OpenStack 项目。但是，对于大型的工作负载，使用专用系统来实现存储至关重要。因为重点在商用设备上，所以不需要独立磁盘冗余阵列(redundant array of independent disks，RAID)功能，但使用至少两个四核 CPU、8～12 GB 的 RAM 和 1 GB 的网络适配器。

### 6.3.2　安装过程

在前面章节内容的基础上，Cinder 的安装预配置其实已经简化很多了。OpenStack 的 Grizzly 版 Cinder 的部署基本上可以分成以下几个步骤：

(1) 安装 Cinder。命令如下：

```
root@ubuntu:~#apt-get install cinder-api cinder-common cinder-scheduler cinder-volume python-
cinderclient
```

(2) 创建 DB。命令如下：

```
root@ubuntu:~# mysql –u root –p mysql                  //连接 mysql 数据库
mysql> create database cinder;                         //创建 cinder 数据库
mysql> grant all on cinder.* to 'cinder'@'%' identified by 'cinder';  //授权 cinder 访问 mysql 的权限
mysql> flush privileges; quit;                         //刷新 MySQL 的系统权限，并退出
```

创建完毕后使用命令查看数据库中所创建的数据库。

```
mysql> show databases;
```

```
+--------------------+
| Database           |
+--------------------+
| information_schema |
| cinder             |
| glance             |
| keystone           |
| mysql              |
| nova               |
| performance_schema |
| quantum            |
+--------------------+
8 rows in set (0.00 sec)
```

(3) 建立一个逻辑卷卷组。

建立一个逻辑卷卷组 Cinder-Volumes 有两种方法，一种是用物理磁盘创建主分区，一种是用文件来模拟，两者选其一。

方法一：创建一个普通分区，可以用 sdb 创建了一个主分区，大小为所有空间。代码如下：

```
root@ubuntu:~# fdisk /dev/sdb     //进入 fdisk 配置视图
n                        //创建一个新的分区
p                        //查看当前分区类型
l                        //列出已知分区类型
Enter
Enter
t                        //改变分区的系统 id
8e                       //扩展分区
w                        //保存修改
root@ubuntu:~# partx -a /dev/sdb
root@ubuntu:~# pvcreate /dev/sdb1
root@ubuntu:~# vgcreate cinder-volumes /dev/sdb1 //
```

注：vgcreate 命令用于创建 LVM 卷组。卷组(Volume Group)将多个物理卷组织成一个整体，屏蔽了底层物理卷细节。在卷组上创建逻辑卷时不用考虑具体的物理卷信息。

//使用 vgcreate 命令创建卷组"Cinder-Volumes"，并且将物理卷/dev/sdb1 添加到卷组中：

```
root@ubuntu:~# vgs
VG               #PV #LV #SN Attr    VSize   VFree
cinder-volumes     1   0   0 wz--n- 20.00g 20.00g
```

方法二：文件模拟，可分为以下几点。

```
root@ubuntu:~#apt-get install iscsitarget open-iscsi iscsitarget-dkms
```

配置 iSCSI 服务：

```
root@ubuntu:~# sed -i 's/false/true/g' /etc/default/iscsitarget
```

重启服务：

```
root@ubuntu:~# service iscsitarget start
```

```
root@ubuntu:~# service open-iscsi start
```

创建组；

```
root@ubuntu:~# dd if=/dev/zero of=cinder-volumes bs=1 count=0 seek=2G
root@ubuntu:~# losetup /dev/loop2 cinder-volumes
root@ubuntu:~# fdisk /dev/loop2          //进入 fdisk 配置视图
n                    //创建一个新的分区
p                    //查看当前分区类型
1                    //列出已知分区类型
Enter
Enter
t                    //改变分区的系统 id
8e                   //扩展分区
w                    //保存修改
```

创建物理卷和卷组。

```
root@ubuntu:~# pvcreate /dev/loop2
root@ubuntu:~# vgcreate cinder-volumes /dev/loop2
root@ubuntu:~# vgs
VG #PV #LV #SN Attr VSize VFree
cinder-volumes 1 0 0 wz--n- 2.00g 2.00g
```

(4) 修改配置文件。

创建完逻辑卷卷组之后，需要修改配置文件 cinder.conf。

```
root@ubuntu:~# cat /etc/cinder/cinder.conf
[DEFAULT]
root@ubuntu:~# LOG/STATE
verbose = True
debug = True
iscsi_helper = tgtadm
auth_strategy = keystone
volume_group = cinder-volumes
volume_name_template = volume-%s
state_path = /var/lib/cinder
volumes_dir = /var/lib/cinder/volumes
rootwrap_config = /etc/cinder/rootwrap.conf
api_paste_config = /etc/cinder/api-paste.ini
root@ubuntu:~## RPC
rabbit_host = 172.16.0.254
rabbit_password = guest
rpc_backend = cinder.openstack.common.rpc.impl_kombu
root@ubuntu:~# DATABASE
```

```
sql_connection = mysql://cinder:cinder@172.16.0.254/cinder
root@ubuntu:~# API
osapi_volume_extension = cinder.api.contrib.standard_extensions
```

修改 api-paste.ini。

修改文件末尾[filter:authtoken]字段。

```
paste.filter_factory = keystoneclient.middleware.auth_token:filter_factory
service_protocol = http
service_host = 172.16.0.254
service_port = 5000
auth_host = 172.16.0.254
auth_port = 35357
auth_protocol = http
admin_tenant_name = service
admin_user = cinder
admin_password = password
signing_dir = /var/lib/cinder
```

(5) 同步并启动服务。

```
root@ubuntu:~# cinder-manage db sync
2013-03-11 13:41:57.885 30326 DEBUG cinder.utils [-] backend <module 'cinder.db.sqlalchemy.
migration' from '/usr/lib/python2.7/dist-packages/cinder/db/sqlalchemy/migration.pyc'> _get_backend/
usr/lib/python2.7/dist-packages/cinder/utils.py:561
```

启动服务。

```
root@ubuntu:~# for serv in api scheduler volume
do
    /etc/init.d/cinder-$serv restart
done
root@ubuntu:~# /etc/init.d/tgt restart
```

注：同步到 DB 中。将 Cinder.conf 文件中修改的内容同步到数据库中，并启动 Cinder 服务。

(6) 检查服务启动情况。

使用 Cinder list 命令检查 Cinder 服务是否都已开启，以验证上述操作步骤是否成功。

```
root@ubuntu: ~#cinderlist
```

# 第七章　Quantum 网络组件

Quantum 是伴随 OpenStack 的 Folsom 版本正式发布的，其实它已经作为试用组件包含在之前的 Essex 版本中，只是在 Grizzly 里功能得到了增强。本章主要从 OpenStack 网络结构和通信原理出发，重点阐述 OpenStack 的网络架构和部署过程。

## 7.1　Quantum 概述

网络组件是 OpenStack 的又一核心组件，只是在早期版本的 OpenStack 中没有单独列出，随着 OpenStack 的不断升级和发展，OpenStack 的网络组件在名称上已经从 Nova-Network 演变成了 Quantum。Quantum 提供一个可插拔的体系架构，它能支持很多流行的网络供应商和技术，Quantum 是 OpenStack 的 Folsom 版本以后的新项目，其功能也显得日趋强大与复杂。其主要功能如下：

- IP 地址资源的管理：Quantum 提供面向租户的 API 访问接口，便于控制二层网络和管理 IP 地址；
- 支持插件式(plugin)网络组件，像 Open vSwitch、Cisco、Linux Bridge、Nicira NVP 等等；
- DHCP 自动分配 IP 地址：通过 DHCP 服务实现和解决多个虚拟机的 IP 地址分配问题；
- 虚拟机的网络连接管理：实现虚拟机与外部网络的数据转发和交换；
- 虚拟交换机的管理：通过虚拟的网络设备实现虚拟机的网络互连；
- VLAN 管理：通过 Quantum 实现子网的划分与管理，保障虚拟机的网络安全。

Quantum 在其他 OpenStack 服务管理的接口设备之间提供网络连接服务。首先允许用户创建自己的网络，然后给他们提供接口。和其他的 OpenStack 服务一样，Quantum 使用了插件化结构，这使得其可以被详细配置。这些插件使用了不同的网络设备和软件，结构和部署就非常灵活。

### 7.1.1　OpenStack 网络基本构成

网络是任何云平台的核心部分，良好的网络环境决定了云平台整体性能的发挥。在 Grizzly 版的 OpenStack 中，Quantum 组件负责 OpenStack 平台的网络运行。本小节将从硬件和 OpenStack 内部组件网络通信对 OpenStack 的网络架构进行说明(如图 7-1 所示)。

图 7-1 所示为一个 Grizzly 版单节点 OpenStack 的网络结构，从图中可以看出，网络组件 Quantum 和其他组件一样，都是以服务的形式存在于 OpenStack 的某个节点服务器上，

通过 Quantum 所包含的一些 Quantum-servcer、L3-agent、dhcp-agent 等服务实现对整个 OpenStack 网络的管理和维护，这些服务在早期的 OpenStack 版本中，都分散在 Nova-Network 中，从 F 版以后，OpenStack 的开发人员将其整合，并在网络功能上对其进行拓展，独立而成了 Quantum 项目。

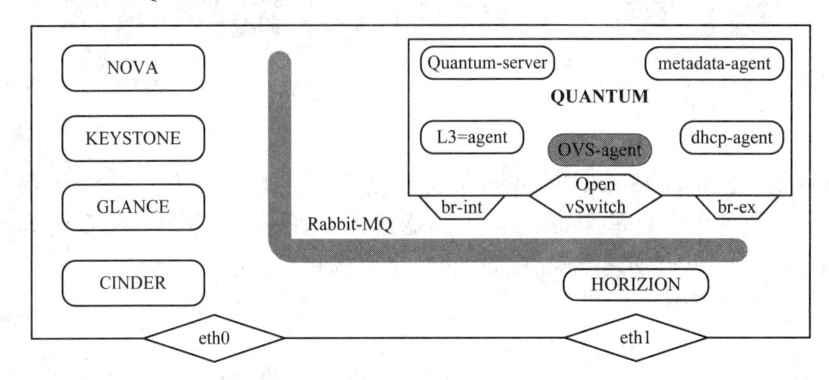


图 7-1　OpenStack 单节点网络结构

在 OpenStack 的部署上，硬件和常规的服务器构成没有区别，但为了保障数据网络和管理网络的隔离，一般的部署建议使用两块网卡(eth0 和 eth1)。虚拟机和 OpenStack 各组件间的通信使用其中一块(eth0)，而整个 OpenStack 与外部通信则使用另一块网卡(eth1)。这种模式将会在后续章节中进行详细分析。

需要说明的是，如果将 OpenStack 部署在多个节点上，计算节点和控制节点相互独立(甚至有些还部署一个独立的网络节点，该节点负责整个云平台中的服务器虚拟机的网络通信)，它们都通过物理的网络链接相连，数据通过事先配置好的不同的网卡进行通信，其基本原理和单节点没有太大差异。

如图 7-2 所示，网络节点将整个云平台的网络通过物理或逻辑的网卡，实现了对 OpenStack 内部网络的管理和数据通信，同时也实现了 OpenStack 本身及其所属的虚拟机与外部网络的通信。

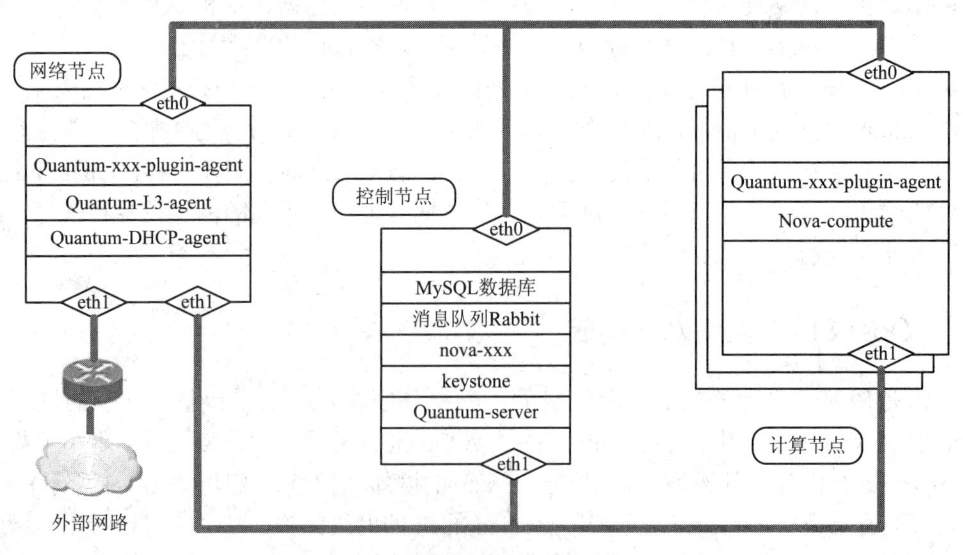


图 7-2　OpenStack 多节点部署网络结构

### 7.1.2 Quantum 基本概念

“Quantum”正式出现在 OpenStack 的 F 版中，它在 Nova-Network 的基础上，功能得到进一步增强，且增加了 VLAN 等安全措施的相关功能。Quantum 项目中的组件基本上都是以 plugin 的方式构成的，在了解 Quantum 之前，还需要认识一些 Quantum 相关的技术，例如 Open vSwitch、network namespaces、linux bridge、Veth pairs 等，本小节将对这些基本的概念和技术进行详细的介绍。

#### 1. Open vSwitch

Open vSwitch(OVS)是一个虚拟交换软件，主要用在虚拟机 VM 网络环境中，作为一个虚拟交换机，它还支持多种 Linux 虚拟化技术，例如 Xen/XenServer,、KVM 和 VirtualBox 等。Open vSwitch 是一个高质量的多层虚拟交换机，软件使用开源 Apache2.0 许可协议，通过标准的 C 接口，在屏蔽网络通信中的硬件差异的同时，实现软件层面上的数据交换与转发。从功能上讲，Open vSwitch 实现虚拟网络的构建与管理功能主要表现在以下几个方面：

(1) 构建物理机和物理机相互连接的网络：

在安装了 OVS 的主机上，通过 OVS 的虚拟网桥，将该主机上的两块物理网卡进行桥接，那么其他两台与该主机上不同网卡相连通的主机就能够实现相互通信。

(2) 构建虚拟机与虚拟机相连的网络：

由于 OVS 能够桥接多台虚拟机，如果将这些虚拟机都桥接到 OVS 的一个网桥上，那么这些虚拟机就能够实现网络互通。OpenStack 就是用这一功能实现多节点上的虚拟机的网络互连。

(3) 构建虚拟机与物理机相连的网络：

将虚拟机桥接至 OVS 的虚拟网桥上，然后再将该网桥桥接至物理网卡上，那么与该物理网卡相连通的物理主机就能够访问到虚拟机。

(4) 构建网桥和网桥相连的网络：

OVS 可以支持多个虚拟网桥的存在，如果将多个网桥桥接在一起，那么这两个网桥就可以通信，另外，每个网桥上原本已经桥接的虚拟机也能够相互通信。这种方式主要应用在更复杂的网络结构中，这也是 OpenStack 虚拟子网的实现手段。

由于 Open vSwitch 能够满足各种网络应用的要求，因此在 OpenStack 的 F 以后的版本中开始提供对 Open vSwitch 的支持。本书后续章节关于 Quantum 的安装与配置，都是使用 Open vSwitch 提供的虚拟交换设备实现 OpenStack 的网络管理。Open vSwitch 不仅能够实现虚拟网卡与物理网卡的联通，它还能实现虚拟机网卡与虚拟交换机间的联通。如图 7-3 所示是 Open vSwitch 与 OpenStack 中虚拟机的内部衔接原理，该过程主要涉及从虚拟机上的虚拟网卡至虚拟交换机 OVS 之间的流程，也就是图中 A→B→C→D 的过程。

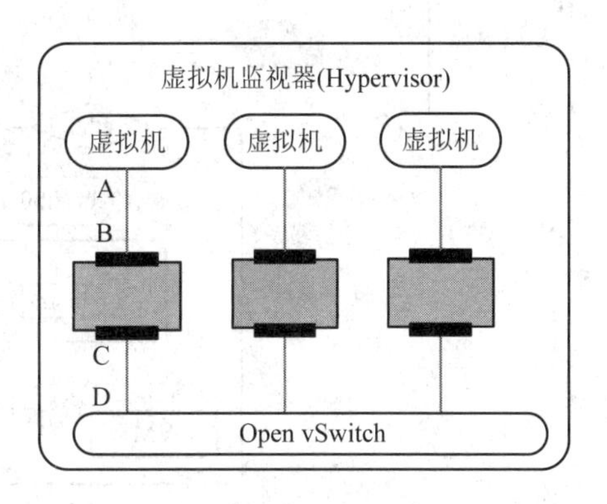


图 7-3 Open vSwitch 与虚拟机的衔接

A 是 Nova 常见的虚拟机的虚拟网卡，它与一个 tap 设备 B 相连，这个 TAP 设备(TAP 是一个虚拟网络内核驱动，该驱动实现 Ethernet 设备，并在 Ethernet 框架级别操作。TAP 驱动提供了 Ethernet“tap”，访问 Ethernet 框架能够通过它进行通信，在这里读者可以认为它是一个由 Linux 内核虚拟出来的一个网络接口)可以在虚拟机创建成功后，可以在网络配置文件和 ovs-vsctl show 命令中进行查看，一般格式是以 tap 开头，这个 TAP 设备再挂载在 Linux 的网桥上，这正是 B→C 之间的连接。

在 B→C 段的连接过程中，由于 OVS 不能很好地支持 OpenStack 的网络连接实现方式，而 TAP 设备中还具备 iptables 规则，所以在 B 和 C 之间使用了一个网桥(该网桥在有些资料中的名称为 qtr)和一对 TAP 设备(B 和 C)。C 通常以 qvb 开头，C 和 br-int 上的 D 连接在一起，形成一个连接通道，使得 qbr 和 br-int 之间能够顺畅通信。

在 OpenStack 平台上能够创建大量的虚拟机，这正是 OpenStack 能够给用户提供大量计算资源的基础。Quantum 采用了虚拟化技术保证了每台虚拟机具有良好的网络性能。本小节中的 Open vSwitch 就是其中的一种虚拟交换机技术。

Open vSwitch 之所以能够实现网络互连，其原理采用类似于网桥的技术，通过一系列的数据结构(例如：虚拟机端口 vports、下流表 flow table)实现数据的网络投递。如图 7-4 所示，计算机节点中所创建的虚拟机都会通过 Open vSwitch 的虚拟网桥与物理网卡相连通，这些连接关系好比是在 Open vSwitch 与 VM 之间添加了一根虚拟的网线，不同的网卡被连接在不同交换机上，从而实现了 OpenStack 中 VM 的内部通信和网络隔离。网桥 br-int 能够保证 VM 间的通信(内部网络)，而这种连接对于桥接在 br-ex 网桥上的 VM，只有在 VM 被绑定了一个浮动 IP 以后才会存在。

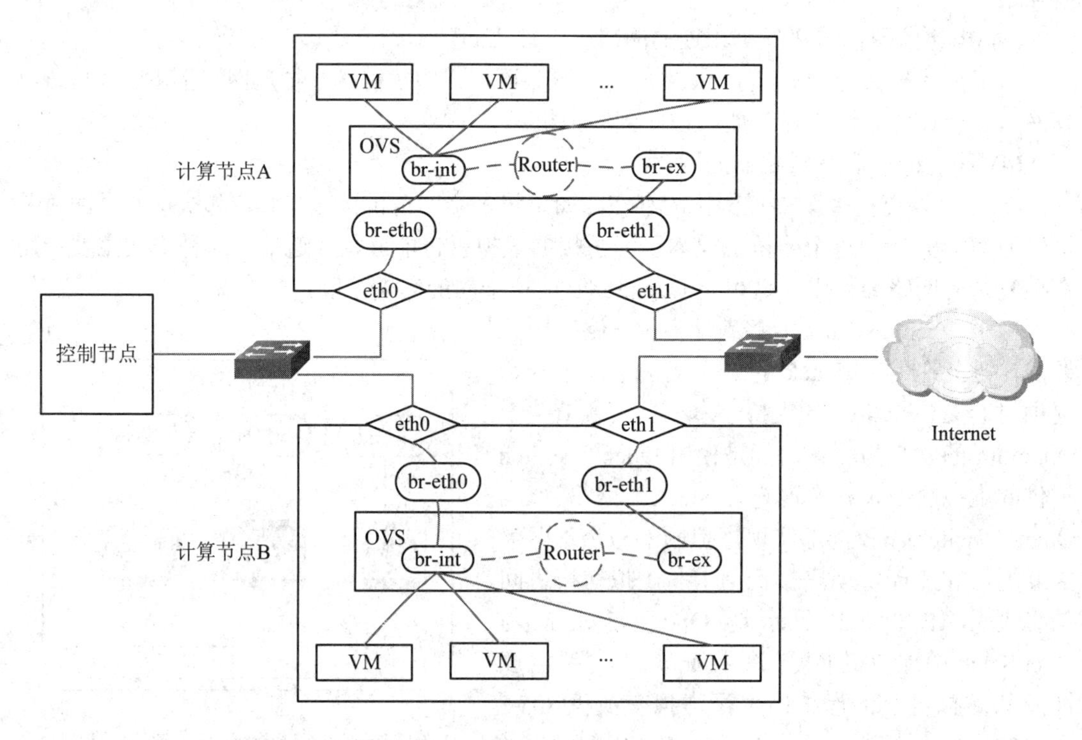


图 7-4　OpenStack 中的 Open vSwitch

### 2. Linux bridges 和 Veth pairs

从图 7-4 中的桥接过程可以看出，一般 OpenStack 的网络部署过程中，在实际物理网卡额外增加两个网桥(br-eth0 和 br-eth1)，这两块网卡主要能够将 OVS 中的虚拟网桥与实际的物理网卡相连通。linux bridage 主要用于安全组增强。安全组通过 iptables 实现，iptables 只能用于 linux bridage 而非 OVS bridage。

Veth pairs 在 OpenStack 网络中大量使用。Veth pairs 是一个简单的虚拟网线，所以一般成对出现。通常 Veth pairs 的一端连接到 bridge，另一端连接到另一个 bridge 或者留下作为一个网口使用。

## 7.2 Quantum 架构

随着 OpenStack 版本的不断升级，网络组件的功能也趋于完善和强大。F 版的 OpenStack 在原有的 Nova-Network 的基础上，将其独立出来，增加了网络划分、子网分配和管理等功能。本节主要针对 OpenStack 中 Quantum 网络组件架构等方面进行详细说明。

### 7.2.1 Quantum 网络架构

从 Quantum 的功能结构上讲，Quantum 的基本工作方式由一个 server(服务程序)和 agent(代理程序)构成。它们的关系对应到 OpenStack 的具体的服务组件中，就是 Quantum(或者 Quantum-Server)和 Nova(Nova-Compute)的关系；如果对应到具体的部署节点上，则是控制节点(或者网络节点)和计算节点的关系。

如图 7-5 所示，Quantum 完成的是将虚拟机的虚拟网卡与计算节点上的物理网卡的衔接工作。Nova-Compute 创建的虚拟机都包含一个虚拟网卡(图中的 VIF)，Quantum 就是通过它自身的 Plugin 插件(以 Open vSwitch 为例，也可以是其他网络虚拟化插件)，将 VM 上的虚拟网卡 VIF 映射至 Open vSwitch 的虚拟端口(virtual port)上，由此 VM 可以通过 Open vSwitch 所划分的虚拟网络，经由 Open vSwitch 配置的虚拟网桥(该网桥已经和某一个物理网卡桥接)实现网络访问。

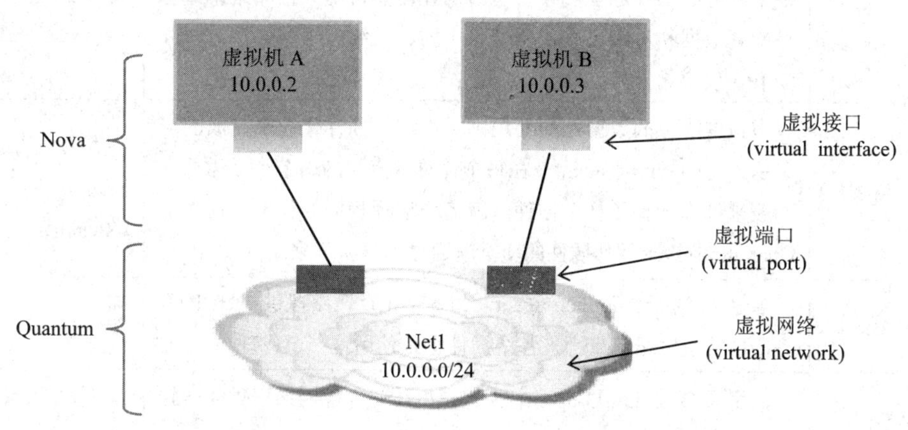


图 7-5 Quantum 和 Nova 的关系(来源 http://blog.csdn.net/quqi99)

### 7.2.2 Quantum 网络原理

上一节中提到，Quantum 是由一个 Quantum-Server 和若干 agent 构成，按照 OpenStack 的设计原则，Quantum 项目对外提供了一系列的接口(Quantum-API)，使得 OpenStack 其它的组件可以与 Quantum 进行交互，同时 Quantum 的各种代理(agent)也可以使用 Quantum-API 与 Quantum-server 通信。

如图 7-6 所示，Quantum-Server 中能够提供外部组件(包含 agent、Nova、Horizon 等组件)能够调用的 API 接口，agent 与 Quantum-Server 通过 rpc 发送消息队列实现交互，Quantum-Server 和 agent 中的各自的 Quantum-Openvswitch-agent 可以进行通信，以此实现虚拟交换机间的交互访问。图 7-6 中所示的 Quantum 的部分核心功能详见表 7-1。

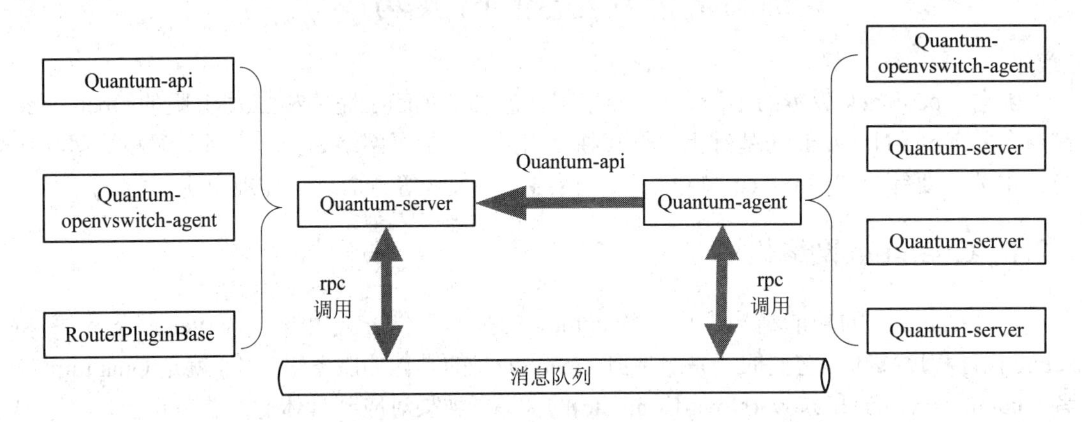


图 7-6 Quantumserver 与 Quantum-agent 的关系

表 7-1 Quantum 核心组件功能

| 名 称 | 功 能 描 述 | 备 注 |
| --- | --- | --- |
| Quantum-server | 包含守护进程 Quantum-server 和各种插件 Quantum-*-plugin，它们既可以安装在控制节点也可以安装在网络节点。Quantum-server 提供 API 接口，并把对 API 的调用请求传给已经配置好的插件进行后续处理。插件需要访问数据库来维护各种配置数据和对应关系，例如路由器、网络、子网、端口、浮动 IP、安全组等等 | 本部分可能包含其他 Plugin 插件 |
| Plugin Agent | 虚拟网络上的数据包的处理则是由这些插件代理来完成的。名字为 Quantum-*-agent。在每个计算节点和网络节点上运行。一般来说你选择了什么插件，就需要选择相应的代理。代理与 Quantum-server 及其插件的交互就通过消息队列来支持 | 本书中的 Plugin agent 是 Open vSwitch |
| DHCP Agent | 名字为 Quantum-dhcp-agent，为各个租户网络提供 DHCP 服务，部署在网络节点上，各个插件也是使用这一个代理 | |
| L3 Agent | 名字为 Quantum-l3-agent，为客户机访问外部网络提供 3 层转发服务。也部署在网络节点上 | |

另外，从 7.1 节中的图 7-1 和 7-2 中所示关于 OpenStack 网络组件部署中大体上可以看出，Quantum 在部署时其核心构件分布情况：

(1) 在控制节点上需要配置一个 Quantum-Server 服务，它与其他节点上的 Quantum-xxx-agent 进行交互；

(2) OpenStack 的计算节点需要安装 Quantum-xxx-plugin-agent 插件，本书所讲的 G 版安装使用的是 Open vSwitch 虚拟交换软件，因此在本书中所讲的计算节点上部署 Quantum-open vswitch-plugin-agent 和 Nova-Compute 两个服务即可；

(3) 在网络节点上需要部署 Quantum-open vswitch-plugin-agen、Quantum-l3-agent 和 Quantum-dhcp-agent，但实际中我们往往把网络节点上的服务和控制节点合并，所以这三个服务应该部署在控制节点上。

如图 7-7 所示为整个 OpenStack 中各组件部分与网络组件 Quantum 的关系，其核心就在于 Quantum 将其全部功能封装成 API 接口(包含在 Quantum-Server 中)，其他组件都是以 C/S 模式(每一个需要 Quantum 组件提供服务的组件都可以是一个 API Client)调用这些 API，这也符合 OpenStack 设计的基本思路。

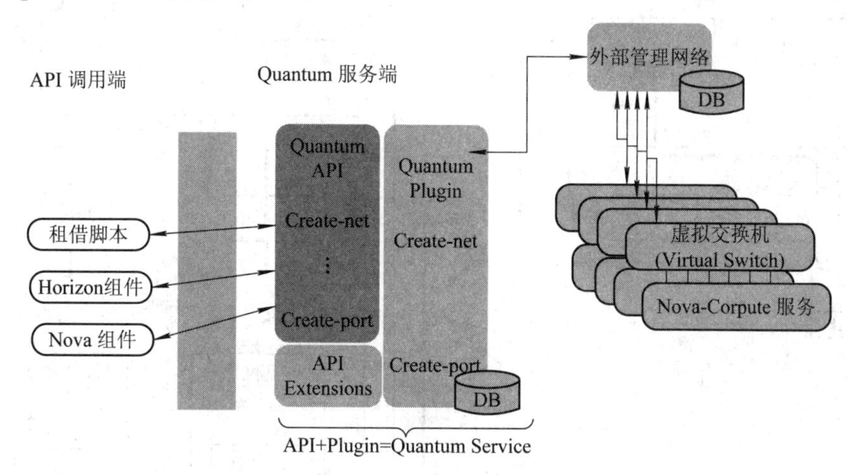


图 7-7　Quantum 架构(来源 http://blog.csdn.net/quqi99)

## 7.2.3　Quantum 逻辑模型

OpenStack 本身的网络环境比较复杂，特别是随着版本的不断升级，网络组件的功能也日趋完善。在 OpenStack 平台中不仅仅能够创建大量的虚拟机，并保证这些虚拟机具备网络访问能力，同时在 Quantum 发布以后的版本中，OpenStack 借助 OVS 等网络虚拟机技术具备能够将其所创建的虚拟机进行组网、建立子网、管理网络的功能。通过 7.2.2 节的分析，读者对 Quantum 组件的基本构成和功能有一个较为全面的了解和认识，本小节中主要讲述 Quantum 在实际的网络通信中的过程模型。

在整个 OpenStack 平台中，网络是组件运行、接口调用、数据传输、虚拟机间通信的唯一手段。在很多 OpenStack 网络的资料中会出现内网(private)和外网(public)两个概念，这主要是由 OpenStack 自身的网络结构和设计架构所决定的。为了有效实现对这些操作的监管和控制，OpenStack 的设计者们首先通过物理网卡将虚拟机间的数据传输、OpenStack 组件间的管理以及外部(平台以外的)网络进行隔离，然后使用软件(例如：linux bridge、Open vSwitch 等)将节点内部的数据进行隔离，从而能够实现与实际网络管理中相类似的功能。

如图 7-8 所示为多节点的 OpenStack 中，两个部署在不同的计算节点上的虚拟机实例之间的内网和外网间的通信过程。OVS 完成了整个 Quantum 的网络通信及路由，需要说明的是，内外网的区别是通过不同的 IP 地址(这种 IP 地址的种类将在 7.4 节中详细说明)进行区分，OVS 中的虚拟网桥能够将不同虚拟机进行联通，虚拟路由器能够完成内外网数据的投递，特别是在网络节点中的外部网络子网，能够完成内外网络的地址映射，从而实现内外网络的通信。

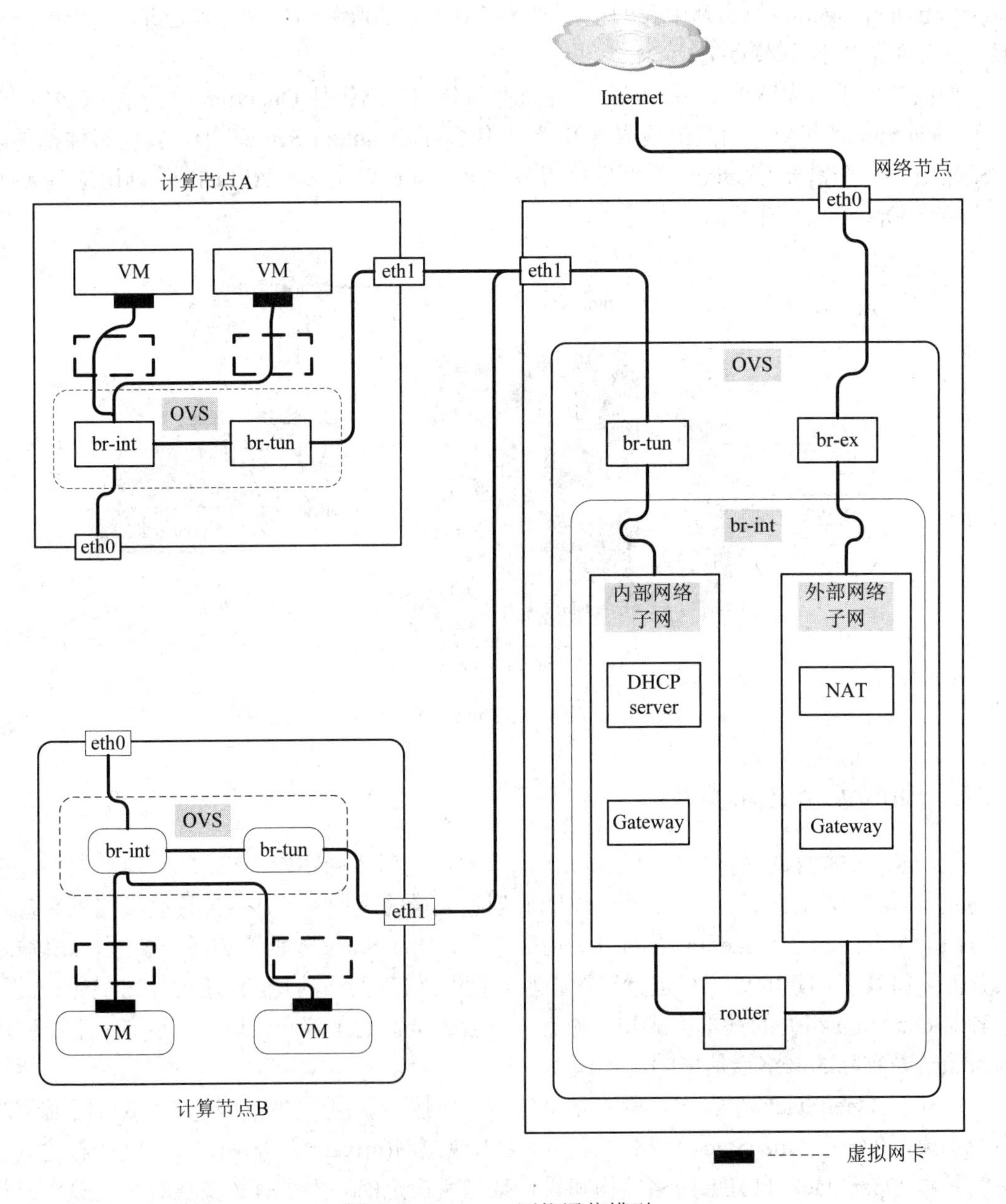


图 7-8　Quantum 网络通信模型

在计算节点上，这一部分的网络数据流主要是计算节点的物理网卡与虚拟机之间的通信。从图 7-8 中可以看出，每一个虚拟机依赖于其使用的虚拟网卡(OpenStack 官网中的资料显示，该网卡类似于 Linux 中的 tag 设备，这种 tag 设备在这一部分的网络连接中起到了关键的作用，这一点在 OVS 与虚拟机的关系部分有详细的讲解)与 OVS 上的网桥 br-int 连接，它相当于一个虚拟交换机，将与之相连通的虚拟机(哪怕是分布在不同的物理主机上)组成一个逻辑网络。br-int 网桥一方面联通了物理网卡 eth0，虚拟机可以通过这个链路实现虚拟机间的内网通信；另一方面，它连接至另外的虚拟网桥 br-tun 上，br-tun 也是由 OVS 虚拟出的一个网桥，但其功能和 br-int 不一样，它不是用来充当虚拟交换机的，而是将其作为一个与外网进行联通的通道层，这样，网络节点(或者部署有 Quantum-Server 控制节点)和计算节点、计算节点和计算节点就会点对点地形成一个以 GRE 隧道技术为基础的通信网络。

在网络节点(或者部署有 Quantum-Server 控制节点)上，也存在一个与计算节点功能相似的一个 br-tun 虚拟网桥，它仅仅是为了传输计算节点上 br-tun 网桥的数据而存在。而需要说明的是在网络节点上的 br-int 虚拟网桥，这个网桥具有路由和 DHCP 功能，Router 是由 l3-agent 根据网络管理的需要而创建的，该 router 与特定的一个子网绑定到一起，管理这个子网的路由功能。DHCP 也是 l3-agent 根据需要针对特定的子网创建的，从软件实现角度来讲，子网中的 DHCP 功能是由 l3-agent 启动的 dnsmasq 进程掌管，另外，网桥 br-int 还可以将内部使用的 IP 与外部 IP 进行映射，这一点为实现网络节点向外网进行数据转发奠定了基础。另外，在网络节点上还有一个 br-ex 虚拟网桥，该网桥主要实现的是联通物理网卡，实现与外部的网络进行自由的通信。

## 7.3 OpenStack 网络模式

OpenStack 网络十分复杂，它涉及虚拟网络、网络拓扑和网络流等内容，同时在管理层面上还存在内部网络、外部网络、管理网络等。Quantum 是 OpenStack 的网络 (网络控制器)管理组件，它负责创建虚拟网络并划分子网、使主机之间以及与外部网络互相访问等操作。控制节点通过消息队列分发 Quantum(或者 Nova-Network)提供的命令，这些命令之后会被 Quantum-Server 处理，主要的操作有：分配 IP 地址、配置虚拟网络和通信。本小节主要介绍目前 OpenStack 网络组件中经常采用的三种网络管理模式：Flat 模式、FlatDHCP 模式和 VLAN 模式。

### 7.3.1 Flat 模式

Flat 模式是最简单的一种网络管理模式，这种模式将所有实例(虚拟机)桥接到同一个虚拟网络，但在这种模式下需要手动设置网桥(包括配置网桥和外部的 DHCP 设备)。这种模式的原型是在 OpenStack 网络组件没有独立出来之前的 Nova-Network 网络模型，这种模式的网络拓扑是一种扁平的结构，虚拟机之间的网络连接关系也不复杂，基本上属于同一个网段(如图 7-9 所示)。

从图 7-9 中可以看出，Flat 模式较为简单，甚至在 Flat 这种模式中，网络本身不具备

DNS 和 DHCP 的功能，因而需要外部的相应服务器进行处理和协调(这些大多数情况下和 OpenStack 本身没有直接关系)，同时 Flat 也不具备子网管理、IP 地址分配等功能，在高版本的 OpenStack 中基本上很少采用这种模式。

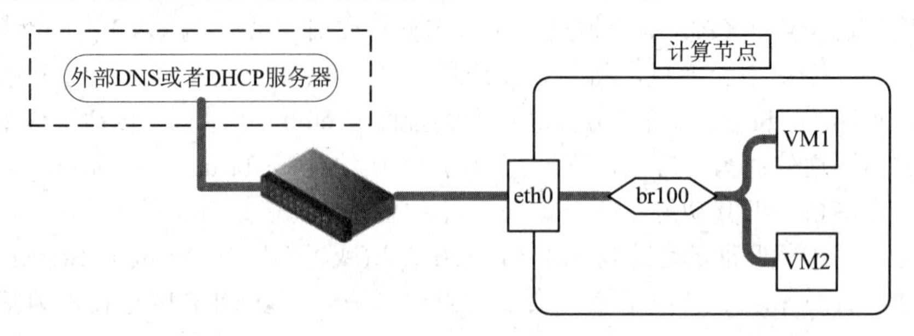


图 7-9　Flat 网络模式

## 7.3.2　FlatDHCP 模式

FlatDHCP 模式在 Flat 模式的基础上进行了一些优化和改进，图 7-9 中虚线部分用一个具有 DHCP 功能的进程代替，并将这个进程合并至计算节点，并在计算节点上创建对应的网桥，此时的计算节点网卡可以不需要 IP 地址，因为网桥把虚拟机与 Nova-network 主机连接在一个逻辑网络内。虚拟机启动时会发送 dhcp discover 请求以获取 IP 地址。虚拟机通往外界的数据都要通过 Nova-Network 主机，DHCP 在网桥处监听，分配 fixed_range 指定的 IP 段(fixed_range 在 Nova 的安装与部署中存在相关的配置参数，读者可以仔细查阅 nova.conf 文件)。另外，在控制节点上的 Nova 会建立与 Nova-Network 或者 Quantum 等网络组件相对应的网桥(Nova 的配置参数 flat_network_bridge=br100)，并给该网桥指定该网络的网关 IP，同时 Nova 在网桥处建立起一个 DHCP 进程，最后，建立 iptables 规则(SNAT/DNAT)使虚拟机能够与外界通信。

从图 7-10 中可以看出，FlatDHCP 模式就是在 OpenStack 的内部增加了一个 dnsmasq 作为 DHCP 服务器，可以实现 IP 地址的自动分配和相关的地址解析操作。

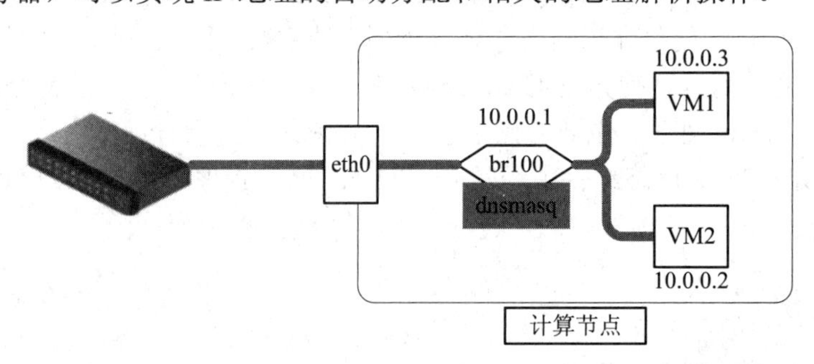


图 7-10　FlatDHCP 网络模式

## 7.3.3　VLAN 模式

VLAN 是指将局域网设备从逻辑上划分成一个个网段，这是一种常见的网络划分技术。在 OpenStack 中的任务均是基于租户的，在高版本的 OpenStack 中，租户可以拥有自己的子网，并对这些子网具有相应的管理权限。G 版的 OpenStack 在安装配置过程中有配置参数 network_manager，通过它可以设置网络管理模式，一般该参数的值是 nova.network.manager.FlatDHCPManager 或者 FlatManager，但默认的是 VLAN 模式。VLAN 模式与 Flat 模式的区别主要表现在地址分配方式上。

VLAN 模式是一种先将一个固定的 IP 地址段(fixed_range)配置完毕，例如使用以下命令：nova-manage network create --fixed_range_v4=10.0.1.0/24 --vlan=102 --project_id="tenantID" 然后，当在一个租户中创建虚拟机时，就能够把事先配置好的固定 IP 段中的某一个地址分配给这台虚拟机。从系统实现上是将网络与租户关联和为网络分配一个 VLAN 号。

而在 Flat 模式下，首先使用 nova-manage 命令为所有的租户创建一个 IP 资源池，例如：nova-manage network create --fixed_range_v4=10.0.0.0/16 –label=public

该命令相当于将所有的 IP 地址放在一个池中，当创建虚拟机以后，虚拟机就能够从该池中得到一个 IP 地址，也就是说，在 Flat 模式下的虚拟机构成的网络没有子网的概念，所有的虚拟机是存在于同一个局域网中的。

总之，在两种 Flat 模式里，网络控制器扮演默认网关的角色，实例都被分配了公共的 IP 地址，所有虚拟机都桥接在同一个网桥上，这种模式结构比较简单，租户之间没有隔离，但这种模式也存在一定弊端，首先是数量受限(超过一定上限时，IP 地址冲突)，另一方面，一旦在 Flat 模式中虚拟机的数量较多时，将无法避免网络风暴。

而 VLAN 模式功能丰富，很适合提供给企业内部部署使用，属于同一个 VLAN 中的虚拟机桥接在一个单独的网桥上，并且这些虚拟机的创建是基于租户的，这种方式很容易实现租户隔离。但是，需要支持 VLAN 的交换机来连接，而且实际部署时比较复杂，VLAN 的个数为 4094 个，也就是最多 4094 个子网租户，这不适用于公有云，一般在小范围实验中常采用 FlatDHCP 模式。

## 7.4　OpenStack 网络通信原理

“所有的虚拟机对外访问都需要通过网络节点，一方面能够实现网关终结，另外也能够将内网地址进行 NAT 转换，映射至公网上。”这是对 OpenStack 网络通信流程的总结。由于 OpenStack 的网络复杂性，数据传输在内网与外网之间(其依据是 OpenStack 平台之内的称之为内网，以外则称之为外网或公网)。本节通过介绍 OpenStack 的两种 IP 地址，详细阐述 OpenStack 的网络通信过程。

### 7.4.1　OpenStack 中的固定 IP 和浮动 IP

在 Nova 组件中有固定 IP 和浮动 IP 的概念。在 nova.conf 文件中读者也可以看相关的网络配置选项。在 nova.conf 文件中需要说明 OpenStack 的内网地址范围和外网地址范围，与之相对应的参数是 fixed_range 和 floating_range，两者都表示的是一个范围(这就是一个 IP 地址资源池)，同时也需要说明其他各个与 nova 通信的组件的网络地址(这种地址使用内网 IP 就可以)。

从 nova.conf 文件(如图 7-11 所示)中关于网络的相关配置可以看出，OpenStack 中固定

ip(fixed_ip)和浮动 IP(floating_ip)都是针对虚拟机(instance)，每个实例在创建的时候，内网的 DHCP 服务器能够通过 Nova 的网络请求，为新建虚拟机自动分配一个固定 IP，这个 IP 一旦分发出去，一般不再改变，而浮动 IP 是可以动态地与实例进行绑定和释放，能够满足实例的外网请求和数据通信的。

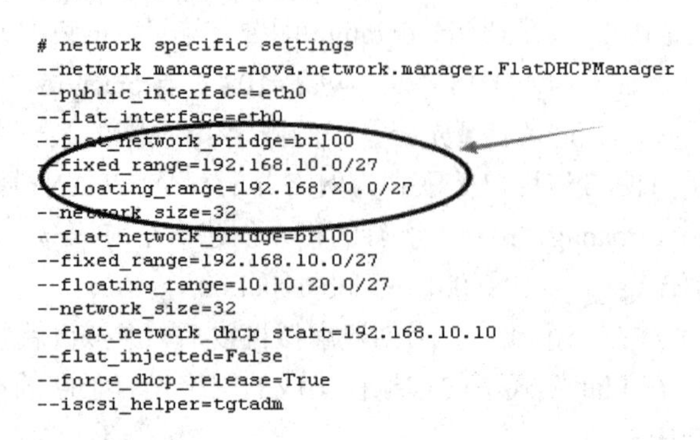

```
# network specific settings
--network_manager=nova.network.manager.FlatDHCPManager
--public_interface=eth0
--flat_interface=eth0
--flat_network_bridge=br100
--fixed_range=192.168.10.0/27
--floating_range=192.168.20.0/27
--network_size=32
--flat_network_bridge=br100
--fixed_range=192.168.10.0/27
--floating_range=10.10.20.0/27
--network_size=32
--flat_network_dhcp_start=192.168.10.10
--flat_injected=False
--force_dhcp_release=True
--iscsi_helper=tgtadm
```

图 7-11　nova.conf 中网络配置

总的来讲，固定 IP 和浮动 IP 是一种能够在不同 OpenStack 网络中标示虚拟机地址的机制。但需要说明的是固定 IP 是 Nova 中虚拟机必不可少的网络地址，这个地址是虚拟机在内部网络通信的基础；而浮动 IP 只有在虚拟机需要和有 OpenStack 以外的网路通信需求时所绑定的。

### 7.4.2　Quantum 通信流程

按照上述 OpenStack 的网络模式和 IP 地址种类，一般情况下，OpenStack 的部署仍然采用传统的单节点(all-in-one)或多节点部署。由于在单节点的 OpenStack 中，网络控制器(网络节点)与计算节点是合并的，节点与节点间的通信就是在一台物理主机上完成，这种结构比较简单，但也掩盖了 OpenStack 复杂的网络实质；在多节点的 OpenStack 上，往往网络节点与计算节点相互独立，尽管这种方式比较复杂，但其能够将 OpenStack 的网络呈现出来，也给读者提供了很好的参考。本小节主要以 FlatDHCP 模式下，对 Quantum 的网络通信流程进行分析，使读者对 OpenStack 云平台的网络数据的流向和内外网间的协作关系有进一步的了解。

#### 1. 内网通信网络流

在当前较为流行的 OpenStack 部署中，将内网中的管理网络和数据网络合并，与外网相比，该网络中的不同节点均链接一块独立的网卡上，每个网卡应该配置的 IP 地址与 OpenStack 中的 fixed_IP 地址属于同一个网段。例如，在新建虚拟机时，Nova-Compute 与 quantum-server 中的 DHCP 服务程序通信就是通过这条链路。其时序流程如图 7-12 所示。

从图 7-12 中可以看出，部署在多个节点上的 OpenStack 的 DHCP 过程是虚拟机所在的计算节点与控制节点进行协作完成的。在控制节点上，使用 DNSmasq 工具(这种工具能辅助 Quantum 完成 DHCP、DNS 等服务，甚至能够通过 MAC 地址完成静态 IP 地址的绑定)完成对网桥 br100 的监听；在计算节点上创建一个虚拟机时，虚拟机要请求 DHCP 服务器分配一个 fixed_IP，虚拟机就通过内部网络发送一个 dhcp discover 请求，该请求到达控制节点以后，quantum-server 通过 DHCP 进程来响应这次请求，DHCP 进程收到请求后，根据虚拟机的 MAC 地址等信息，查询相关的 fixed_IP，然后分配地址给虚拟机，最后在收到虚拟机的确认以后，DHCP 服务还需要更新自己的地址信息。

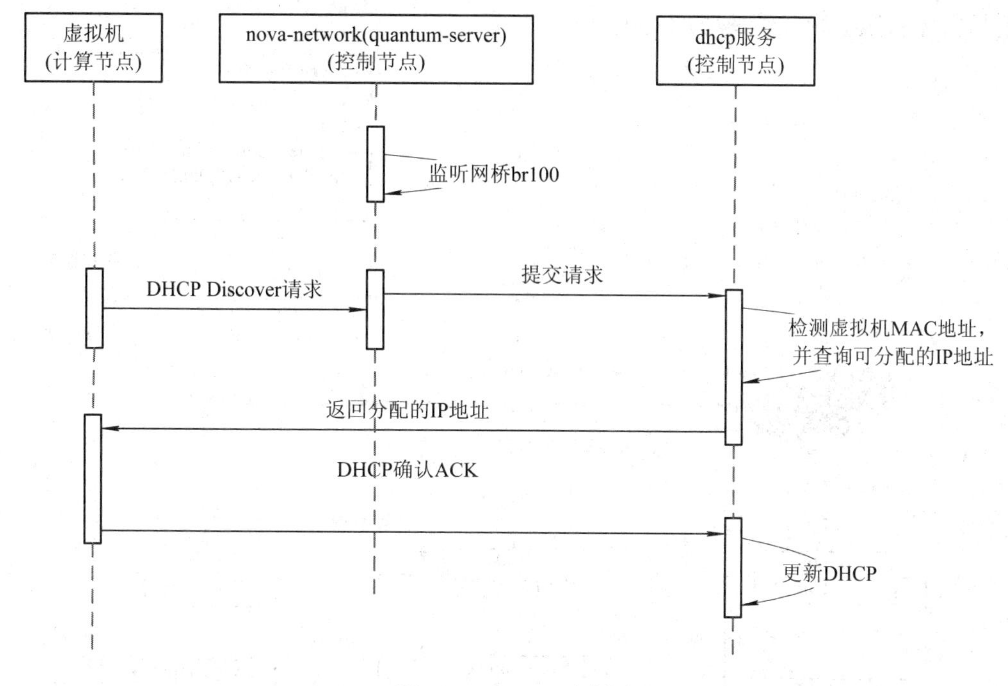


图 7-12　DHCP 时序图

### 2. 外网通信网络流

OpenStack 中外网网络流稍复杂些，在这个过程中需要通过 OpenStack 中虚拟路由器、地址映射等一系列的处理，具体读者可以参照图 7-13。图 7-13 描述的是多节点双网卡的 OpenStack 虚拟机参与的网络数据流。

从组件的部署上讲，控制节点和计算节点上均部署 Nova-network(G 版中控制节点上是 Quantum-Server 相关的服务，计算节点上是 Quantum Client 的各种服务)，每个虚拟机都有两个 IP(fixed_IP 和 floating_IP)，图中右上角中描述的是 Nova 中关于网络的配置参数，内网使用物理网卡 eth1，网段 10.0.0.x/27，共计 32 个逻辑子网；外网使用物理网卡 eth0，网段 192.168.10.x。

图中从计算节点上的虚拟机的 fixed_ip(10.0.0.3)发出虚线(标号 1)，该虚线经由虚拟机在 eth1 上链接的虚拟网络交换机，再经过本机的 Nova-network，最终回到虚拟机，这是该虚拟机进行 DHCP 请求的网络数据流，该过程在图 7-12 中已经有详细描述。

图中的虚线 2 描述的内网中虚拟机之间的通信，这一过程也是以虚拟机的 fixed_ip 为基础，经由计算节点内部的虚拟交换机，通过物理网卡 eth1，到达另一计算节点的 eth1 后，与目的虚拟机进行通信。

虚线 3 描述的是虚拟机与外网通信的过程。该过程包含两个主数据走向：虚拟机访问外网的数据流和外网访问虚拟机的数据流。尽管这两种数据通过的逻辑链路一致，其过程中的处理机制稍有不同。虚拟机访问外网的数据流时，数据从虚拟机中发出(使用

floating_ip)，经过内部的虚拟交换机，经由本机上的 Nova-Network 的处理，再转发到外网交换机上；外网访问内网中的虚拟机时，外网使用虚拟机的 floating_ip 进行通信，经过外网的交换机，将数据包发送至计算节点的 eth0 网卡，再由本机的 Nova-Network 进行地址映射后，才将数据转发给所对应的虚拟机。

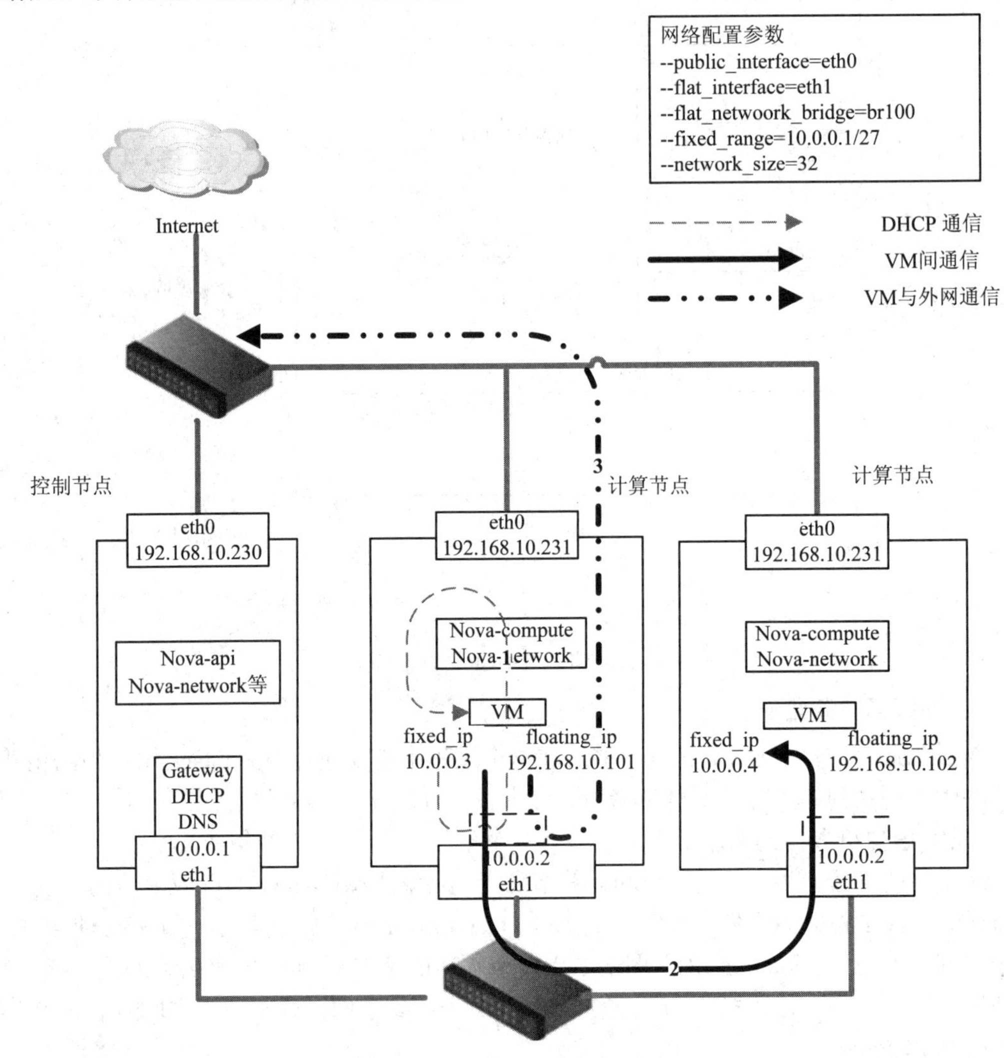


图 7-13　多节点 OpenStack 网络数据流图

## 7.5　Quantum 的安装与部署

本小节主要讲述 Quantum 组件的安装与部署，但由于 OpenStack 部署形式的多样化，Quantum 组件的部署一般存在以下几个方案：

### 1．控制节点、网络节点和计算节点分离

在这种方案中，在不同的节点上部署不同的服务。控制节点只需安装 Quantum-Server

Nova-API Nova-Common Nova-Conductor Nova-Novncproxy Nova-Scheduler Nova-Spiceproxy Nova-Consoleauth；网络节点需要安装 Quantum-dhcp-agent Quantum-l3-agent Quantum-metadata-agent Quantum-plugin-linuxbridge*；计算节点只需安装 Nova-Compute Quantum-plugin-linuxbridge-agent。

2．控制节点和计算节点分离

这种方案只需要将上述方案中的控制节点和网络节点合并，安装的服务也应该相应地进行合并；计算节点的服务不变，一般的应用采用这种方案的比较多。

本节中仅为了说明问题，以单节点的 OpenStack 的 Quantum 组件的部署过程为例，将所有的 Quantum 组件的相关服务安装在同一个服务器上。

### 7.5.1 准备工作

关于 Quantum 部署的准备工作在前面章节中已经完成，在 4.5 节的 Keystone 的部署中，已经完成 OpenStack 云平台的基本网络设置，主要完成了网卡的基本设置等。这里简单说明一下，笔者就不再赘述。

### 7.5.2 Quantum 的安装

1．Open vSwitch 安装

Open vSwitch 的安装比较简单，执行下列命令即可。需要注意的是 Open vSwitch 包含两个软件包：openvswitch-switch 和 openvswitch-datapath-dkms。

```
root@ubuntu:/# apt-get install -y openvswitch-switch openvswitch-datapath-dkms
```

2．使用 OVS 创建网桥

```
root@ubuntu:/# ovs-vsctl add-br br-int
root@ubuntu:/# ovs-vsctl add-br br-ex
```

注：这一步骤中创建了两个网桥 br_int 和 br_ex，它们分别对应内部网络和外部网络。

3．Quantum 组件的安装

```
root@ubuntu:/# apt-get install -y quantum-server quantum-plugin-openvswitch quantum-plugin-openvswitch-agent dnsmasq quantum-dhcp-agent quantum-l3-agent
```

注：这一步骤中包含 Quantum 组件的多个服务，它们分别是 quantum-Server Quantum-plugin-openvswitch、Quantum-plugin-openvswitch-agent、dnsmasq、Quantum-dhcp-agent、Quantum-l3-agent，它们的功能在本章的前半部分已经有相关的介绍，这里也不再详细描述。

4．创建 Quantum 数据库

首先，使用命令：`root@ubuntu:/# mysql –uroot –p[mysqlpassword]` 进入 MySQL 数据库；然后，使用下列 MySQL 命令完成数据库的创建。

```
CREATE DATABASE quantum;
GRANT ALL ON quantum.* TO 'quantumUser'@'%' IDENTIFIED BY 'quantum';
```

最后，执行命令 quit 退出 MySQL。

### 5. 启动 Quantum 组件的相关服务

```
root@ubuntu:/etc/init.d# for i in $( ls quantum-* ); do sudo service $i status; done
```

注：quantum-*服务在/etc/init.d/目录下，执行上述命令时需要将当前目录进行切换，否则有错误提示。

### 6. 修改/etc/quantum/api-paste.ini 配置文件

```
[filter:authtoken]
paste.filter_factory = keystoneclient.middleware.auth_token:filter_factory
auth_host = 192.168.10.241
auth_port = 35357
auth_protocol = http
admin_tenant_name = service
admin_user = quantum
admin_password = service_pass
```

注：需要说明的是在配置文件中的 admin_password 应该与系统的环境变量保持一致，否则出错。

### 7. 修改配置文件 /etc/quantum/plugins/openvswitch/ovs_quantum_plugin.ini 中的相关参数

```
[DATABASE]
sql_connection = mysql://quantumUser:quantumPass@192.168.10.241/quantum
#Under the OVS section
 [OVS]
tenant_network_type = gre
tunnel_id_ranges = 1:1000
integration_bridge = br-int
tunnel_bridge = br-tun
local_ip = 192.168.10.241
enable_tunneling = True
#Firewall driver for realizing quantum security group function
 [SECURITYGROUP]
firewall_driver = quantum.agent.linux.iptables_firewall.OVSHybridIptablesFirewallDriver
```

注：本部分配置文件中需要注意 Quantum 数据库的 IP 地址、桥接的内部网桥名称、网络模式等信息。

### 8. 修改文件/etc/quantum/metadata_agent.ini

```
# The Quantum user information for accessing the Quantum API.
auth_url = http://192.168.10.241:35357/v2.0
auth_region = RegionOne
admin_tenant_name = service
```

```
admin_user = quantum
admin_password = service_pass
# IP address used by Nova metadata server
nova_metadata_ip = 127.0.0.1
# TCP Port used by Nova metadata server
nova_metadata_port = 8775
metadata_proxy_shared_secret = helloOpenStack
```

注：本部分主要注意的内容和上一文件内容相似，大部分内容应该和上述内容一致，只需要修改 auth_url 中的控制节点的 IP 地址。

### 9．修改 quantum.conf

```
[keystone_authtoken]
auth_host = 192.168.10.241
auth_port = 35357
auth_protocol = http
admin_tenant_name = service
admin_user = quantum
admin_password = service_pass
signing_dir = /var/lib/quantum/keystone-signing
```

注：该部分是关于 Quantum 组件的配置，其中需要注意的是 auth_host 的 IP 地址，另外 admin_tenant_name、admin_user 和 admin_password 需要和系统保持一致。其他取上述内容的默认值。

### 10．重启所有 quantum-*服务

```
for i in $( ls quantum-* ); do sudo service $i restart; done
service dnsmasq restart
```

该部分命令与 5)相似，不用赘述。经过上述步骤，对 OpenStack 的部署就可以进行下一组件的安装。

# 第八章 Horizon 前端界面组件

按照前面章节的描述，整个 OpenStack 的大部分的核心组件可以部署完成，读者可以借助命令行终端，操作 OpenStack 的不同组件，查看、使用和管理整个 OpenStack 平台中的硬件资源。而 Horizon 组件为 OpenStack 用户提供了一种界面化的操作方式，用户可以通过一个 Web 网页实现对 OpenStack 云框架环境中的各种服务器资源的管理。本章主要从功能设计、部署安装等方面介绍 OpenStack 云平台的 Horizon 组件。

## 8.1 Horizon 组件概述

Horizon 是 OpenStack 各个组件服务的一种标准的显示模式。它通过一个 Web 网页将 OpenStack 中每个组件的运行状态、资源使用情况等信息呈现给 OpenStack 云平台的用户或管理员。

### 8.1.1 Horizon

Horizon 是 OpenStack 又一个主要的 Project(工程)，它被形象地比喻成 OpenStack 的“仪表盘”(Dashboard)。用户通过 Horizon 这个仪表盘可以看到 OpenStack 后台的所有虚拟硬件资源、虚拟机实例、网络结构、存储设备、用户信息等内容。

从图 8-1 中可以看出，Horizon 是整个 OpenStack 其他功能组件的门户，用户通过访问它提供的一个 Web 网页就能够获取其他组件的功能服务和基本信息，从而了解整个 OpenStack 框架中的运行和使用情况。

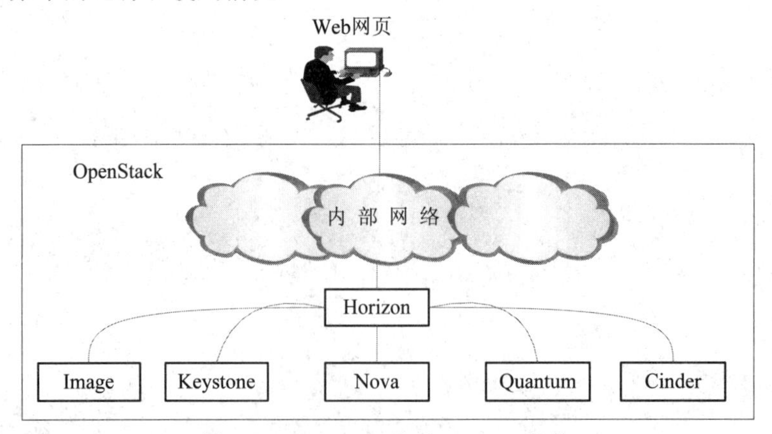


图 8-1 OpenStack 中的 Horizon 组件

### 8.1.2　Horizon 功能

Horizon 作为 OpenStack 独立的应用程序组件，其最初的功能是管理 OpenStack 的计算组件，囊括了 OpenStack 中每个组件的视图、组件 API 接口等。从 OpenStack 的 D 版本开始 Horizon 已经能够支持 OpenStack 中所有的组件服务，成为整个云平台的“仪表盘”。从 Horizon 的功能来讲，其功能主要表现在前台 Web 页面和后台 OpenStack 组件 API 调用两个方面：

#### 1．前台 Web 页面

Web 前台的主要功能是实现 OpenStack 组件的可视化。OpenStack 组件之间通过 REST 接口实现相互通信，而 Horizon 则是提供的一种 GUI，用户通过这个 GUI 界面可以了解到后台各种组件的工作状态和云平台中的资源。

#### 2．后台组件 API 调用

Horizon 的 Web 功能的实现借助于对各种组件提供的 API 接口进行调用，它通过 HTTP 协议网络请求，实现 Horizon 对 OpenStack 组件的访问，从而实现组件的 Web 前台可视化。

## 8.2　Horizon 基本架构

从上述对 Horizon 功能的描述中可以看到，OpenStack 的 Horizon 组件就是一个提供类似 Web Service 的服务器应用程序，用户通过访问 OpenStack 节点中的 Horizon 服务器，在浏览器中可以观察和掌握 OpenStack 平台下的资源使用情况。本小节主要介绍 Horizon 的设计架构。

### 8.2.1　Django

在认识 Horizon 组件架构之前，首先需要了解一下 Django 架构。Django 是高水准的 Python 编程语言驱动的一个开源模型-视图-控制器(MVC)风格的 Web 应用程序框架，它起源于开源社区。使用这种架构，程序员可以方便、快捷地创建高品质、易维护、数据库驱动的应用程序。这也正是 OpenStack 的 Horizon 组件采用这种架构进行设计的主要原因。另外，在 Django 框架中，还包含许多功能强大的第三方插件，使得 Django 具有较强的可扩展性。

按照 Django 官方网站的介绍，Django 可以运行在启用了 mod python 的 Apache 2 上，或是任何 WSGI 兼容的 Web 服务器上。Django 也有启动 FastCGI 服务的能力，因此能够应用于任何支持 FastCGI 的机器上。其框架主要包含以下几个核心部分：

#### 1．面向对象的映射器(ORM)

对象关系映射(Object-Relational Mapping)是 Django 框架中非常出色的一种数据库处理

方式。这部分的实现以 Python 类的形式定义数据模型，用作数据模型和关系性数据库间的媒介，通过数据库 API 非常方便地操作网站中的数据库。

**2. 基于正则表达式的 URL 分发器**

在 Django 框架下可以针对不同的组件服务，任意设计和生成 URL，简化了网络数据请求和访问。

**3. 视图系统**

视图系统主要用于处理请求，方便了页面的业务逻辑设计和实现。为最终用户提供设计的完美界面管理方案。

**4. 模板系统**

在 Django 中包含大量简洁的 HTML 模板文件，这些文件只用于描述页面的设计和实现，使用任何语言的程序员都可以使用这些模板实现自己的 Web 页面，这一特点规避了不同编程语言的差异性，增强了 Django 的可扩展性。

除了上述核心部分以外，在 Django 中还提供了一些扩展性的内容，比如 Django 框架中包含一个轻量级的服务器、支持几种缓存方式的缓存系统等。但由于篇幅问题，笔者在这里不再赘述。

### 8.2.2 Horizon 架构

Horizon 是一个基于 Django 架构的 Web 应用模块。整个页面的功能界面按照角色的划分分成管理员(administrator)和终端用户(terminal user)。整个 Horizon 都是通过管理员进行管理与控制，管理员可以通过 Web 界面管理整个 OpenStack 平台下的资源数量、运行情况、创建用户、虚拟机、向用户指派虚拟机、管理用户的存储资源等内容。当管理员将用户指派到不同的项目中以后，用户就可以通过 Horizon 提供的服务进入 OpenStack 中，使用管理员分配的各种资源(虚拟机、存储器、网络等)。

目前 OpenStack 版本中 Horizon 组件的页面布局在整体上分成三个“Dashboard”(仪表盘)：用户的 Dashboard、系统 Dashboard 和设置 Dashboard。这三个 Dashboard 从不同的角度向相关用户提供 OpenStack 平台中组件信息和组件相对应资源界面的呈现功能。如图 8-2 描述的就是 Horizon 中不同的仪表盘功能结构，当不同的用户登录 OpenStack 后，“Dashboard”中可能显示的内容存在一定的差异，但这三个“Dashboard”上所显示的内容仍然来源于 OpenStack 其他组件。Horizon 通过前台的 Web 页面将 OpenStack 其他组件隐藏于后台，以一种形象化的形式，将 OpenStack 框架中的服务、资源呈现给用户。

需要注意的是，由于 Horizon 参照 Django 的架构进行设计，在 Horizon 中包含一个 Apache 服务器程序，Horizon 通过这个 Apache 服务器对客户端浏览器程序进行网络监听，从而对客户端程序进行响应，整个过程基本上与一般的 B/S 网络通信模式一致，Horizon 相当于 OpenStack 的服务器程序，用户可以使用浏览器对 OpenStack 进行访问。

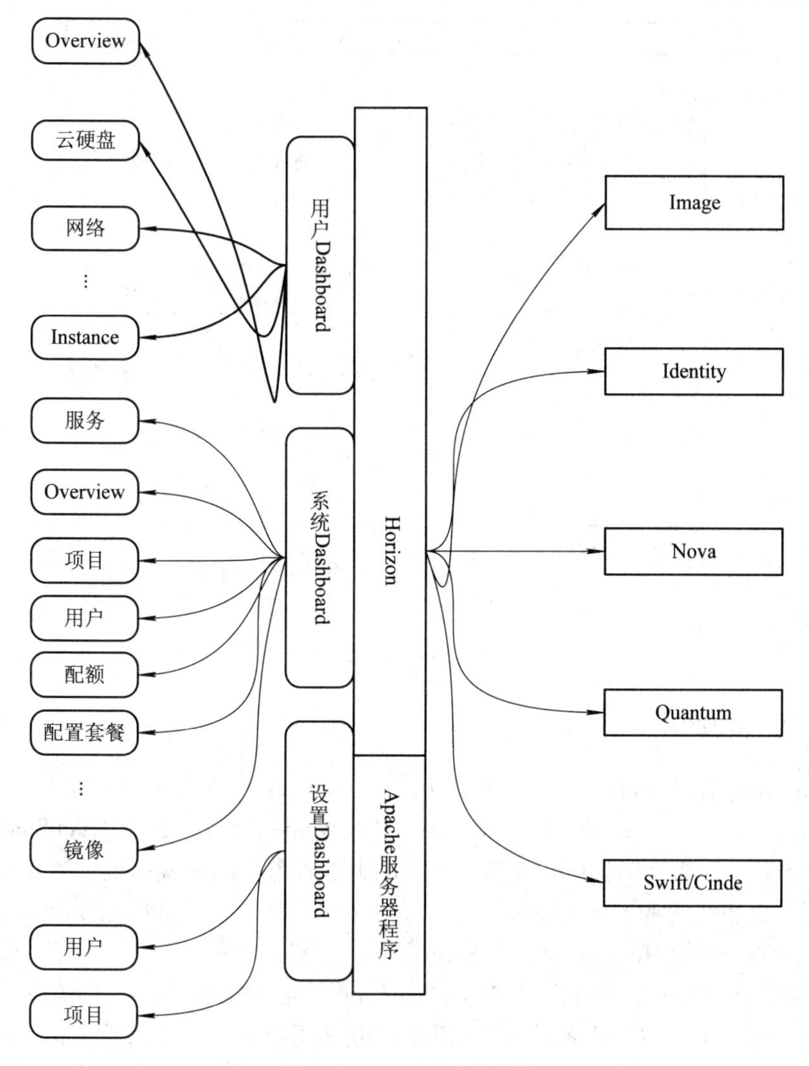


图 8-2　Horizon 功能架构

## 8.3　Horizon 工作原理和定制

通过上述架构分析，本小节主要对 Horizon 组件的工作流程和 Horizon 的拓展实现进行简单描述。

### 8.3.1　Horizon 的工作过程

对于 Horizon 的工作流程，本节通过 OpenStack 的 admin 用户使用 Horizon 创建虚拟机的过程进行说明(如图 8-3 所示)。

从图 8-3 中可以看出，用户通过 Horizon 向 OpenStack 的后台组件 Nova 发送创建虚拟机的指令，Nova 经过 keystone 的身份确认以后，使用 Nova-API 实现虚拟机的创建，并将创建的虚拟机的结果显示在 Horizon 的界面上。

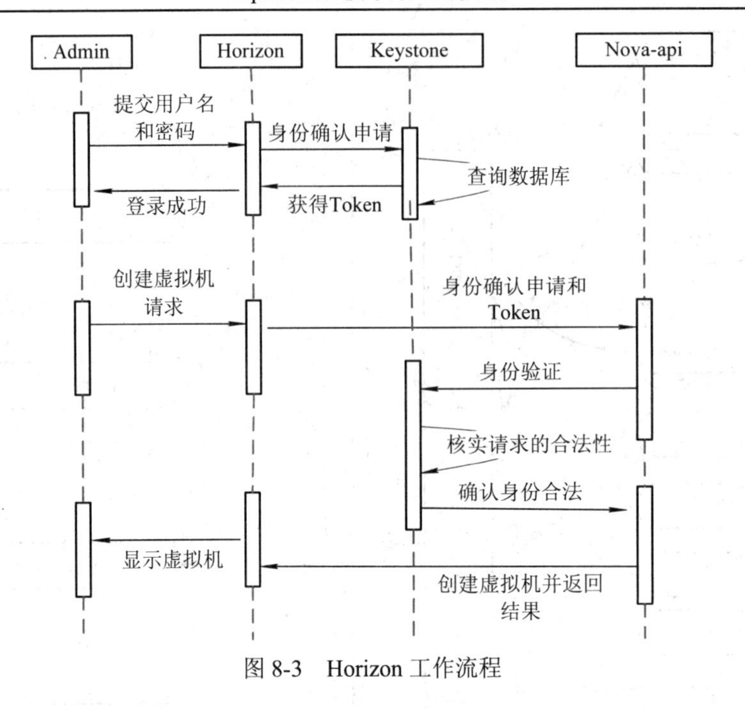


图 8-3　Horizon 工作流程

### 8.3.2　定制 Horizon

由于 Horizon 采用 Django 开源架构，并且 OpenStack 本身也是云计算开源社区中重要的一员，读者可以通过 OpenStack 的官网(http://www.openstack.org/)或 OpenStack 社区下载整个 OpenStack 不同组件的源码，可以在此基础上进行再次的开源拓展。本节通过 Horizon 定制的过程，旨在让读者了解 OpenStack 的界面可以进行个性定制，更为详细的内容读者可以参考 OpenStack 的 Horizon 组件的相关源码。

对于刚刚接触 OpenStack 的读者来讲，Horizon 的定制需要读者在了解 Horizon 代码架构的基础上进行。感兴趣的读者通过修改网页的配置等文件，可以实现修改 Horizon 的网页标题、页面的汉化、OpenStack 的 Logo 以及 Dashboard 等界面风格，甚至可以重新设计 OpenStack 的界面组件。

## 8.4　Horizon 安装与部署

经过上述章节内容的介绍，读者对 OpenStack 中的 Horizon 组件有了一定的了解，本小节主要介绍 Horizon 组件的安装与部署。相比而言，Horizon 的安装过程比较简单，其原理就是将 Horizon 组件部署在一个 Apache 服务器上，用户对 OpenStack 的访问可以通过浏览器进行，在请求这个 Apache 服务后，Horizon 就能够把用户需要的 OpenStack 信息显示在不同的 Web 网页上。

### 8.4.1　准备工作

在部署 Horizon 之前需要做一些简单的准备，一般来讲，Horizon 必须安装在 OpenStack

的控制节点上，由于本书介绍的 OpenStack 的部署就是基于 Ubuntu 12.04 server 的单节点部署，因此 Horizon 部署的准备工作量不大。

### 8.4.2 安装 Horizon

在 OpenStack 其他组件安装完成以后，按照如下步骤可以实现 Horizon 的安装。

(1) 安装 OpenStack Dashboard、Apache 和 WSGI 模块：

```
root@ubuntu:/ # apt-get install -y memcached libapache2-mod-wsgi openstack-dashboard
```

注：Horizon 的安装本身应该包含 WSGI(Web Service Gateway Interface)和 Apache，OpenStack 中的 Horizon 组件需要部署在 Apache 服务器上，因此需要安装这两个模块。

(2) 去掉 Ubuntu 的主题：

```
root@ubuntu:/#mv/etc/openstack-dashboard/ubuntu_theme.py/etc/openstack-dashboard/ubuntu_
theme.py.bak
```

注：该部分属于可选项，虽然 Ubuntu 中的 OpenStack Dashboard 与标准的 Dashboard 功能基本上一致，但风格上存在一定的差异。

(3) 找到 Dashboard 中的配置文件/etc/openstack-dashboard/local_settings.py，并修改 Memcache 的监听地址：

```
root@ubuntu:/ # vim /etc/openstack-dashboard/local_settings.py      //vim 打开文件，并配置以下
                                                                    三项内容
DEBUG = True
CACHE_BACKEND = 'memcached://1192.168.10.241:11211/'
OPENSTACK_HOST = "192.168.10.241"
```

(4) 修改/etc/memcached.conf 中关于本机 IP 地址：

```
root@ubuntu:/ # sed -i 's/127.0.0.1/1192.168.10.241/g' /etc/memcached.conf
```

(5) 启动 Memcached 服务：

```
root@ubuntu:/# service memcached resatrtroot
```

(6) 重启 Apache2 服务：

```
root@ubuntu:/# apache2 restart
```

注：Horizon 需要运行在 Apache 服务器上，在安装完 Horizon 以后，随着 Memcached 服务的重新启动，Horizon 就能够启动。

## 8.5 Horizon 中的 Openstack

在完成上述步骤以后，整个 OpenStack 及其核心组件已经被部署在 Ubuntu 12.04 server 的单个节点上了，读者可以通过浏览器验证一下自己配置的 OpenStack 平台是否成功运行。本小节主要以 admin 用户身份，从 Horizon 的使用上介绍 Horizon 的验证过程。

### 8.5.1 登录界面

在浏览器的地址栏中添加 http://192.168.10.241/horizon/auth/login 并点击回车就可以看

到图 8-4 所示的 OpenStack 的登录页面，在这个页面中，需要用户输入实现在 OpenStack 的 keystone 组件的数据库中创建的用户名和密码，当读者点击“登入”按钮时，该页面通过发送 HTTP 包，向 keystone 进行用户身份验证。笔者测试的用户名和密码是 keystone 中事先已经创建和保存的，分别是“admin”和“openstack”。

如果身份验证通过，图 8-4 中的页面将会跳转至管理员 admin 的 Overview 页面，在这个页面上包含关于 OpenStack 的一些基本情况和常用页面选项卡，目前正在打开的是 Overview 选项卡，如图 8-5 所示。

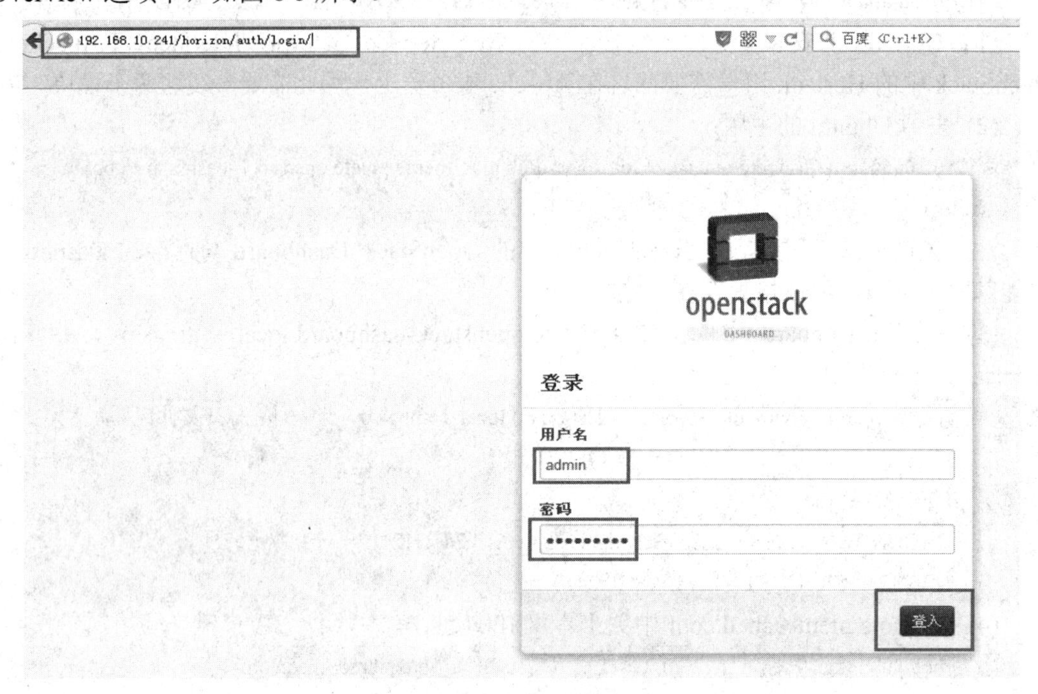


图 8-4　Horizon 登录 OpenStack

图 8-5　OpenStack 的 admin 用户的 Overview

## 8.5.2　云平台资源管理

在 OpenStack 主页面的左侧，有两个选项卡：项目和管理员(如图 8-6 所示)。选中项目选项卡，可以看到整个 OpenStack 云平台的资源使用情况等信息。在这个页面中，从页面的进度条中可以看到整个云平台能够支持的云主机总个数及分配使用情况、虚拟 CPU 的个数及分配使用情况、内存总容量及分配使用情况等信息。

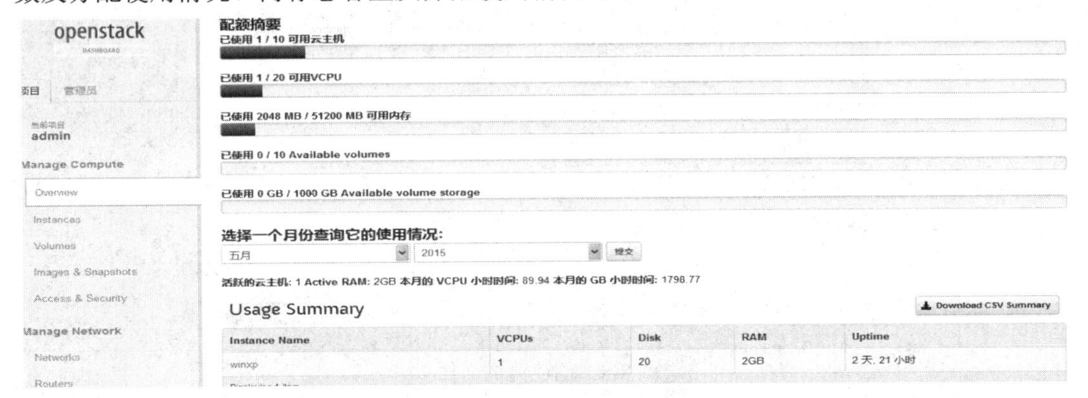


图 8-6　OpenStack 平台中资源情况

## 8.5.3　管理镜像

进入 OpenStack 以后，可以通过 Images 选项卡看到当前 OpenStack 中已经存在的镜像(如图 8-7 所示)，在这个界面中，admin 用户可以创建一个系统镜像文件(点击右上角的“Create Image”按钮)和删除一个系统镜像(点击右上角的“Delete Image”按钮)。

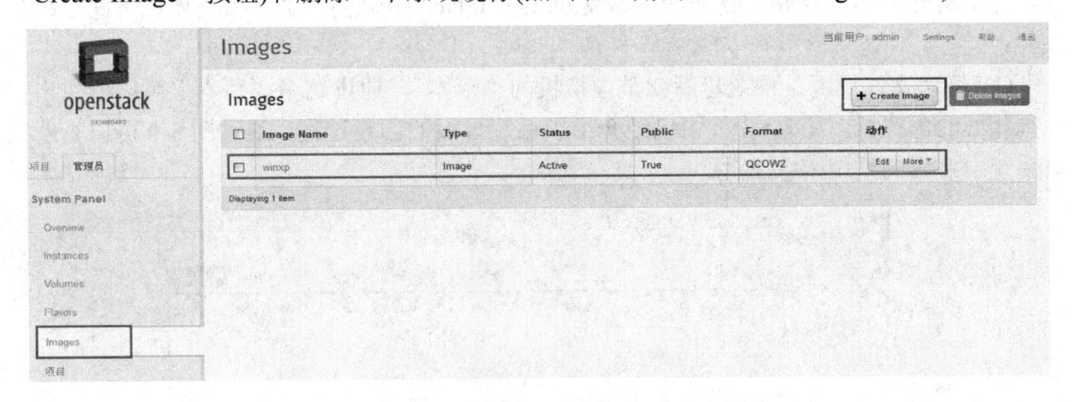


图 8-7　OpenStack 的镜像管理

需要说明的是，图中看到的“winxp”镜像，是笔者在测试 Glance 组件时上传至 OpenStack 的一个 Windows XP 系统镜像，读者可以在这个页面中自己创建一个系统镜像，其界面如图 8-8 所示。

在创建系统镜像时，需要读者指定镜像名字、镜像文件的存储路径(可以使用 .iso 和 .img 格式)、指定镜像文件的格式、最小磁盘空间、最小内存空间，甚至还可以设定该镜像文件的访问权限。一旦镜像创建成功，就会返回至图 8-7 所示的镜像列表，在这个列表中可以看到 OpenStack 中实时的镜像文件。

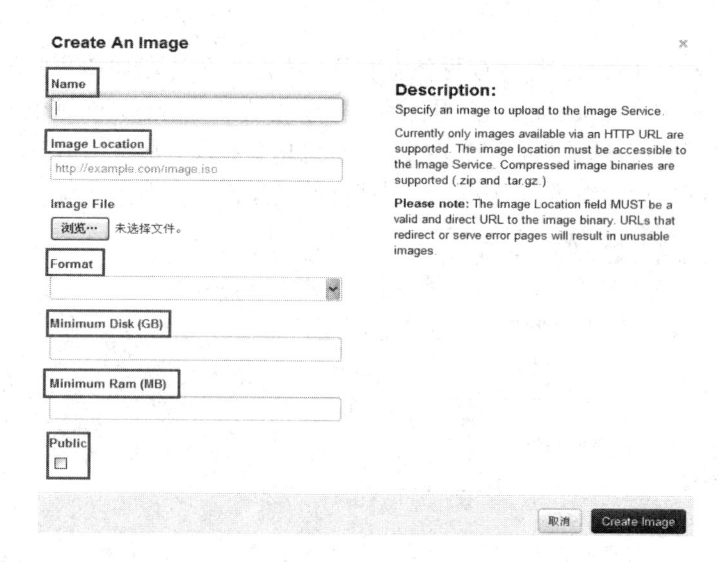


图 8-8　创建镜像文件

## 8.5.4　管理虚拟机

向用户提供虚拟的计算机资源是OpenStack的核心功能之一，通过OpenStack的Horizon组件提供的 Dashboard 可以方便、快捷地创建和管理 OpenStack 中的虚拟机。在上一小节的内容中，通过 Dashboard 可以向 OpenStack 的控制节点上传虚拟机的镜像文件，利用这些镜像文件可以创建虚拟机，这些虚拟机就是 OpenStack 云平台中能够向用户提供的计算服务。

虚拟机的创建过程并不复杂，在 G 版的 OpenStack 中，创建虚拟机需要以下两个准备条件：

(1) 镜像文件母版：系统母版就是虚拟机的“范本”，通过这个“范本”可以派生出一系列相同的虚拟机，在 8.5.3 节中已经介绍了系统母版的创建过程，通过图 8-9 可以查看当前系统中可用的系统镜像文件。

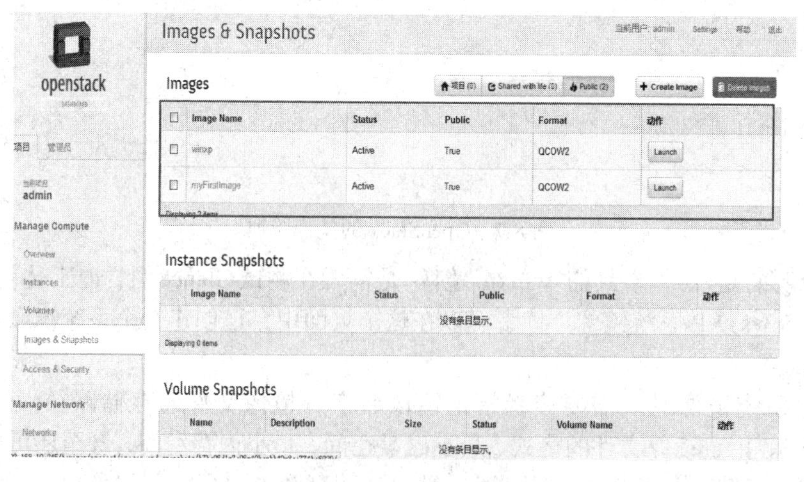


图 8-9　查看 image 文件

(2) 子网：在 OpenStack 目前的版本中，创建一个虚拟机时，必须设定其所在的子网，因此在创建虚拟机之前，应该创建一个子网，该子网的 IP 地址划分及设定，可以随意由用户创建，在图 8-10 中需要指定划分子网的名称、网络地址(具体格式由系统提示)、子网网关地址等内容。

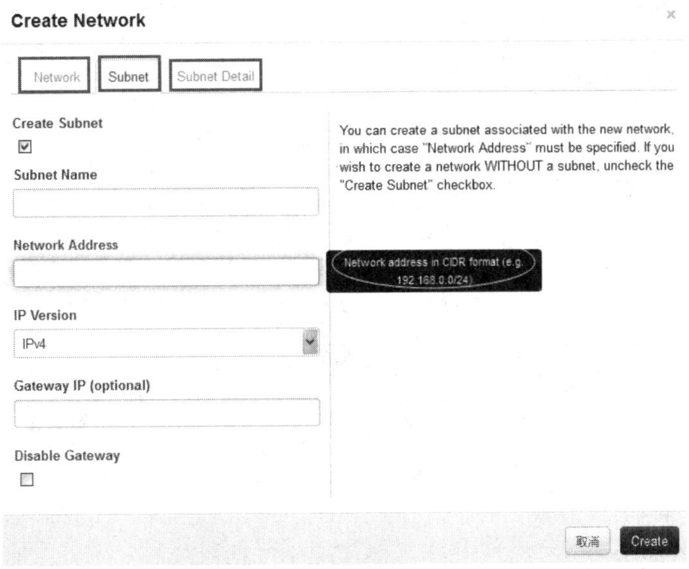

图 8-10　创建子网

当子网创建成功以后，在 OpenStack 的 Dashboard 中还可以浏览用户划分的子网的拓扑结构图，如图 8-11 所示。

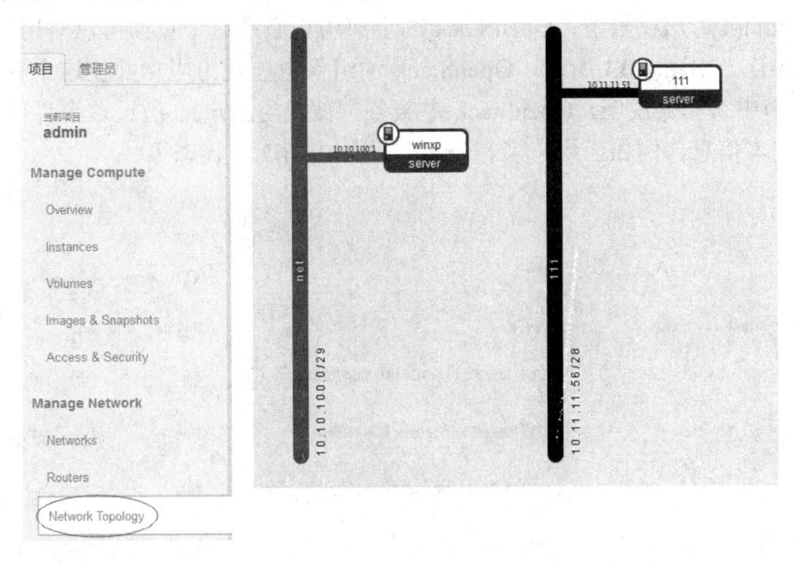


图 8-11　网络拓扑图

图 8-11 所示的两个子网如果需要通信，还需要通过 Router 选项卡设置相关的路由器。完成上述准备工作以后可以通过镜像文件列表中的 Launch 按钮实现虚拟机的创建。图 8-12 所示是虚拟机的创建过程，通过下面的向导过程，用户便可以创建一个虚拟机。

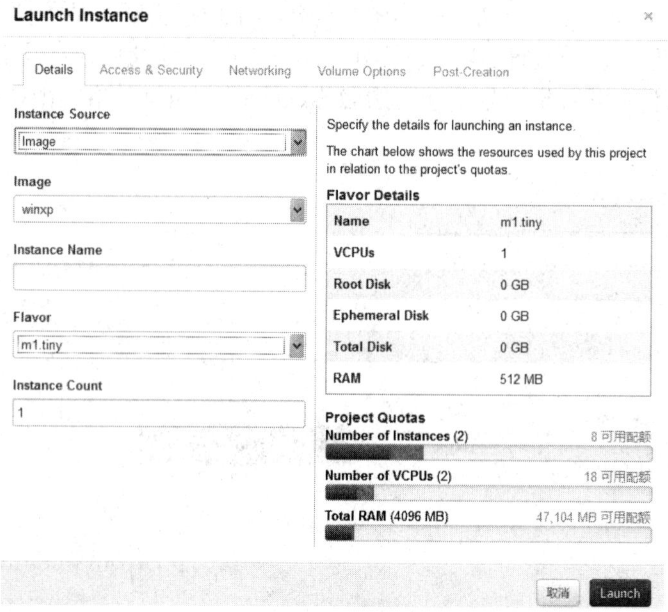

图 8-12　创建虚拟机

## 8.5.5　管理用户

用户是 OpenStack 中的核心概念之一，本小节主要介绍通过 OpenStack 的 Horizon 管理 OpenStack 中的用户。

在 OpenStack 整个面板的左侧有一个 User 选项卡，在这个选项卡的右侧部分我们可以看到，当前 admin 用户权限下，OpenStack 的全部用户通过这个页面可以对用户进行创建、删除等管理操作。如图 8-13 所示，OpenStack 的组件也被视为用户并在这个界面中进行管理(在前面章节中有相关说明，OpenStack 中服务也被视为用户)，通过这个界面能够查看每一个用户的基本信息，例如：用户名、Email、用户的 ID 和状态等。

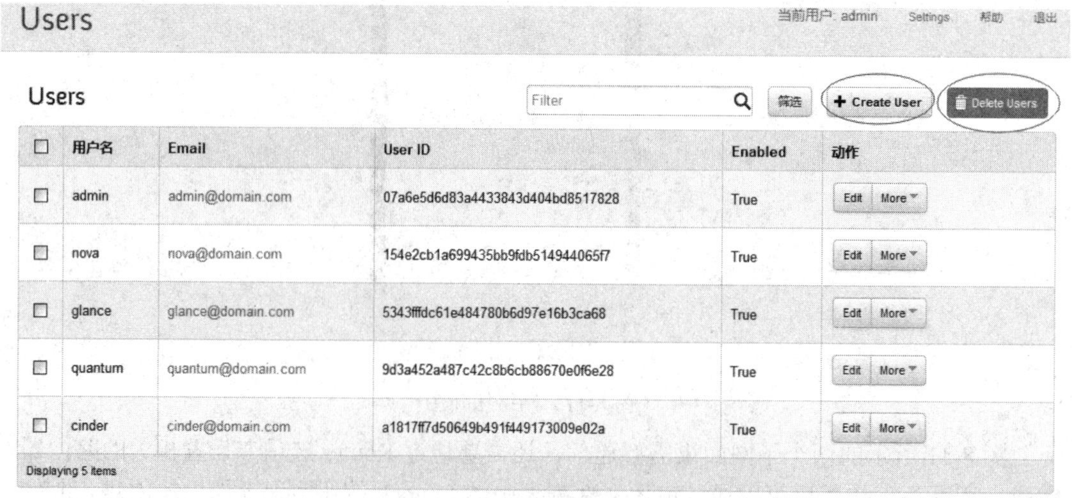

图 8-13　OpenStack 中的用户

### 1. 创建用户

在图 8-13 中所示页面的右上角，点击 create user 按钮，便可使用图 8-14 中的界面实现用户的创建，创建用户需要填写用户名、密码、角色等信息。

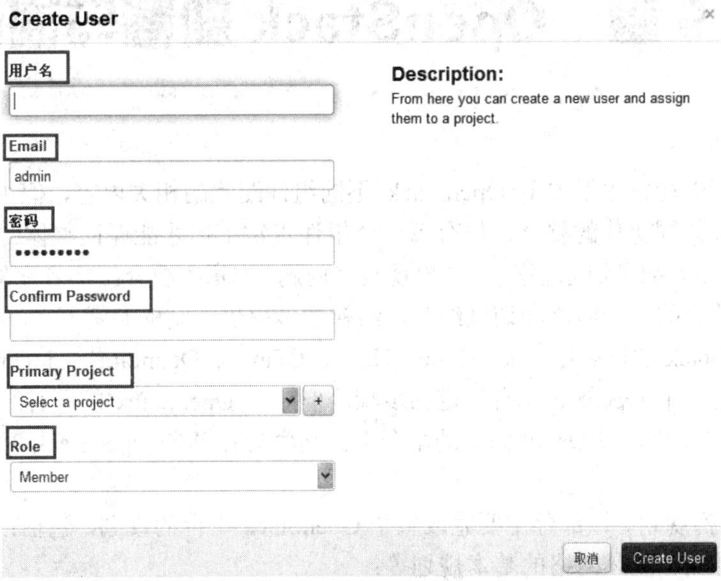

图 8-14　创建用户

### 2. 删除用户

删除用户和创建用户一样，首先在选中要删除的用户，然后点击右上角的 delete 按钮就能够把所选的用户删除，最后刷新页面即可。

# 第 9 章 OpenStack 部署与调试

在前面章节中均包含了关于 OpenStack 不同组件配置的相关内容，但由于 OpenStack 是一个所有组件共同协作的整体，只有每一个组件正常工作才能保证整体的正常工作，因此，OpenStack 在部署的实践过程中，会出现较多问题。本章主要介绍笔者在配置 OpenStack 的过程中经常遇到的一些问题和调试经验，给初学者提供一定的参考。

按照 OpenStack 的核心组件 keystone、Nova、Glance、Quantum、Cinder 和 Horizon 的工作关系，部署一个 OpenStack 有一定的步骤。但对于 OpenStack 的所有组件来讲，它们都是以 plugin 方式部署在 OpenStack 的平台上。初学者在部署 OpenStack 时只需要按照以下步骤进行即可：

(1) 平台架构规划。该部分主要完成整个 OpenStack 平台的规划，包括：网络拓扑、节点种类划分和链接、整体网络的基本规划等；

(2) 操作系统安装和网络基本配置(多块网卡的配置)。保证节点基础操作系统和网络连通性；

(3) 基础组件安装。该部分安装数据库、系统环境变量、NTP 服务、RabbitMQ、python 等公用组件；

(4) keystone 组件的安装。keystone 组件是诸多组件中必须首个部署的组件，在 keystone 的安装过程中，需要指定系统的 Endpoint 等信息，为 OpenStack 的其他组件提供网络服务的 URL 等内容；

(5) 依次将 OpenStack 的其他组件部署在不同的节点上。

上述内容是 OpenStack 的一般安装部署的基本步骤，需要读者注意的是，应将不同的 OpenStack 组件部署在相关的服务器节点上，以便 OpenStack 云平台管理员对整个云平台集群服务器的管理。

## 9.1 OpenStack 部署

本节介绍了在 Ubuntu12.04 Server 64bits 上，部署双网卡、单节点的 Grizzly 版 OpenStack，鉴于前面章节对该部分的内容都有介绍，本节不再对相关的内容做过多解释。

### 9.1.1 系统准备

为了避免在安装过程中可能会出现的系统权限不够或系统版本过低等现象，需要对已经装好的 Ubuntu 系统上进行 root 用户权限的切换和系统更新。

### 1. 用户切换

```
root@ubuntu:~# sudo passwd root
Enter new UNIX password:
Retype new UNIX password:                 //在此输入 root 用户的密码两次
passwd: password updated successfully     //最后提示密码更新成功，然后使用 su root 切换用户
```

### 2. 添加系统更新源

安装 ubuntu-cloud-keyring python-software-properties software-properties-common python-keyring 和添加 Ubuntu 的更新源到/etc/apt/sources.list.d/grizzly.list 文件中。

```
root@ubuntu:~#apt-get install ubuntu-cloud-keyring python-software-properties software-properties-common python-keyring
root@ubuntu:~#echo deb http: //ubuntu-cloud.archive.canonical.com/ubuntu precise- updates/ grizzly main >> /etc/apt/sources.list.d/grizzly.list
```

### 3. 更新系统

ubuntu 的更新需要从更新源中下载，该阶段需要时间较长。

```
root@ubuntu:~#apt-get update
root@ubuntu:~#apt-get upgrade
```

## 9.1.2 网络基本配置

双网卡、单节点的 OpenStack 网络拓扑相对较为清晰，单节点是将所有的 OpenStack 组件部署在同一个物理服务器上，双网卡是使用一个网卡(eth0)用于内部通信，该网络不需要与外界通信，只是用于 OpenStack 的组件内部使用，其地址可以随意配置，只要不与其他网络冲突(例如 IP 地址 10.10.100.51 就是采用的官网指导书中的 IP 地址)；另一块网卡(eth1)用于 OpenStack 与外部网络通信使用，该网卡的 IP 地址与读者实际网络中的 IP 地址应属于同一网段(例如笔者采用的 IP 地址是 192.168.10.x)。

(1) 编辑网络配置文件的网卡参数：

```
root@ubuntu:~# vim /etc/network/interfaces
# The primary network interface
auto eth0
iface eth0 inet static
        address 10.10.100.51
        netmask 255.255.255.0
auto eth1
iface eth1 inet static
            address 192.168.10.245
            netmask 255.255.255.0
            gateway 192.168.10.250
            dns-nameservers 222.139.215.195 202.102.224.68
```

(2) 重启网络服务：

```
root@ubuntu:~# service networking restart
```

(3) 验证网络配置。在配置完成以后使用命令：

```
root@ubuntu:~# ifconfig
```

通过上述命令可以看到系统中两块网卡的配置信息如下：

```
eth0      Link encap:Ethernet  HWaddr 00:0c:29:7d:df:aa
          inet addr:10.10.100.51  Bcast:10.10.100.255  Mask:255.255.255.0
          inet6 addr: fe80::20c:29ff:fe7d:dfaa/64 Scope:Link
          UP BROADCAST RUNNING MULTICAST  MTU:1500  Metric:1
          RX packets:149 errors:0 dropped:0 overruns:0 frame:0
          TX packets:6 errors:0 dropped:0 overruns:0 carrier:0
          collisions:0 txqueuelen:1000
          RX bytes:36783 (36.7 KB)  TX bytes:468 (468.0 B)
          Interrupt:19 Base address:0x2000

eth1      Link encap:Ethernet  HWaddr 00:0c:29:7d:df:b4
          inet addr:192.168.10.245  Bcast:192.168.10.255  Mask:255.255.255.0
          inet6 addr: fe80::20c:29ff:fe7d:dfb4/64 Scope:Link
          UP BROADCAST RUNNING MULTICAST  MTU:1500  Metric:1
          RX packets:10277 errors:0 dropped:35 overruns:0 frame:0
          TX packets:4990 errors:0 dropped:0 overruns:0 carrier:0
          collisions:0 txqueuelen:1000
          RX bytes:2797463 (2.7 MB)  TX bytes:424673 (424.6 KB)
          Interrupt:19 Base address:0x2080
```

### 9.1.3 基础组件安装

(1) 安装 MySQL：

```
root@ubuntu:~# apt-get install mysql-server python-mysqldb
```

注：在安装 MySQL 时需要输入 MySQL 的 root 密码。

配置 MySQL：

```
root@ubuntu:~# sed -i 's/127.0.0.1/0.0.0.0/g' /etc/mysql/my.cnf
```

重启 MySQL 服务：

```
root@ubuntu:~# service mysql restart
```

(2) 安装 RabbitMQ：

```
root@ubuntu:~# apt-get install  rabbitmq-server
```

(3) 安装 NTP 服务：

```
root@ubuntu:~# apt-get install ntp
```

(4) 安装虚拟网桥：

```
root@ubuntu:~# apt-get install vlan bridge-utils
```

### 9.1.4 keystone 安装

(1) 安装 keystone 包：

```
root@ubuntu:~#apt-get install keystone
```

(2) 打开 MySQL 常见 keystone 数据库：

```
root@ubuntu:~# MySQL -uroot -popenstack
```

在 MySQL 中执行下列 SQL 语句：

```
CREATE DATABASE keystone;
```

```
GRANT ALL ON keystone.* TO 'keystoneUser'@'%' IDENTIFIED BY 'keystonePass';
quit;
```

(3) 修改 keystone 的数据库连接：

编辑/etc/keystone/keystone.conf 文件：

```
connection = mysql://keystoneUser:keystonePass@10.10.100.51/keystone
```

注：黑体部分必须要与创建时一致。

(4) 同步数据库：

```
root@ubuntu:~#service keystone restart//重启 keystone 服务
root@ubuntu:~#keystone-manage db_sync 同步 keystone 数据库
```

(5) 向 keystone 数据库添加原始数据。在 GitHub 中有两个脚本文件，该文件中的内容能够生成 keystone 中相关内容(链接 https://github.com/mseknibilel/OpenStack-Grizzly-Install-Guide/tree/master/KeystoneScripts，如图 9-1 所示)。

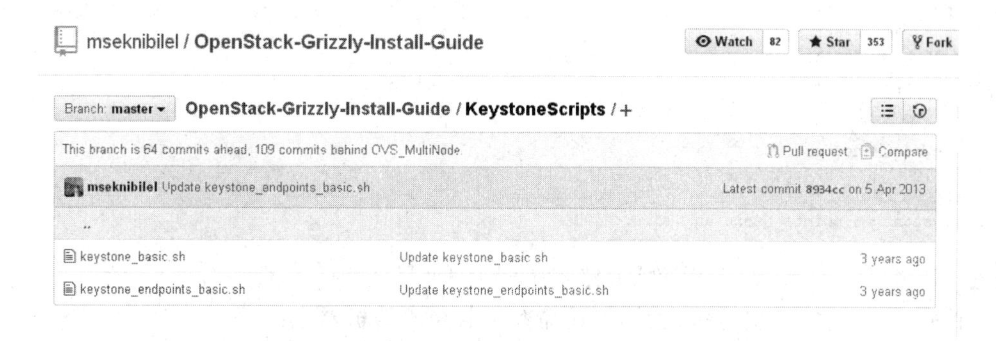


图 9-1　keystone 数据库脚本文件

在如图 9-2 所示的 keystone_basic.sh 文件中，主要包含 keystone 的环境变量等基本信息的配置，读者应注意的是，在这个文件中需要根据实际配置的内网 IP 网段修改 HOST_IP。

```
#!/bin/sh
#
# Keystone basic configuration

# Mainly inspired by https://github.com/openstack/keystone/blob/master/tools/sample_data.sh

# Modified by Bilel Msekni / Institut Telecom
#
# Support: openstack@lists.launchpad.net
# License: Apache Software License (ASL) 2.0
#
HOST_IP=10.10.100.51
ADMIN_PASSWORD=${ADMIN_PASSWORD:-admin_pass}
SERVICE_PASSWORD=${SERVICE_PASSWORD:-service_pass}
export SERVICE_TOKEN="ADMIN"
export SERVICE_ENDPOINT="http://${HOST_IP}:35357/v2.0"
SERVICE_TENANT_NAME=${SERVICE_TENANT_NAME:-service}

get_id () {
    echo `$@ | awk '/ id / { print $4 }'`
}

# Tenants
ADMIN_TENANT=$(get_id keystone tenant-create --name=admin)
SERVICE_TENANT=$(get_id keystone tenant-create --name=$SERVICE_TENANT_NAME)
"keystone_basic.sh" 56L, 2464C
```

图 9-2　keystone_basic.sh 文件

在如图 9-3 所示的 keystone_endpoints_basic.sh 文件中主要描述 keystone 中 Endpoints 的相关信息，同时读者在配置自己的 OpenStack 时也要根据实际的网络配置修改 HOST_IP 和 EXT_HOST_IP。

```
#!/bin/sh
#
# Keystone basic Endpoints

# Mainly inspired by https://github.com/openstack/keystone/blob/master/tools/sample_data.sh

# Modified by Bilel Msekni / Institut Telecom
#
# Support: openstack@lists.launchpad.net
# License: Apache Software License (ASL) 2.0
#

# Host address
HOST_IP=10.10.100.51
EXT_HOST_IP=192.168.10.245

# MySQL definitions
MYSQL_USER=keystoneUser
MYSQL_DATABASE=keystone
MYSQL_HOST=$HOST_IP
MYSQL_PASSWORD=keystonePass

# Keystone definitions
KEYSTONE_REGION=RegionOne
export SERVICE_TOKEN=ADMIN
"keystone_endpoints_basic.sh" 135L, 4490C
```

图 9-3　keystone_endpoints_basic.sh 文件

首先，上述两个文件可以使用下述命令下载至本地机器上：

```
root@ubuntu:~#wget https://raw.github.com/mseknibilel/OpenStack-Grizzly-Install-Guide/OVS_SingleNode /KeystoneScripts/keystone_basic.sh
root@ubuntu:~#wget https://raw.github.com/mseknibilel/OpenStack-Grizzly-Install-Guide/OVS_SingleNode/KeystoneScripts/keystone_endpoints_basic.sh
```

然后，修改该脚本文件的权限：

```
root@ubuntu:~#chmod +x keystone_basic.sh
root@ubuntu:~#chmod +x keystone_endpoints_basic.sh
```

最后，执行 keystone 的脚本文件：

```
root@ubuntu:~#./keystone_basic.sh
root@ubuntu:~#./keystone_endpoints_basic.sh
```

注：此时可以查看 keystone 数据库，与最初相比，此时的 keystone 数据库中会产生大量的表，同时在表中也会存在大量的记录。

(6) 添加环境变量：

```
root@ubuntu:~# echo "export OS_TENANT_NAME=admin ">>.bashrc
root@ubuntu:~# echo "export OS_USERNAME=admin">>.bashrc
root@ubuntu:~# echo "export OS_PASSWORD=admin_pass ">>.bashrc
root@ubuntu:~# echo "export OS_AUTH_URL="http://192.168.10.245:5000/v2.0/">>.bashrc
```

使用 keystone user-list 可以查看到：

```
+----------------------------------+---------+---------+--------------------+
|                id                |  name   | enabled |       email        |
+----------------------------------+---------+---------+--------------------+
| 573ac2ccf0d64f0ba1f3263b72564957 |  admin  |  True   |  admin@domain.com  |
| f75389e0bbe6427fa9d636451db106f5 | cinder  |  True   | cinder@domain.com  |
| 1148fcdac81d4c9a9f4df3d80c756a6e |  demo   |  True   |  demo@domain.com   |
| b30de7f69a2542f28385691901b251b2 | glance  |  True   | glance@domain.com  |
| 9b5dfeb525dd43c0908c71a232aa579a |  nova   |  True   |  nova@domain.com   |
| 895211711f9c4b058fec702875d31f39 | quantum |  True   | quantum@domain.com |
| d1ce0bee10c1412891ad70f52a1b7f7b |  swift  |  True   |  swift@domain.com  |
+----------------------------------+---------+---------+--------------------+
```

### 9.1.5 Glance 安装

(1) 安装 Glance 包：

```
root@ubuntu:~# apt-get install glance
```

注：Glance 包安装完成以后应该有两个服务(glance-api 和 glance-registry)启动运行，如果能够查询到相关服务进程的状态，说明该服务正常运行。

Verify your glance services are running:验证

(2) 创建 Glance 数据库：

```
root@ubuntu:~#mysql -uroot -popenstack
```

依次执行以下 SQL 语句：

```
CREATE DATABASE glance;
GRANT ALL ON glance.* TO 'glanceUser'@'%' IDENTIFIED BY 'glancePass';
quit ;
```

(3) 修改 /etc/glance/glance-api-paste.ini 文件配置：

```
root@ubuntu:~# vim etc/glance/gl ance-api-paste.ini
```

使用以下内容替换文件的相应部分：

```
[filter:authtoken]
paste.filter_factory = keystoneclient.middleware.auth_token:filter_factory
delay_auth_decision = true
auth_host = 10.10.100.51
auth_port = 35357
auth_protocol = http
admin_tenant_name = service
admin_user = glance
admin_password = service_pass
```

(4) 修改 /etc/glance/glance-registry-paste.ini 文件配置：

```
root@ubuntu:~# vim etc/glance/glance-registry-paste.ini
```

使用以下内容替换文件的相应部分：

```
[filter:authtoken]
paste.filter_factory = keystoneclient.middleware.auth_token:filter_factory
auth_host = 10.10.100.51
```

```
auth_port = 35357
auth_protocol = http
admin_tenant_name = service
admin_user = glance
admin_password = service_pass
```

(5) 修改 /etc/glance/glance-api.conf 配置文件。

glance-api.conf 中只需要修改 Glance 的数据库连接字符串 sql_connection 和认证方式 flavor。

```
sql_connection = mysql://glanceUser:glancePass@10.10.100.51/glance
[paste_deploy]
flavor = keystone
```

(6) 修改 /etc/glance/glance-registry.conf 配置文件。和上述配置文件相同只需要修改文件中 sql_connection 和 flavor。

```
sql_connection = mysql://glanceUser:glancePass@10.10.100.51/glance
[paste_deploy]
flavor = keystone
```

注：数据库连接字符串中数据库所在的服务器的 IP 地址属于内网网段(尽管只有一个节点)。

(7) 重启 Glance 相关服务：

```
root@ubuntu:~# service glance-api restart
root@ubuntu:~# service glance-registry restart
```

(8) 同步 Glance 数据库：

```
root@ubuntu:~# glance-manage db_sync
```

(9) 再次重启 Glance 相关服务：

```
root@ubuntu:~# service glance-api restart
root@ubuntu:~# service glance-registry restart
```

(10) 上传镜像。经过上述操作以后，Glance 组件已经安装成功，读者可以上传一个 .img 格式的系统镜像。在多数的 OpenStack 安装指导中推荐使用的一个 Ubuntu 系统镜像，读者可以到网上下载(https://launchpad.net/cirros/trunk/0.3.0/+download/cirros-0.3.0-x86_64- disk.img，该镜像经过笔者测试可以使用，该系统的用户名是 cirros，密码是 cubswin)。下面将该镜像上传至 OpenStack 中。

```
root@ubuntu:~# glance image-create --name myFirstImage --is-public true --container-format bare
--disk-format qcow2 --location https://launchpad.net/cirros/trunk/0.3.0/+ download/cirros-0.3.0-x86_64-disk.img
```

注：关于 .img 镜像的制作，在前面 Glance 一章中有相关介绍，读者可以查阅。

### 9.1.6 Quantum 安装

(1) 安装 OpenvSwitch：

```
root@ubuntu:~# apt-get install -y openvswitch-switch openvswitch-datapath-dkms
```

(2) 创建虚拟网桥：

创建用于连接虚拟机的网桥 br-int：

```
root@ubuntu:~# ovs-vsctl add-br br-int
```

创建一个用于连接外部网络的网桥 br-ex：

```
root@ubuntu:~# ovs-vsctl add-br br-ex
```

注：由于本次部署的是单节点，该网桥在一定程度上可以省略。

(3) Quantum 相关的服务：

安装相关软件包：

```
root@ubuntu:~# apt-get install quantum-server quantum-plugin-openvswitch quantum-plugin-openvswitch-agent dnsmasq quantum-dhcp-agent quantum-l3-agent
```

(4) 创建 Quantum 数据库：

```
root@ubuntu:~#mysql -u root –popenstack
CREATE DATABASE quantum;
GRANT ALL ON quantum.* TO 'quantumUser'@'%' IDENTIFIED BY 'quantumPass';
Quit;
```

(5) 手动启动 Quantum 的所有服务：

```
root@ubuntu:~#cd /etc/init.d/; for i in $( ls quantum-* ); do sudo service $i status; done
```

(6) 修改 /etc/quantum/api-paste.ini 配置文件：

使用下列内容替换文件中的相关内容

```
[filter:authtoken]
paste.filter_factory = keystoneclient.middleware.auth_token:filter_factory
auth_host = 10.10.100.51
auth_port = 35357
auth_protocol = http
admin_tenant_name = service
admin_user = quantum
admin_password = service_pass
```

(7) 修改 OVS 配置文件 /etc/quantum/plugins/linuxbridge/linuxbridge_conf.ini，使用下列内容替换文件中的相关内容

```
#Under the database section
[DATABASE]
sql_connection = mysql://quantumUser:quantumPass@10.10.100.51/quantum
#Under the OVS section
[OVS]
tenant_network_type = gre
tunnel_id_ranges = 1:1000
integration_bridge = br-int
tunnel_bridge = br-tun
local_ip = 10.10.100.51
```

```
enable_tunneling = True
#Firewall driver for realizing quantum security group function
[SECURITYGROUP]
firewall_driver = quantum.agent.linux.iptables_firewall.OVSHybridIptablesFirewallDriver
```

(8) 修改 /etc/quantum/metadata_agent.ini，使用下列内容替换文件中的相关内容：

```
# The Quantum user information for accessing the Quantum API.
auth_url = http://10.10.100.51:35357/v2.0
auth_region = RegionOne
admin_tenant_name = service
admin_user = quantum
admin_password = service_pass
# IP address used by Nova metadata server
nova_metadata_ip = 127.0.0.1
# TCP Port used by Nova metadata server
nova_metadata_port = 8775
metadata_proxy_shared_secret = helloOpenStack
```

(9) 修改 /etc/quantum/quantum.conf 配置文件，使用下列内容替换文件中的相关内容：

```
[keystone_authtoken]
auth_host = 10.10.100.51
auth_port = 35357
auth_protocol = http
admin_tenant_name = service
admin_user = quantum
admin_password = service_pass
signing_dir = /var/lib/quantum/keystone-signing
```

(10) 重启 Quantum 相关服务：

```
root@ubuntu:~#cd /etc/init.d/; for i in $( ls quantum-* ); do sudo service $i restart; done
root@ubuntu:~#service dnsmasq restart
```

### 9.1.7 Nova 安装

(1) 安装 Nova 包：

```
root@ubuntu:~#apt-get install cpu-checker
root@ubuntu:~#kvm-ok
```

注：因为 Nova 的正常工作需要服务器硬件支持虚拟化，所以 kvm-ok 检测硬件是否支持虚拟化，如果硬件支持虚拟化会有以下输出：

```
INFO: /dev/kvm exists
KVM acceleration can be used
```

(2) 安装和配置 KVM：

```
root@ubuntu:~#apt-get install kvm libvirt-bin pm-utils
```

(3) 启用 cgroup_device_acl 数组，修改/etc/libvirt/qemu.conf 配置文件，取消该数组的声明注释：

```
cgroup_device_acl = [
"/dev/null", "/dev/full", "/dev/zero",
"/dev/random", "/dev/urandom",
"/dev/ptmx", "/dev/kvm", "/dev/kqemu",
"/dev/rtc", "/dev/hpet","/dev/net/tun"
]
```

(4) 删除默认的虚拟网桥：

```
root@ubuntu:~#virsh net-destroy default
root@ubuntu:~#virsh net-undefine default
```

(5) 修改 etc/libvirt/libvirtd.conf 配置文件，使用下列内容替换文件中的相关内容：

```
listen_tls = 0
listen_tcp = 1
auth_tcp = "none"
```

(6) 修改 /etc/init/libvirt-bin.conf 文件中 libvirtd_opts 变量的值：

```
env libvirtd_opts="-d -l"
```

(7) 修改 /etc/default/libvirt-bin 文件：

```
libvirtd_opts="-d -l"
```

(8) 重启 libvirt-bin 服务：

```
root@ubuntu:~#service libvirt-bin restart
```

(9) 安装 Nova 组件：

```
root@ubuntu:~#apt-get install   nova-api nova-cert novnc nova-consoleauth nova-scheduler nova-
novncproxy nova-doc nova-conductor nova-compute-kvm
```

注：安装 Nova 的一系列软件包。

(10) 手动重启 nova-*服务：

```
root@ubuntu:~#cd /etc/init.d/; for i in $( ls nova-* ); do service $i status; cd; done
```

(11) 创建 Nova 数据库：

```
root@ubuntu:~#mysql -u root –popenstack
CREATE DATABASE nova;
GRANT ALL ON nova.* TO 'novaUser'@'%' IDENTIFIED BY 'novaPass';
quit;
```

(12) 修改 /etc/nova/api-paste.ini 配置文件，使用下列内容替换文件中的相关内容：

```
[filter:authtoken]
paste.filter_factory = keystoneclient.middleware.auth_token:filter_factory
auth_host = 10.10.100.51
auth_port = 35357
auth_protocol = http
```

```
admin_tenant_name = service
admin_user = nova
admin_password = service_pass
signing_dirname = /tmp/keystone-signing-nova
# Workaround for https://bugs.launchpad.net/nova/+bug/1154809
auth_version = v2.0
```

(13) 修改 /etc/nova/nova.conf 配置文件，可以使用下列内容覆盖整个配置文件：

```
[DEFAULT]
logdir=/var/log/nova
state_path=/var/lib/nova
lock_path=/run/lock/nova
verbose=True
api_paste_config=/etc/nova/api-paste.ini
compute_scheduler_driver=nova.scheduler.simple.SimpleScheduler
rabbit_host=10.10.100.51
nova_url=http://10.10.100.51:8774/v1.1/
sql_connection=mysql://novaUser:novaPass@10.10.100.51/nova
root_helper=sudo nova-rootwrap /etc/nova/rootwrap.conf
# Auth
use_deprecated_auth=false
auth_strategy=keystone
# Imaging service
glance_api_servers=10.10.100.51:9292
image_service=nova.image.glance.GlanceImageService
# Vnc configuration
novnc_enabled=true
novncproxy_base_url=http://192.168.10.245:6080/vnc_auto.html
novncproxy_port=6080
vncserver_proxyclient_address=10.10.100.51
vncserver_listen=0.0.0.0
# Network settings
network_api_class=nova.network.quantumv2.api.API
quantum_url=http://10.10.100.51:9696
quantum_auth_strategy=keystone
quantum_admin_tenant_name=service
quantum_admin_username=quantum
quantum_admin_password=service_pass
quantum_admin_auth_url=http://10.10.100.51:35357/v2.0
libvirt_vif_driver=nova.virt.libvirt.vif.LibvirtHybridOVSBridgeDriver
```

```
linuxnet_interface_driver=nova.network.linux_net.LinuxOVSInterfaceDriver
#If you want Quantum + Nova Security groups
firewall_driver=nova.virt.firewall.NoopFirewallDriver
security_group_api=quantum
#If you want Nova Security groups only, comment the two lines above and uncomment line -1-.
#-1-firewall_driver=nova.virt.libvirt.firewall.IptablesFirewallDriver
#Metadata
service_quantum_metadata_proxy = True
quantum_metadata_proxy_shared_secret = helloOpenStack
metadata_host = 10.10.100.51
metadata_listen = 127.0.0.1
metadata_listen_port = 8775
# Compute #
compute_driver=libvirt.LibvirtDriver
# Cinder #
volume_api_class=nova.volume.cinder.API
osapi_volume_listen_port=5900
```

注：该部分内容需要指定内部网卡、IP 地址等重要信息。

(14) 修改 /etc/nova/nova-compute.conf:配置文件，可以使用下列内容覆盖整个配置文件：

```
[DEFAULT]
libvirt_type=kvm
libvirt_ovs_bridge=br-int
libvirt_vif_type=ethernet
libvirt_vif_driver=nova.virt.libvirt.vif.LibvirtHybridOVSBridgeDriver
libvirt_use_virtio_for_bridges=True
```

(15) 同步 Nova 数据库：

```
root@ubuntu:~#nova-manage db sync
```

(16) 重启 Nova 相关服务：

```
root@ubuntu:~#cd /etc/init.d/; for i in $( ls nova-* ); do sudo service $i restart; done
```

注：正常情况下 Nova 服务启动后，Nova 的五个服务全部启动，使用 nova-manage service list 可以查看全部的 Nova 服务，并且其状态为:-)，如下所示。

```
root@ubuntu:~# nova-manage service list
Binary           Host                                 Zone             Status     State Updated_At
nova-cert        ubuntu                               internal         enabled    :-)   2015-10-14 10:20:45
nova-conductor   ubuntu                               internal         enabled    :-)   2015-10-14 10:20:40
nova-compute     ubuntu                               nova             enabled    :-)   2015-10-14 10:20:43
nova-consoleauth ubuntu                               internal         enabled    :-)   2015-10-14 10:20:48
nova-scheduler   ubuntu                               internal         enabled    :-)   2015-10-14 10:20:43
```

### 9.1.8　Cinder 安装

(1) 安装 Cinder 包：

```
root@ubuntu:~#apt-get install -y cinder-api cinder-scheduler cinder-volume iscsitarget open-iscsi iscsitarget-dkms
```

(2) 配置 iscsi 服务：

```
root@ubuntu:~#sed -i 's/false/true/g' /etc/default/iscsitarget
```

(3) 重启 iscsitarget 和 open-iscsi 服务：

```
root@ubuntu:~#service iscsitarget start
root@ubuntu:~#service open-iscsi start
```

(4) 创建 Cinder 数据库：

```
root@ubuntu:~#mysql -u root –popenstack
CREATE DATABASE cinder;
GRANT ALL ON cinder.* TO 'cinderUser'@'%' IDENTIFIED BY 'cinderPass';
quit;
```

(5) 配置 /etc/cinder/api-paste.ini 文件，使用下列内容替换文件中的相关内容：

```
[filter:authtoken]
paste.filter_factory = keystoneclient.middleware.auth_token:filter_factory
service_protocol = http
service_host = 192.168.10.245
service_port = 5000
auth_host = 10.10.100.51
auth_port = 35357
auth_protocol = http
admin_tenant_name = service
admin_user = cinder
admin_password = service_pass
```

(6) 修改 /etc/cinder/cinder.conf 配置文件，使用下列内容替换文件中的相关内容：

```
[DEFAULT]
rootwrap_config=/etc/cinder/rootwrap.conf
sql_connection = mysql://cinderUser:cinderPass@10.10.100.51/cinder
api_paste_config = /etc/cinder/api-paste.ini
iscsi_helper=ietadm
volume_name_template = volume-%s
volume_group = cinder-volumes
verbose = True
auth_strategy = keystone
#osapi_volume_listen_port=5900
```

(7) 同步 Cinder 数据库：

```
root@ubuntu:~#cinder-manage db sync
```

(8) 创建一个卷组并命名为 cinder-volumes：

```
root@ubuntu:~#dd if=/dev/zero of=cinder-volumes bs=1 count=0 seek=2G
```

```
root@ubuntu:~#losetup /dev/loop2 cinder-volumes
root@ubuntu:~#fdisk /dev/loop2
```

依次输入下列指令：

```
n
p
1
<回车>
<回车>
t
8e
w
```

(9) 创建物理卷和卷组：

```
root@ubuntu:~#pvcreate /dev/loop2
root@ubuntu:~#vgcreate cinder-volumes /dev/loop2
```

(10) 重启 Cinder 服务：

```
root@ubuntu:~#cd /etc/init.d/; for i in $( ls cinder-* ); do sudo service $i restart; done
```

### 9.1.9 Horizon 安装

#### 1. 安装 Horizon 包

```
root@ubuntu:~#apt-get install openstack-dashboard memcached
```

#### 2. [可选项]停用 ubuntu 风格

```
root@ubuntu:~#dpkg --purge openstack-dashboard-ubuntu-theme
```

#### 3. 重启 Apache 和 memcached 服务

```
root@ubuntu:~#service apache2 restart; service memcached restart
```

#### 4. 测试 OpenStack 的 dashboard

在浏览器中使用地址 192.168.10.245/horizon 访问 OpenStack：用户名：admin；密码：admin_pass。

## 9.2 问题与调试

本小节主要结合笔者在部署过程中遇到的一些问题及 OpenStack 的一般常规调试方法，对 OpenStack 的调试进行说明。

### 9.2.1 日志文件

在 Linux 系统中，管理员通过系统日志文件可以了解和分析系统在启动、运行等过程中的情况。而 OpenStack 在安装和配置的过程中依然采用这种方式，读者在部署 OpenStack

时，一旦出现问题，可以通过查阅这些日志文件来获取部分错误信息。

读者可以仔细地观察上述 OpenStack 的部署参考，在 OpenStack 的每个组件的配置文件中均包含有“# === Logging Options ===”一项，在这一项中对应有关于该组件的日志配置信息。例如在/etc/keystone/keystone.conf 中的以下内容：

```
# === Logging Options ===
# Print debugging output
# (includes plaintext request logging, potentially including passwords)
# debug = False
# Print more verbose output
# verbose = False
# Name of log file to output to. If not set, logging will go to stdout.
log_file = keystone.log
# The directory to keep log files in (will be prepended to --logfile)
log_dir = /var/log/keystone
```

在上述配置文件中，包含了日志文件的名称(log_file)、文件夹路径、(log_dir)以及日志调试信息输入选项(debug 和 verbose)等。而图 9-4 所示为整个系统中 /var/log 路径下的系统所有的日志文件，其中与 OpenStack 相关的有：Nova、Cinder、Glance、MySQL 等文件夹，在这些文件夹下，包含的若干日志文件分别记录着 OpenStack 各个组件的启动、错误等信息。

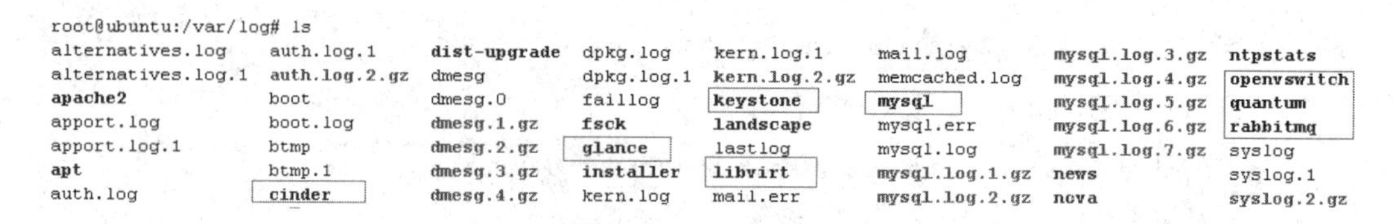


图 9-4　系统日志文件

需要说明的是，通过阅读日志文件进行调试 OpenStack，是每个 OpenStack 管理员的必备技能，对于初学者来讲，通过这些日志文件可以了解 OpenStack 组件的启动过程和调用关系，从而能够进一步了解和认识 OpenStack。

## 9.2.2　常见错误

### 1．网络配置完成后，重启失败

这种错误一般出现在系统的网络配置阶段，造成这种错误的原因是/etc/network/interface 文件中的配置信息有误。

### 2．Nova 服务启动不正常

正常的 Nova 启动结果应该是 9.2.7 节中所示的情形，每个 Nova 相关的服务状态应该是一个:-)，如果服务状态出现 XXX，则说明服务启动失败。而对于初学者，在配置完成手动重启 Nova 服务以后，可能会出现这几个服务的启动失败。当出现 Nova 服务启动异常的状况时，首先应该查阅相关的 Nova 日志文件(该部分内容在 9.3.1 节中有详细的说明)，然后根据日志文件的提示，分析错误原因。在一般情况下，笔者认为 Nova 服务启动异常的原因主要表现在两个方面：

- 硬件相关因素：在 Nova 诸多服务中，特别是 Nova-Compute 与硬件具有一定的相关性，例如，如果服务器硬件不支持虚拟化，Nova-Compute 就不能启动，在日志文件中就会出现 libvirt 相关的错误提示，出现这种情况时，就需要读者将计算机的虚拟化选项打开。
- 配置文件错误：在 Nova 启动异常时，配置文件出错是最常见的一种现象，在 Nova.Conf 中涉及 Nova 的全部配置信息，任何一项参数配置错误，都有可能造成 Nova 启动失败，这种错误需要读者仔细检查配置文件。

### 3．数据库访问失败

启动组件(以 keystone 为例)时如果出现提示信息：Access denied for user ‘keystone@localhost(using password:NO’)，说明数据库在访问时连接失败。这种错误只需要检查组件的配置文件中关于数据库连接字符串 connection 参数是否错误。

### 4．OpenStack 某一个组件安装出错

如果在部署 OpenStack 的某部分组件时，出现安装错误，或者不小心删除了某些文件内容，以至于安装不能向下继续进行时，只要没有删除系统文件等内容，只需要将出现错误的那个组件卸载掉，重新部署。例如下列命令用于清除 Glance 组件的全部内容：

```
root@ubuntu:~#apt-get remove glance glance-api glance-client glance-common glance-registry
python-glance
```

注：上述命令一般是与 apt-get install 相对应，**glance glance-api glance-client glance-common glance-registry python-glance** 应该与安装 Glance 时的软件包相同。

在清除完毕以后，按照 9.2 节中对应的部分进行重新安装就可以，没有必要重新安装 OpenStack 平台的操作系统。

### 5．keystone 安装时容易出现的错误

在安装 Keystone 时容易出现以下两种错误：

- 错误一：No handlers could be found for logger “keystoneclient.client”
- 错误二：sqlalchemy.exc.OperationalError: (OperationalError) (1045, "Access denied for user 'keystonedbadmin'@'localhost' (using password: YES)") None None

对于上述两种错误，一般情况下需要查看/etc/keystone/keystone.conf 中的配置，除了修改 admin_taken 和[sql]connection 外，需要改动配置文件中数据库连接字符串 connection = mysql://keystonedbadmin:openstack@localhost/keystone 中的 IP 地址，也就是将 localhost 替换为具体的 MySQL 数据库所在计算机的 IP。

### 6．使用 keystone 相关命令时的错误

在使用 keystone 时出现的错误一般情况下是由 keystone 与数据库连接或系统环境变量等因素造成的。例如：Keystone 用以下命令时：

```
root@ubuntu:~#keystone --tenant=admin --username=admin --password=openstack --auth_url=
http://127.0.0.1:5000/v2.0 user-list
```

出现以下错误提示：

```
No handlers could be found for logger "keystoneclient.client" Unable to communicate with identity service: [Errno 110] Connection timed out. (HTTP 400)
```

读者应该首先查看 .bashrc 的配置文件是否正确，注意地址 IP 是否正确，如果配置没有错误，使用命令 source.bashrc 重新加载系统环境变量，使之生效。然后再重启服务。

### 7．关于网络的问题

OpenStack 中网络问题向来被读者认为是最大的麻烦，并且网络问题基本上没有方法实现系统的跟踪调试。但根据笔者在 OpenStack 部署过程中的一些实践经验来看，如果碰到关于网络的问题，首先要检查的就是 /etc/nova/nova.conf 的配置是否正确，其次是查看 /etc/network/interfaces 配置的网络是否正确。

在 OpenStack 部署完成以后，在创建虚拟机时，每一台虚拟机都会有一个固定 IP 和一个浮动 IP。其中浮动 IP 和外网连接，它需要 floating ip 和外网设置的 IP 在一个网段中。下面是 /etc/network/interfaces 中基本网络配置内容：

```
auto lo
iface lo inet loopback
# The primary network interface
auto eth0
iface eth0 inet static
        address 10.103.66.51
        netmask 255.255.0.0
        network 10.103.0.0
        broadcast 10.103.255.255
        gateway 10.103.250.250
        # dns-* options are implemented by the resolvconf package, if installed
        dns-nameservers 202.102.224.68 222.139.215.195
        dns-search openstack
auto eth1
iface eth1 inet static
        address 192.168.111.4
        network 192.168.0.0
        netmask 255.255.0.0
        broadcast 192.168.255.255
```

按照实际的网络环境和 interfaces 文件的描述，服务器上存在两块网卡：eth0 和 eth1，其中 eth0 是外网使用，eth1 是内网使用。而这些网络参数在 Nova 的配置中都会有所体现，一旦配置不一致，那么网络可能就存在问题。

下面是 /etc/nova/nova.conf 的关于网络的部分重点内容：

```
#network specific settings
--network_manager=nova.network.manager.FlatDHCPManager
--public_interface=eth0
```

```
--flat_interface=eth1
--flat_network_bridge=br100
--fixed_range=192.168.111.10/17
--floating_range=10.103.128.1/17
--network_size=32768
--flat_network_dhcp_start=192.168.111.10
--flat_injected=False
--force_dhcp_release
--iscsi_helper=tgtadm
--connection_type=libvirt
--root_helper=sudo nova-rootwrap
#--verbose
--verbose=False
```

在这部分中，可以看到 public_interface 设置的是外网，而 flat 连接的是内网；内网的 IP 和 flat_network 的 IP 的网段也是相同的，浮动 IP 和外网的网段也是相同的，这样才能保证主机和虚拟机之间互相 ping 通。

总之，上述内容只是 OpenStack 部署中的一部分典型问题，但由于 OpenStack 的部署本身可能受到较多因素的影响，因而，在部署时出现的问题也是比较多的。该部分的内容还需要进一步完善。

## 9.3　基于 OpenStack 的实践案例

OpenStack 是一个开源的、由全世界 OpenStack 社区成员共同开发贡献的云平台，特别是伴随着云计算技术的快速发展，各类云服务平台应运而生。谷歌的 Google App Engine、亚马逊的 Amazon、IBM 的 BlueMix、微软的 Azure 都是该领域中的典型代表产品。用户通过网络使用这些平台，按需地从一个共享的、可配置的资源池中获取计算、存储、网络等资源。本小节主要介绍的 FastCloud 云平台是以开源的 OpenStack 核心架构为基础的一个实践案例，用于启发读者对 OpenStack 具体应用的了解和认识。

### 9.3.1　FastCloud 云平台

本节中的 FastCloud 云平台是一个能够为用户快速部署资源，并实现资源与设备之间数据快速传输的云服务管理平台。该平台能够根据用户的需求实现云服务的自适应扩展，用户可以通过客户端或者其他与网络相连的设备来访问云平台中的资源。通过集中部署，在数据中心即可完成所有管理维护工作。其主要功能表现在以下几个方面：

- 构建了基于云架构的弹性计算节点和控制节点，支持资源的横向扩展与快速扩容，并允许部分计算节点失效，而不影响用户体验；
- 基于远程帧缓冲机制，设计并实现了高效私有的快速传输云协议 FTC，支持云资源

(服务器)与终端设备(客户端)之间的快速数据传输与通信；

- 实现了多触点视频优化采集算法 MPV，大大减少了网络传输数据量，从而使云计算与云服务得到更好的推广与应用。

## 9.3.2 FastCloud 应用场景

FastCloud 是云计算中桌面云的典型应用。桌面云是一种远程桌面应用，它能够通过终端设备来访问跨平台的应用程序以及整个客户桌面，用户体验和使用传统 PC 是一样的。在桌面云系统中，操作系统和应用程序从终端分离开来，交由云服务平台托管。云服务平台为每个用户分配合适的虚拟机，提供计算和存储资源。用户的操作系统和应用程序运行在云平台所管理的虚拟机中，用户通过虚拟桌面访问自己的操作系统与应用程序。用户可以随时随地通过网络访问被授权的虚拟桌面与应用。在数据中心，可以对所有的虚拟桌面进行统一地高效维护、安装与升级，维护桌面的费用大大降低。而且，虚拟桌面的配置资源可以按照用户的需求进行动态调整，如图 9-5 所示是一般的云桌面的架构。

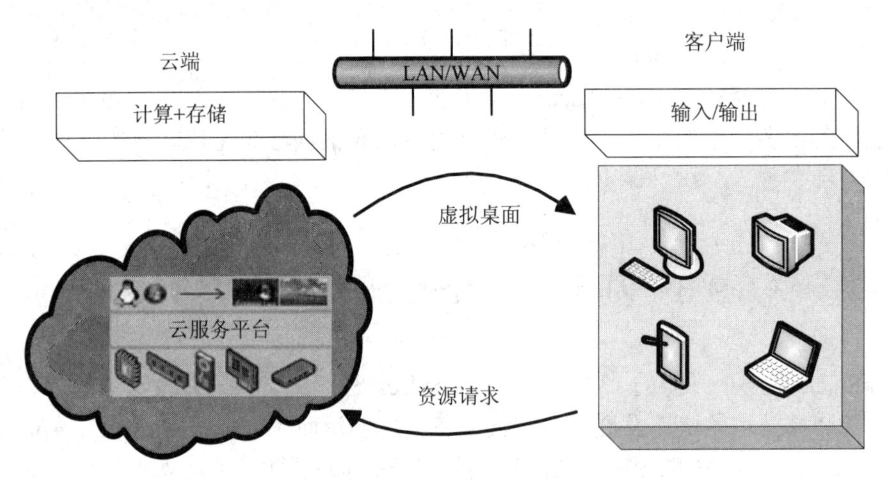


图 9-5　桌面云系统架构

FastCloud 是一个相对快速、高效的云服务管理平台。FastCloud 的框架主要包括 3 层：终端设备层、网络通信层和服务管理层，如图 9-6 所示。顶层是服务管理层，负责云端资源的管理和分发。支持通过 Web 应用的形式进行管理，通过统一、封装的 API 调用进行操作，屏蔽掉底层的设计细节，降低应用开发的难度。

中间层是网络通信层，负责数据的通信传输工作。可以将客户端的请求数据传送给云端服务器，同时将云端的资源数据回传给客户端。

底层是终端设备层，该层是用户请求数据的分发层，将用户的请求数据汇集，然后通过网络接口传送至网络通信层，并最终到达服务管理层，由服务管理层负责处理用户的资源请求。

FastCloud 云服务管理平台解决了传统意义上的分散、独立的桌面系统环境带来的问题，通过集中部署，在数据中心可以完成所有的管理维护工作。桌面云的用户桌面环境运行在数据中心服务器上，本地终端只是一个显示设备。通过 FastCloud 云服务管理平台，可以迅速恢复所有虚拟桌面，保证完全恢复业务的处理能力，实现更灵活、稳定和高效的云计算系统。

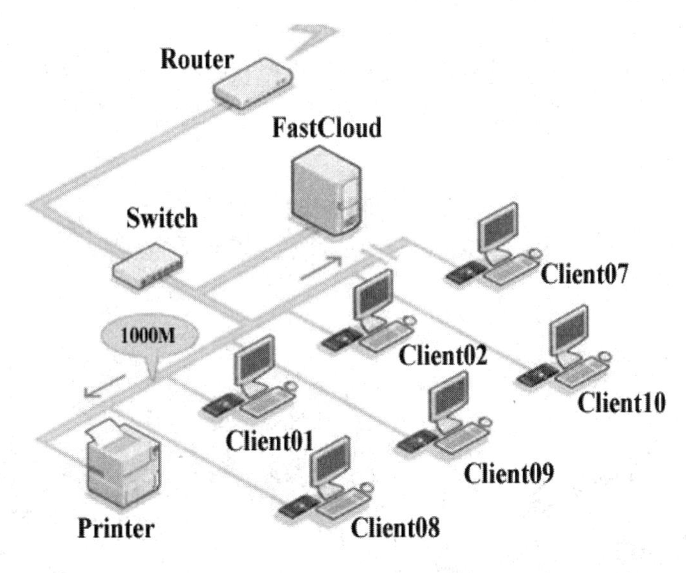


图 9-6　FastCloud 拓扑图

### 9.3.3　案例系统实现

FastCloud 云服务管理平台主要基于开源项目 OpenStack 设计实现。系统通过调用 OpenStack 组件实现 FastCloud 平台中资源的简单管理。在系统实现的前期准备中，读者只需要按照 9.2 节中 OpenStack 的部署过程将 OpenStack 的全部组件部署在对应的节点服务器上。FastCloud 通过 OpenStack 组件提供的 REST 的 API 服务接口，实现与 OpenStack 中资源池的管理与控制交互。

图 9-7 所示为 FastCloud 的组成部分及其与 OpenStack 的通信。FastCloud 主要包含云平台资源调度模块、终端设备支持模块、镜像衍生处理模块、数据中心引擎模块和 OpenStack 服务共享模块返 5 个模块。

(1) 云平台资源调度模块：该模块是本平台的核心部分，主要以 Web 应用的形式展现，并基于 OpenStack 的计算服务(Nova)组件，用以执行实际的资源供应与部署。其主要功能包括：在 Web 界面和数据库之间通信；执行集群管理的任务；为请求的应用配置和管理已安装的镜像；调度虚拟资源和进行弹性计算。其中 Nova 支持的虚拟化实例与外网隔离的方案，为云平台的部署和运行提供了安全的网络环境。

(2) 终端设备支持模块：该模块主要是使用云平台资源的终端设备，通过虚拟化技术，来整合异构平台的硬件资源，为云平台的使用者提供多元化的终端设备，实现设备与平台之间的无缝连接。

(3) 镜像衍生处理模块：该模块提供了各种虚拟机镜像，以服务的形式提供给用户。一个完整的用户虚拟机镜像可分为基础镜像、扩展镜像、客户镜像。基础镜像主要存放纯净版操作系统数据，扩展镜像在基础镜像之上增加相应功能，客户镜像则根据用户具体需求安装所需软件。

(4) 数据中心引擎模块：云资源集中于该模块，为上层模块提供统一的应用，从统一 API 获取参数，并通过 API 触发 OpenStack 存储管理器。该模块拥有计算节点和控制节点，用以调度和控制服务器资源。

(5) OpenStack 服务共享模块：对计算资源、授权、扩展性、网络等进行管理。通过对底层硬件的虚拟化，在该模块形成一个庞大的资源池，包括对计算设备的虚拟、存储设备的虚拟和网络的虚拟。

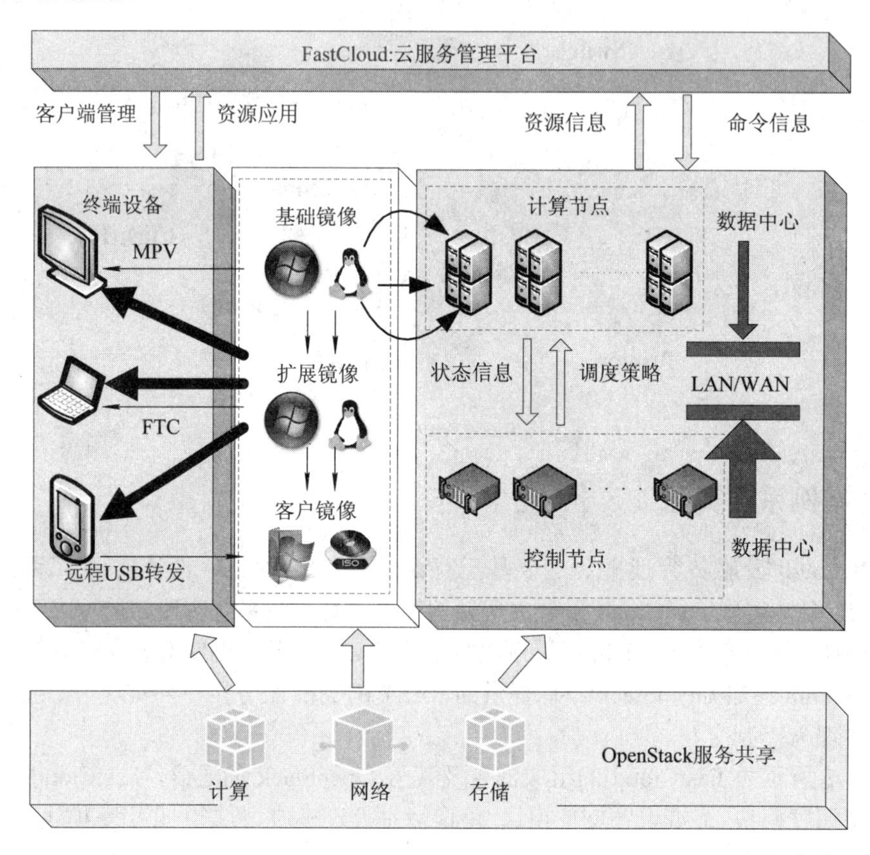


图 9-7　FastCloud 拓扑图

OpenStack 将数据中心虚拟化，利用管理程序提供应用程序和硬件之间抽象的对应关系，实现对每个服务器资源更好的利用。每个虚拟机的服务器、网络或者存储设备之后都是一个 Pool，这样无论对资源的分配还是请求、响应都更加灵活高效。在完成数据中心虚拟化后，还提供了对资源进行管理的功能，负责在云上部署各种系统和应用，同时还提供对系统和应用的检索、创建和分配虚拟机的功能。当虚拟机用完之后还要删除平台提供给用户和管理员访问的接口。用户要清楚自己应用的情况，管理员也要知道整个云的运行情况，以便负责云存储的分配、检索和收回。

### 9.3.4　案例系统演示

系统演示界面如图 9-8 所示，首先可以通过云平台登录接口进入到系统主界面。主界面分为镜像管理、虚拟机管理、用户信息管理和云服务管理等 4 部分。

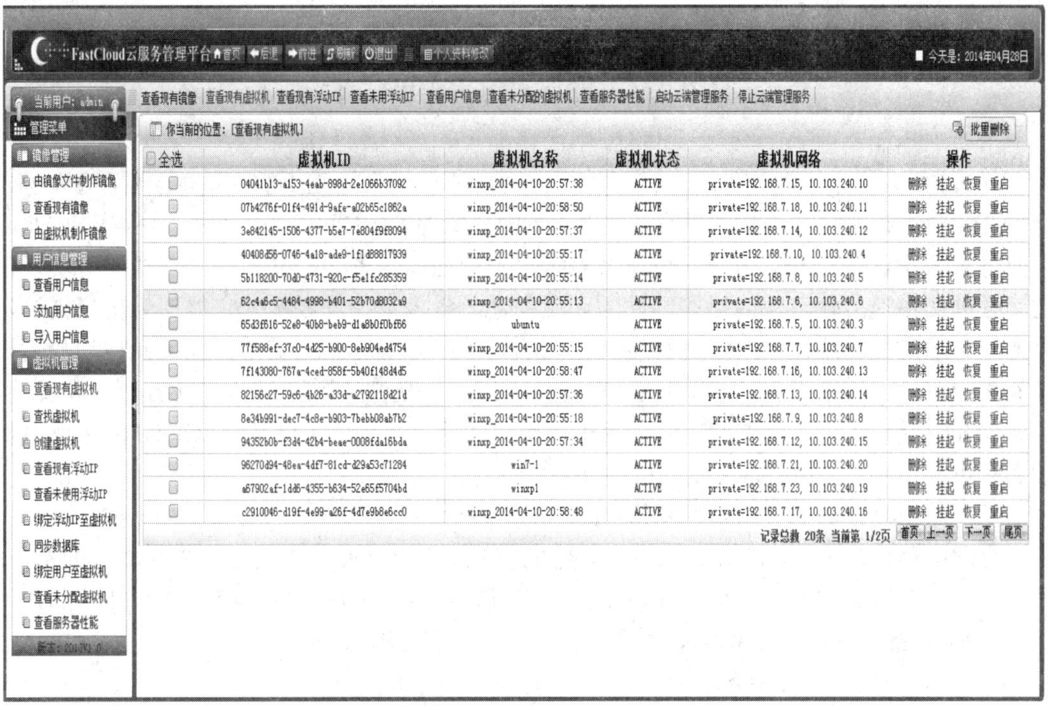

图 9-8　FastCloud 云服务管理平台界面

在登录云平台之后，可以根据不同的操作需求，实现相应功能。首先需要创建虚拟机的镜像文件。镜像文件是云平台提供给用户的服务，同时是实现快速部署虚拟机的前提条件。云平台可以完成虚拟机的部署任务，还可以完成虚拟机相关的管理操作，包括虚拟机的创建、克隆、备份、还原等功能。另外，云平台可以为虚拟机分配 IP 地址、创建浮动 IP、并绑定浮动 IP 至虚拟机、帮助虚拟机解决网络通信问题、保证虚拟机正常工作。云服务的框架支撑需要有良好的服务器，FastCloud 云平台可以实时查看服务器的相关性能参数，以便了解整个云平台的运行状况。

需要说明的是，该案例在视频传输上做了一些改进，替换了 OpenStack 原有的桌面传输技术，该系统采用快速传输云协议 FTC(Fast Translation Cloud)，提供流畅的高清视频播放。用户虚拟桌面具有永久性，每次登录都基于自己的工作环境。当桌面的处理能力要求提高时，可动态调整桌面的计算能力(vCPU 个数、内存大小等)，从而快速获得更强大的运行环境。用户体验与物理 PC 体验完全一致。我们将以桌面云基础组件为例，以单个或多个节点的集群为计算平台，进行如下演示：

演示用例 1：演示 FastCloud 部署轻量级桌面云的运行效果。分别演示单核和双核两种处理器模式，部署 Windows XP 操作系统，播放远程高清视频，统计每秒播放的帧数和网络流量。演示部署的桌面云数量分别为 40 个和 30 个。

演示用例 2：演示 FastCloud 部署企业级桌面云的运行效果。同样使用单核和双核两种处理器模式，部署 Windows 7 操作系统，播放远程高清视频，与本地相同配置、相同操作系统的 PC 机播放相同规格的视频进行每秒播放帧数的对比。演示部署的桌面云数量分别为 200 个和 150 个。

## 9.4　OpenStack 的未来

OpenStack 这个开源软件现在在云计算方面发挥着越来越重要的作用，它甚至成为了云计算产业中占据着主导地位的平台。在 9.4 节中介绍的 FastCloud 是一个基于 OpenStack 的云服务管理平台，它能够为用户快速部署云平台中的各种资源，并实现云资源与终端设备之间数据的快速传输，从而提高硬件的利用率，节省大量计算成本。它能够为用户提供随时随地、通过多种终端和网络运行专属的桌面云系统。同时它还支持计算单元自动故障切换和集中可视化运维管理。与此同时，FastCloud 具有动态扩展性，随用户业务变化和发展，服务器和存储设备可动态增减，以满足未来用户的业务需求。另外，FastCloud 的案例对初学者来讲，也算是 OpenStack 实践的体验。

随着越来越多的 IT 公司对 OpenStack 的重视和应用，这一趋势必将奠定 OpenStack 在云计算中的地位。例如，IBM 公司宣布，他们将视 OpenStack 为该公司未来云战略的基础。为了支持这个开源项目，IBM 的 Big Blue 企业服务器已经开始使用这种技术，同时 HP、Dell、Cisco、Red Hat 和 Rackspace 等其他公司也正在使用 OpenStack。